KB046741

생명의 신비

지구에 살고 있는 희귀한 생물들

생명의 신비

지구에 살고 있는 희귀한 생물들

마서 홈즈, 마이클 건튼 외 4인 지음 | 공민희 옮김

시그마북스
Sigma Books

생명의 신비 지구에 살고 있는 희귀한 생물들

발행일 2011년 5월 20일 초판 1쇄 발행
지은이 마서 홈즈, 마이클 건튼 외 4인
옮긴이 공민희
발행인 강학경
발행처 시그마북스
마케팅 정제용, 김효정
에디터 권경자, 김진주, 김경림
디자인 김세아

등록번호 제10-965호
주소 서울특별시 마포구 성산동 210-13 한성빌딩 5층
전자우편 sigma@spress.co.kr
홈페이지 http://www.sigmabooks.co.kr
전화 (02) 323-4845~7(영업부), (02) 323-0658~9(편집부)
팩시밀리 (02) 323-4197

가격 40,000원
ISBN 978-89-8445-448-4(03490)

LIFE: EXTRAORDINARY ANIMALS, EXTREME BEHAVIOUR

* 시그마북스는 (주) 시그마프레스의 자매회사로 일반 단행본 전문 출판사입니다.

들어가는 말 8

지역별 생물 분포도 14

Chapter 1 |
특이한 바다생물들 16

Chapter 2 |
신비한 어류 46

Chapter 3 |
왕성하게 번식하는 식물들 66

Chapter 4 |
곤충들의 창의력 90

Chapter 5 |
파충류와 양서류 126

Chapter 6 |
놀라운 조류 156

Chapter 7 |
승리자 포유류 190

Chapter 8 |
사냥꾼 포유류 226

Chapter 9 |
지적인 영장류 262

찾아보기 310

들어가는 말

오른쪽 : 턱끈펭귄이 사우스샌드위치 제도의 푸른 얼음 위에서 쉬고 있다. 남극에는 극지의 환경에 맞게 몸과 습성을 진화시킨 조류가 살고 있다.

6~7쪽 : 붉은 날개의 북아메리카 검은 찌르레기가 번식처로 이주하는 중이다. 깃털은 비행할 때 진로를 설정하는 데 도움을 준다.

1쪽 : 인도네시아 술라웨시에 사는 벼슬이 있는 검정짧은꼬리원숭이가 자신을 사진 찍는 인간의 행동을 신기한 듯 보고 있다.

2쪽 : 일본 오가사와라 일대에 서식하는 소코가오리 떼의 이주 모습이다. 이 어종은 현재 알려진 어류 2만 8,000여 종 중 하나이다.

BBC 다큐멘터리 시리즈로 방영되었던 〈라이프Life〉는 살아남기 위해 특이한 모습으로 진화하는 신비로운 동물과 식물을 다룬 책이다.

동식물들은 매일 포식자, 경쟁자, 환경 속에서 엄청난 생존 과제에 직면한다. 이들에게는 하루하루가 생존을 위한 싸움이다. 게다가 번식도 해야 한다. 짝짓기를 하려면 심각한 경쟁을 뚫고 승리자가 되어야 하고 상대를 유혹하기 위해 멋진 모습을 보여야 한다. 이 책은 이 우주적인 과제를 극복하기 위해 여러 생물이 어떻게 노력하는지 흥미로운 사례들을 모아 소개한다.

지구상에는 수백만 종에 이르는 생물이 살고 있지만 이 책에서는 생물의 다양성과 복잡성을 가장 잘 대표하는 동식물을 선택해 소개한다. 선택한 생물들은 곤충, 조류, 양서류 등으로 간단하게 분류했다. 해양 무척추동물과 같이 특별한 경우에는 분류를 통합했다. 자료들을 수집하는 데 몇 년이 걸렸고, 그 후 과학자들과 전 세계 현지 전문가들의 도움을 받으며 다큐멘터리를 제작했다. 돌을 사용해 딱딱한 야자 열매를 깨뜨리는 거미원숭이, 몇 주 동안 먹잇감을 노리는 코모도왕도마뱀, 나무 꼭대기에서 싸우는 사슴벌레나 수백만 마리가 모여 대대적으로 털갈이를 하는 거미게 등 생물들의 놀라운 행동을 운 좋게 카메라에 담을 때마다 놀라움을 금치 못했다.

지구상에 살고 있는 다양한 생물은 참으로 놀랍다. 이들은 30억 년이라는 긴 세월 동안 진화해 왔다. 수백만 년간 전해 내려온 탄소혼합물에 화합 물질이 가미된 유기체가 가장 단순한 형태의 생물이다. 이 최초의 결합체가 스스로 복제할 수 있게 되면서 생명이 탄생한 것이다.

영겁의 세월을 지나오면서 초기의 유기체는 점차 복잡해졌고 단백질을 만드는 결합체로 바뀌면서 가장 기초적인 세포 생물이 탄생했다. 그 후 서로 다른 세포들이 하나로 뭉쳐

왼쪽 : 델라웨어 만에 알을 낳기 위해 나타난 참게들이다. 이 해양생물은 4억 년 전에 살았던 조상과 비교해 형태가 거의 바뀌지 않아서 경우에 따라서는 고대의 생활방식이 가장 좋을 수 있다는 것을 입증한다.

복잡한 그룹을 형성했다. 이 길고 지루한 과정을 거치며 환경에 가장 잘 적응한 세포만이 살아남았다. 그렇지 못한 세포는 소멸되었고, 이렇게 자연적인 선별 단계가 시작되었다.

생물의 형태는 점차 복잡해졌다. 그들은 간단한 장기, 근육 섬유, 신경 체계를 수립했다. 또한 성적 재생산이라는 중요한 발전을 이룩한 후 번식은 단순히 복제의 문제가 아닌 각기 다른 개인의 특성을 반영한 창조 행위가 되어 다채로운 변형이 급격히 증가했다. 그 결과 새로운 종의 출현이 늘어났다.

새로운 종들은 새로운 서식지와 틈새 영역을 개척하고 적응하기 시작했다. 자연 선택은 변화하는 환경에서 생존하거나 경쟁하지 못한 많은 종이 그 과정에서 사라졌다는 것을 뜻한다. 하지만 살아남은 생물들은 다음 세대로 이어지면서 조금씩 더 진화했고, 그 결과 오늘날 지구상에 다양한 생물이 서식하게 되었다.

현재 지구상에 얼마나 많은 생물이 서식하는지 그 누구도 정확히 알지 못한다. 대략 400만 종에서 1억 종이 살고 있는 것으로 짐작할 뿐이며 이들은 생존과 번식이라는 공통의 문제를 안고 있다. 아마도 이것은 생물들이 풀어야 할 영원한 숙제가 아닌가 싶다.

–마서 홈즈와 마이클 건튼

왼쪽 : 서열이 높은 새끼 일본원숭이가 온천에서 몸을 녹이고 있다. 극한 추위를 이기는 이들의 영리한 비결이다.

지역별 생물 분포도

1 | **훔볼트오징어**: 멕시코 바하칼리포르니아(Baja California) 주 산타로잘리아(Santa Rosalia)
2 | **거대 문어**: 캐나다 브리티시컬럼비아 주 밴쿠버 섬
3 | **호주 큰 갑오징어**: 호주 사우스오스트레일리아 주 화이얠라(Whyalla)
4 | **호주 마지드 거미게**: 호주 빅토리아 주 라이 비치(Rye Beach)
5 | **로스 해 해저생물**: 남극 맥머도(Mc-Murdo)만
6 | **산호초**: 인도네시아 코모도 솔로몬 제도 카리브 해 보네르(Bonaire) 섬
7 | **고래상어와 통돔**: 벨리즈(Belize) 글래든 스피트(Gladden Spit)
8 | **망둥이**: 하와이 빅 아일랜드
9 | **갈대실고기**: 호주 빅토리아 주 플린더스(Flinders)
10 | **일본 말뚝망둥이**: 일본 사가(Saga)
11 | **미러 윙 플라잉 피시**(Mirror-Wing Flying Fish): 토바고(Tobago)
12 | **컨빅트 피시**(Convict Fish): 파푸아뉴기니 알로타우(Alotau)
13 | **강털소나무**: 캘리포니아 화이트 산맥
14 | **대나무**: 일본 교토
15 | **소코트라 용혈수**: 예멘 소코트라(So-cotra)만
16 | **덩굴식물**: 말레이시아 보르네오 사바(Sabah) 주 다눔(Danum) 계곡
17 | **알소미트라**(Alsomitra) **씨앗**: 말레이시아 보르네오 사바 주 다눔 계곡
18 | **브런스비기아**(Brunsvigia): 남아프리카공화국 니우부트빌(Nieuwoudt-ville)
19 | **파리지옥**: 미국 노스캐롤라이나 주 윌밍턴(Wilmington)
20 | **쿠퍼 실잠자리**(Copper Demoiselles): 프랑스 라크로(La Crau) 생마르탱드크로(Saint-Martin-de-Crau)
21 | **사막털전갈과 메뚜기생쥐**: 애리조나 주 투손(Tucson)
22 | **노린재**: 일본 큐슈
23 | **도손벌**: 호주 웨스턴오스트레일리아 주 케네디레인지(Kennedy Range) 국립공원
24 | **풀을 잘라먹는 개미**: 아르헨티나 리오 필코마요(Rio Pilcomayo) 국립공원
25 | **모나크**(Monarch) **나비**: 멕시코 시에라마드레(Sierra Madre) 산맥 앙강게오(Angangueo)
26 | **다윈 딱정벌레**: 칠레 로스라고스 주 토도스 로스 산토스(Todos Los Santos), 푸에르토 몬트(Puerto Montt)
27 | **코모도왕도마뱀**: 인도네시아 코모도 국립공원
28 | **바실리스크 도마뱀**: 벨리즈 벨모판(Belmopan)
29 | **자갈두꺼비**: 베네수엘라 로라이마(Roraima) 산
30 | **목무늬이구아나**: 마다가스카르 키린디(Kirindy) 숲
31 | **왕뱰도마뱀**: 애리조나 투손
32 | **나마 카멜레온**: 나미비아 고바베브(Gobabeb) 사막
33 | **니우에 바다독사**: 남태평양 니우에(Niue) 섬
34 | **꼬마홍학**: 케냐 보고리아(Bogoria) 호수
35 | **붉은가슴도요새**: 델라웨어 만
36 | **타조**: 나미비아 에토샤(Etosha) 국립공원
37 | **굴올빼미**: 미국 사우스다코타(South Dakota) 코나타 분지(Conata Basin)
38 | **분홍사다새**: 남아프리카 말가스(Malgas), 다센(Dassen) 섬
39 | **턱끈펭귄**: 남극 반도 디셉션(Decep-tion) 섬
40 | **턱끈펭귄**: 남극 반도 로젠탈(Rosen-tal) 군도
41 | **물까치라켓벌새**: 페루 코르딜레라스(Cordillera) 산맥
42 | **골디극락조**: 파푸아뉴기니 퍼거슨(Fergusson) 섬
43 | **왕극락조**: 웨스트파푸아(West Papua) 마노크와리(Manokwari)
44 | **보겔코프**(Vogelkop) **바우어새**: 인도네시아 웨스트파푸아 아르팍(Arfak) 산맥
45 | **북극곰**: 미국 알래스카 카크토빅(Kaktovik)
46 | **마다가스카르손가락원숭이**: 마다가스카르 안타나나리보(Antananarivo)
47 | **코끼리땃쥐**: 케냐 루킹가(Rukinga)
48 | **담황색 큰박쥐**: 잠비아 카산카(Kasn-aka) 국립공원
49 | **혹등고래**: 통가(Tonga)
50 | **얼룩점박이하이에나**: 탄자니아 세렝게티 국립공원
51 | **치타**: 케냐 이시올로(Isiolo) 레와 다운스(Lewa Downs)

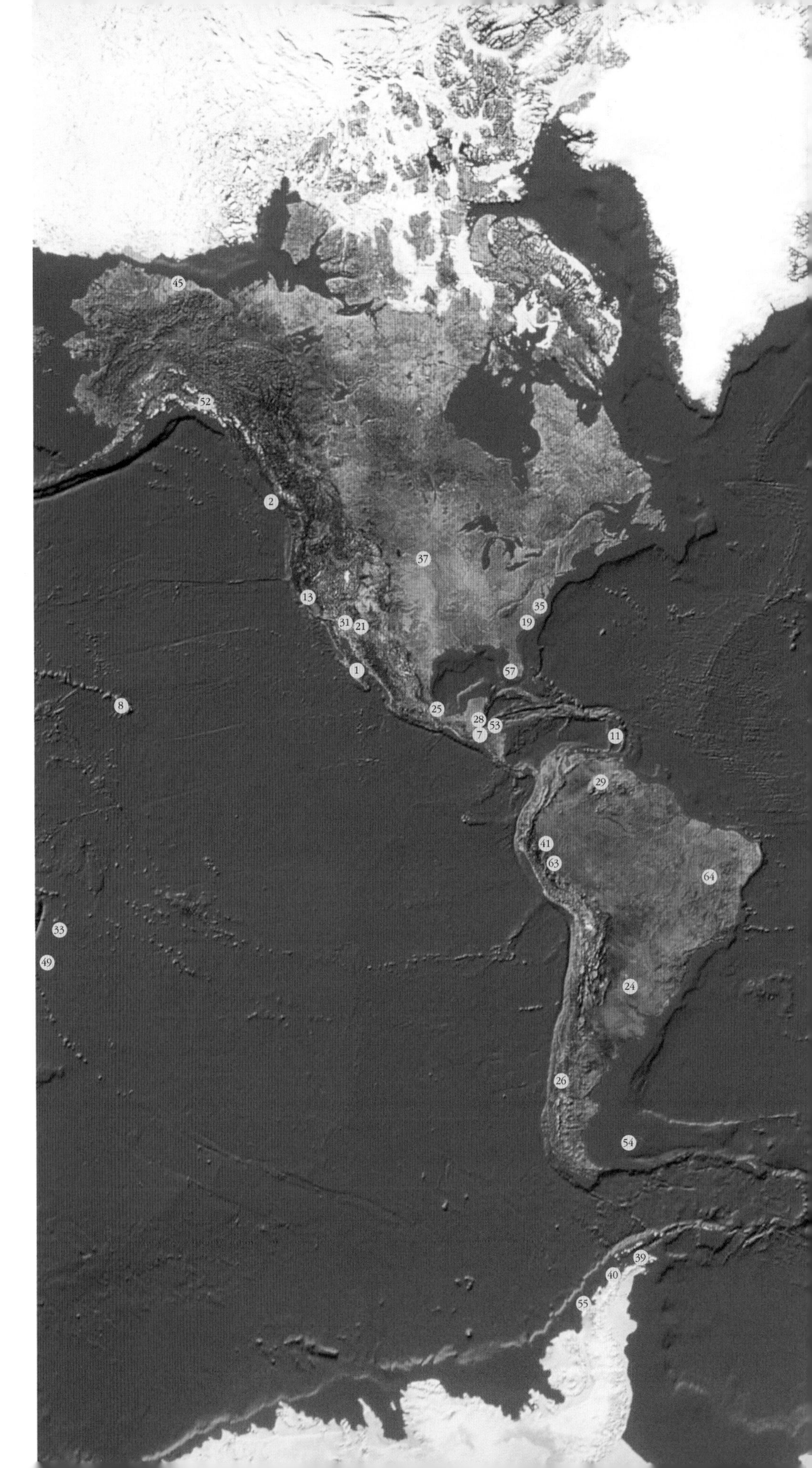

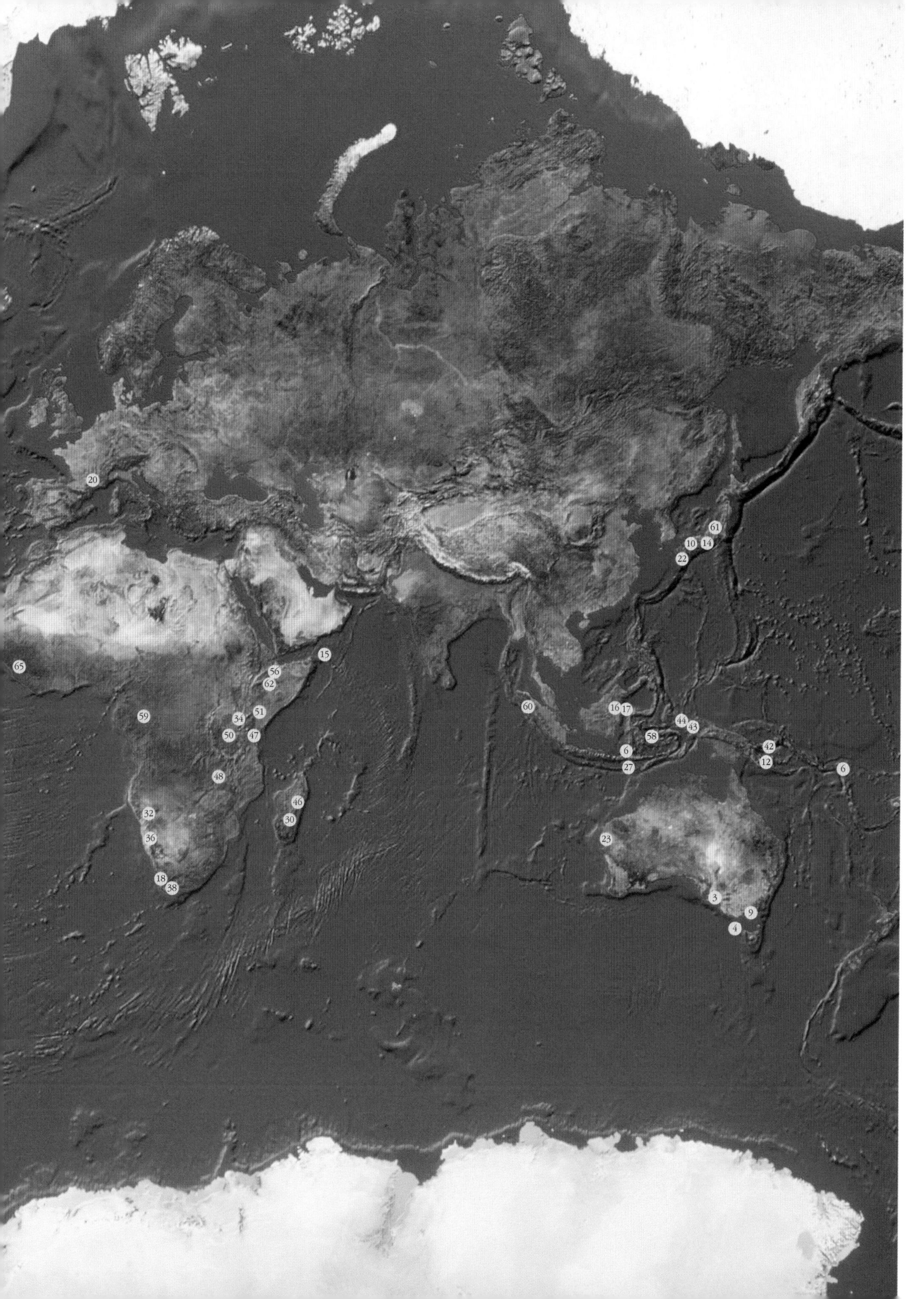

52 | **시라소니와 눈덧신토끼**: 캐나다 유콘(Yukon) 하인스 정션(Haines Junction)

53 | **불도그박쥐**: 벨리즈

54 | **범고래와 코끼리바다표범**: 포클랜드(Falkland) 제도 바다사자 섬

55 | **범고래와 게잡이물범**: 남극 반도 애들레이드(Adelaide) 섬

56 | **에티오피아 늑대**: 에티오피아 베일(Bale) 국립공원

57 | **병코돌고래**: 미국 플로리다 주 플로리다 만

58 | **안경원숭이**: 인도네시아 술라웨시 탕코코 자연보호 구역(Tangkoko Nature Reserve)

59 | **서부저지대고릴라**: 콩고 공화국 우에소(Ouesso)

60 | **오랑우탄**: 인도네시아 수마트라 섬 구눙루제르(Gunung Leuser) 국립공원

61 | **일본원숭이**: 일본 지고쿠다니(Jigoku dani)

62 | **망토원숭이**: 에티오피아 아와시(Awash) 국립공원

63 | **대머리원숭이**: 페루 야바리 하천 유역

64 | **갈색머리 꼬리감는원숭이**: 브라질 베리라스(Barreiras)

65 | **침팬지**: 기니아 보수(Bossou)

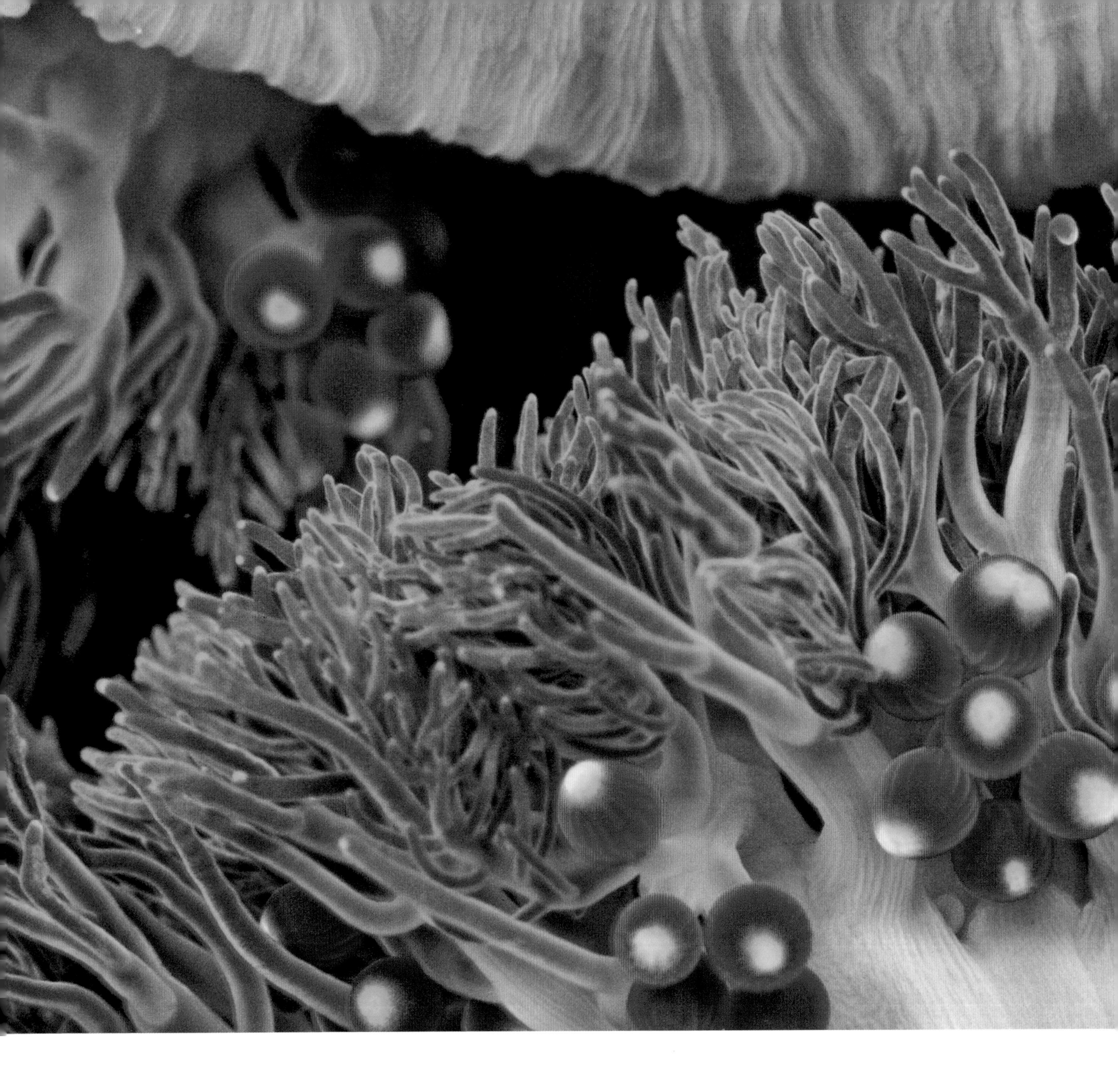

Chapter 1

특이한 바다생물들

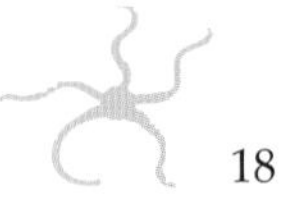

위 : 필터로 양분을 섭취하는 통 모양의 멍게가 산호초에 붙어 있다. 앉아 있는 형태이지만 새끼는 다른 해양 무척추 동물과 마찬가지로 유영할 수 있다.

16~17쪽 : 말미잘의 입 부분을 자세히 포착한 모습이다. 포도송이와 같은 소액포(小液胞)에 가시 세포가 들어 있다.

19쪽 : 저녁 무렵 해초에 붙어 있는 뾰족뿔거미불가사리의 모습을 촬영한 것이다. 뾰족뿔거미불가사리는 머리도 심장도 없지만 팔 아래 있는 빨판과 같은 튜브를 사용해 걸으며 사냥하는 포식자이다. 상대에게 팔을 잡히면 잘라낼 수 있으며 잘린 부위는 다시 자란다.

지구 최초의 생물들은 영양분이 풍부하고 수온이 따뜻한 바다에서 출현했다. 지난 30억 년 동안 이 해양생물들은 셀 수 없이 다양한 종류의 식물과 동물로 진화하여 생존했다. 모든 생물은 체내에 수분을 포함하고 있는데 지구의 두드러지는 특징 중 하나가 지표에 풍부한 물이 흐른다는 점이다. 물은 지구 표면의 약 70%를 차지하며 대부분 해저 분지에서 솟아나는 해수이다.

바다에 살고 있는 생물 대부분이 무척추동물, 쉽게 말해서 등뼈가 없는 생물이다. 이 생물종에는 다양한 크기와 형태의 동물들이 속하는데 해면동물특별한 세포들의 조합으로 이루어진 동물, 자포동물말미잘, 산호, 해파리처럼 형태가 중심축을 기준으로 방사 대칭을 이루는 동물, 빗해파리 동물공격용 섬모가 있다, 좌우대칭 동물편형동물, 유형동물, 선충류, 체절동물, 연체동물고둥, 조개, 문어 등으로 바다에 가장 많이 서식하는 종, 절지동물삿갓조개, 새우, 가재, 게 등의 바다 곤충, 극피동물불가사리, 성게, 거미불가사리류, 해삼 및 다른 작은 생물군이 있다.

바다에 이렇게 수많은 생물이 서식하는 이유 중 하나는 바닷속이 육지보다 번식하기에 편리하다는 것이다. 예를 들어, 오징어는 바닷속에서 물의 흐름에 의존해 쉽게 헤엄치지만 육지에서는 바닷속에서처럼 위쪽으로 이동하려면 엄청난 에너지를 써야 한다. 또한 해양생물이 살 수 있는 해저 공간은 육지보다 약 250배 더 넓다. 하지만 대부분 해양생물은 빛이 들어오는 수심 200m 부근에 집중 서식한다. 게다가 상대적으로 좁은 이 지역에서조차 균등하게 분포하지 않고 다수가 육지와 가까운 대륙붕 근처에 서식한다.

태양을 비롯해 생물이 생존하는 데 필요한 기반들이 얼마나 모여 있느냐가 비옥한 군집의 위치를 결정한다. 해양식물이 자라려면 햇빛과 뿌리를 내릴 단단한 토양이 필요하다. 그런 곳 주변으로 열대, 온대, 북극해와 같은 복합적인 생태계가 조성된다. 이렇듯 적합한 서식지를 찾는 것과 계절의 변화는 해양 무척추동물들이 생존을 위해 극복해야 하는 어려움이다. 수중 염도는 생물의 신진대사에 영향을 미치므로 모든 해양생물은 세포 단계에서 염분과 수분의 균형을 맞추는 방법을 찾아야 한다. 심해와 같은 일부 서식지는 항상 일정한 비율을 유지하지만 하구와 같은 곳은 조수나 해류의 유입에 따라 염도의 변화가 크다. 온도 역시 해양생물의 신진대사에 영향을 미치는 요인이다. 체내에서 일어나는 화학 반응은 일반적으로 따뜻한 물속에서 빠르게 나타나고 차가운 물속에서는 매우 더디게 진행된다. 그래서 북극 생물들은 낮은 온도에서도 잘 작용하는 특별한 체내 효소를 분비하는 방향으로 진화했다.

모든 서식지에 전체 생물이 고루 분포하지는 않는다. 하지만 일부 지역에서는 거의 모든 종류의 생물이 서식한다. 특히 산호초는 다양한 생물의 보금자리로, 생장에 필요한 3대 필수 요소 중 두 가지인 따뜻한 수온과 햇볕이 풍부하다. 마지막 요소인 양분은 부족하지만 이곳 동식물들은 효과적인 재순환을 통해 공생 관계를 잘 유지한다. 재순환은 산호초에 서식하는 와편

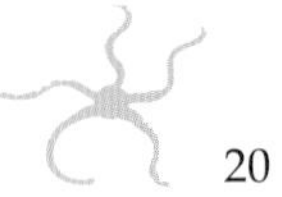

위 : 보라색 성게와 가시거미불가사리 옆에 노란(레몬) 갯민숭달팽이가 보인다. 노란색은 위장한 것으로, 갯민숭달팽이가 잡아먹는 해면의 색상이다. 하지만 이름은 색 때문이 아니라 갯민숭달팽이가 자신을 보호하려고 내뿜는 레몬 향기 때문에 붙여졌다.

모조류에서 시작된다. 와편모조류가 제공하는 양분이 산호초의 탄산칼슘 뼈대를 구성하고 뼈대는 산호 폴립착생 강장동물인 말미잘, 히드라 등 – 옮긴이의 생장을 돕는다. 반대로 산호는 와편모조류에 질소와 인을 공급하고 안전한 서식처를 제공한다. 산호가 만든 부유물은 와편모조류의 양분으로 사용되며 이것은 광합성을 통해 당분으로 바뀌어 다시 산호에 공급된다. 산호는 당분을 섭취하면 영양분을 방출하고 이것이 와편모조류에게 되돌아간다. 그렇게 순환이 계속된다.

단세포 동물들과 공생 관계를 맺는 다른 무척추동물들도 양분을 재순환한다. 대표적으로는 해면동물, 멍게, 거대조개가 있다. 산호초에서 먹고사는 물고기들은 질소와 인을 비롯한 여러 영양소를 분비하고 식물들이 그것을 흡수한다. 또한 이곳을 지나가거나 잠시 쉬어가는 물고기들을 통해서도 이러한 양분이 산호초의 생태계로 유입된다.

해양식물이 잘 자랄 수 있는 견고한 토대가 형성된 온대 해안 앞바다에는 아주 독특한 해양 무척추동물들이 발견된다. 이곳은 여름에만 생장에 필요한 태양 에너지를 충분히 얻을 수 있고 겨울에는 폭풍우가 불어서 바다의 양분이 해저에서 마구 섞여버린다. 그래서 생태계는 계절에 따라 호황과 불황이 갈린다. 이 지역에 서식하는 무척추동물들은 일반적으로 열대 지역 생물들보다 크기가 크다. 예를 들어, 거대 문어는 길이가 7m에 이른다.

북극의 해양은 계절성이 더 심하다. 동물들은 1년의 대부분을 완전한 어둠 속에서 살기 때문에 그동안에는 성장이 멈춘다. 해빙이 녹기 시작하면 식물들식물성 플랑크톤과 조류이 햇볕을 받아 광합성을 하고 성장과 재생에 필요한 영양소를 생성, 배출한다.

플랑크톤이 엄청나게 번식하면 동물성 플랑크톤에 속하는 무척추동물들은 해저에서 살아 있거나 죽어가는 식물성 플랑크톤을 마음껏 포식한다. 차가운 물속에서는 신진대사가 느리기 때문에 플랑크톤의 성장이 더디지만 대신 오래 살 수 있어서 많은 무척추동물이 따뜻한 물에 사는 생물과 비교할 때 덩치가 훨씬 크다.

북극해처럼 빛이 거의 없고 수온이 매우 낮은 심해에서도 거대 생물들이 발견된다. 우리가 알고 있는 협소한 정보는 심해에 서식하면서 간혹 얕은 곳으로 급습하는 생물들에게서 수집한 것이다. 이런 거대 공격 생물의 대표적인 예로는 훔볼트 오징어가 있는데 이 오징어는 밤에 물고기를 사냥하기 위해 수면 위로 올라온다.

이 장에서는 훔볼트 오징어를 비롯해 다양한 해양 환경에 놀랍도록 잘 적응하고 있는 여러 해양 무척추동물들에 대해 소개하고자 한다. 이들은 또한 놀라운 성공을 거둔 생물군을 대표하기도 한다. 지구상에 알려진 생물의 97%가 무척추동물이며 그 대다수가 바다에 살거나 그와 비슷한 곳에 사는 생물의 후손이기 때문이다.

위 : 이세 새우(California Spiny Lobster)가 낮에 은신처에 숨어 있는 모습이다. 새우의 촉수가 밖으로 삐져나와 있다. 옆에 있는 것은 보라색 캘리포니아 하이드로코랄(California Hydrocoral)로 일반 산호와 같은 석회 골격의 군락형 동물이다.

먹이사슬의 새로운 강자 훔볼트 오징어

위 : 훔볼트 오징어끼리 사냥하는 모습이다. 진 쪽이 잡아먹힌다. 이들은 몸을 잽싸게 움직이며 시력이 뛰어나 밤에도 먹이를 잡을 수 있다. 또한 몸길이가 최대 2m까지 자란다.

23쪽 : 밤 사냥에 나선 훔볼트 오징어 떼이다. 움직일 때마다 몸이 붉은 빛으로 반짝이는데 이들은 자유자재로 몸 색상을 바꾸면서 서로 소통하기 때문이다.

훔볼트 오징어의 수명은 1~4년 정도이다. 수명은 짧지만 성장 속도가 매우 빨라서 최고 2m까지 자라고 무게는 약 45kg에 달한다. 표지방류잡은 물고기에 표시를 달아 방류하는 것–옮긴이를 해보니 훔볼트 오징어는 낮에는 200~700m의 심해에 분포하며 매우 활발하게 움직인다는 사실을 알 수 있었다. 하지만 이들이 어떻게 산소가 희박한 심해에서 활동할 수 있는지에 대해서는 아직 밝혀진 바가 없다. 밤이 되면 오징어는 먹잇감을 찾기 위해 최대 1,200마리씩 무리 지어 수면 위로 올라온다. 그들은 밤 사냥에 적합하도록 시력이 매우 뛰어나다. 주로 샛비늘치과의 물고기와 정어리를 잡아먹지만 동족을 사냥하기도 한다. 무리를 이뤄 한 마리를 표적으로 삼고 공격해 먹어치운다. 잡힌 훔볼트 오징어를 해부한 결과 약 1/4의 위에서 다른 오징어의 잔해가 나왔다.

훔볼트 오징어는 시속 24km까지 헤엄칠 수 있는 무서운 사냥꾼이다. 날카로운 갈고리가 있는 빨판이 달린 촉수 두 개로 먹이를 낚아채 칼처럼 예리한 주둥이로 사정없이 뜯어먹는다. 작은 물고기들은 순식간에 해치우며 큰 물고기도 재빠르게 살을 발라낸다.

과학자들은 훔볼트 오징어가 무리를 지어 사냥한다고 믿는다. 정어리 떼를 암초로 몰아가거나 도망갈 틈이 없게 빽빽한 포위망을 짜서 행동을 개시한다. 하지만 훔볼트 오징어가 협동해서 사냥한다고 단정하기는 어렵다. 그들은 색소 세포라는 특별한 피부 세포를 사용해 짙은 붉은색에서 흰색까지 순식간에 몸 색깔을 바꾸는 능력이 있다. 먹잇감과 사투를 벌이는 동안 훔볼트 오징어의 몸은 동시다발적으로 반짝이며 복잡하게 의사소통한다. 예를 들어, 사냥할 때는 붉은색이 깜빡이는데 이것이 단순한 흥겨움의 표시인지 먹잇감을 유인하려고 신호를 보내는 행위인지는 알 수 없다.

그들은 강력한 포식자이지만 한편으로 청새치, 황새치, 물개에게 잡아먹히며 주로 향유고래의 양식이 된다. 코르테스해에 서식하는 향유고래의 수가 증가한다는 사실은 이곳에 훔볼트 오징어가 엄청나게 서식하고 있다는 것을 의미한다. 일부 과학자들은 이런 현상이 참치, 황새치, 청새치, 와후Wahoo, 줄삼치와 비슷한 고등어과 어류–옮긴이, 상어가 무분별하게 포획되었기 때문이라고 생각한다. 먹이사슬에서 수명이 길고 성장이 느린 어종들이 빠지면 훔볼트 오징어처럼 수명이 짧고 빨리 자라는 종이 유입되어 그 자리를 차지한다. 수컷 훔볼트 오징어는 10개월, 암컷은 1년이면 완전히 성장한다. 암컷은 수명이 짧아도 한 번에 알을 수백만 개씩 낳기 때문에 다른 대부분의 어종과 달리 남획이 이루어져도 개체수를 빠르게 회복한다.

최근에는 훔볼트 오징어가 본래 서식지에서 북쪽으로 더 멀리 떨어진 캘리포니아에서부터 브리티시컬럼비아 지역에서까지 발견되는 추세이다. 수온 상승과 어종의 감소가 이 거대한 확장의 원인으로 보이며 이런 현상은 수명이 짧고 빠르게 성장하고 번식하는 훔볼트 오징어의 생태적 장점을 보여주는 예라고 할 수 있다.

어미 거대 문어의 위대한 희생

거대 문어는 북태평양 전역에 분포하며 캘리포니아에서 위쪽으로는 알래스카 알류산 열도, 아래로는 일본에 이르는 지역의 수심 750m 부근에 서식한다. 수컷이 암컷보다 크고 무게가 최대 40kg까지 나가는데 182kg을 기록한 것도 있다. 모든 문어를 통틀어 거대 문어가 가장 장수하는 것으로 알려져 있다최근 발견된 바에 따르면 심해에 사는 표범문어가 더 오래 사는 것으로 밝혀졌다. 그러나 거대 문어의 수명도 3~5년에 불과하다. 따라서 죽기 전에 번식해야 하므로 반드시 빨리 성장해야 한다.

암컷 문어가 번식할 만큼 성숙하면 수컷을 유혹하는 화학물질을 분비한다. 이를 감지하고 수컷 두 마리가 동시에 도착하면 암컷을 두고 서로 싸우기도 한다. 이때 암컷은 또 다른 분비물로써 수컷들이 자신을 잡아먹지 않도록 방지한다. 이것은 동족을 잡아먹는 일이 흔한 문어 세계에서 현명한 예방법이다. 암컷이 수컷을 선택하고 신호를 보내면 수컷은 특별하게 고안된 세 번째 오른팔로 암컷의 난관에 정포精包를 삽입한다. 수정이 되면 암컷은 몇 달밖에 살 수 없다.

암컷의 다음 임무는 산란할 장소를 찾는 것이다. 대개 큰 바위에서 15m 정도 아래에 나 있는 입구가 작은 굴을 선호한다. 암컷 문어는 그 속으로 미끄러지듯 들어가서 팔을 벌려 주변의 돌들을 모아 입구를 막는다. 그러고 나서 굴의 천장으로 이동해 한 번에 하나씩 알을 낳으며, 수컷에게 받은 정포를 이용해 생식관을 통해 수정시킨다. 암컷은 자신의 타액과 입 주변의 작은 빨판으로 약 200개의 알을 하나의 묶음으로 만들어 천장에 고정시킨다. 3주가 지나면 2만~10만 개의 알이 매달린다.

이후 6~7개월 동안 암컷 문어는 홀로 알을 돌본다. 박테리아, 조류, 히드로충류와 같은 미생물이 알 위에 번식하는 것을 막기 위해 끊임없이 신선한 물로 알을 씻고 산소를 공급한다. 알 속에서는 점차 새끼들이 형체를 이루면서 알의 양끝으로 조금씩 움직이며 크고 검은 눈동자가 생긴다. 이때 암컷은 먹이를 찾으러 나갈 수 없다. 그 틈에 알이 불가사리, 게, 물고기 및 다른 동물들의 먹이가 될 수 있기 때문이다. 그래서 점차 굶주려간다. 어느 날 밤, 알들이 부화하기 시작한다. 암컷 문어는 알 표면을 씻어내면서 새끼들이 알을 깨고 나와 거의 모든 물고기가 자고 있는 어두운 물속을 안전하게 헤엄칠 수 있도록 도와준다. 새끼들이 모두 헤엄쳐 나가면 암컷도 굴 밖으로 나오고 새끼를 향한 희생적인 삶은 끝난다.

새끼 문어들은 플랑크톤을 접하고 자신보다 작은 지렁이나 생물들을 잡아먹는다. 이때 새끼들은 아직 몸 크기가 6mm밖에 되지 않아 매우 연약하고 생존율도 1%가 채 되지 않는다. 하지만 4~12주가 지나면 최소 14mm 정도로 자라며, 해저로 내려가 인생의 대부분을 그곳에서 보낸다. 해저에서 문어는 물고기, 물개, 해달, 향유고래의 먹잇감이 되기도 한다. 새끼 문어가 번식할 만큼 성장해 이 모든 과정을 다시 시작하기까지는 3년이 걸린다.

위 : 어미 거대 문어가 굴속에 낳은 알 수천 개를 지키고 있다. 알들에 지속적으로 산소를 공급하고 다른 생물들이 기생하지 않도록 관리해 주어야 한다.

24쪽 : 사람보다 큰 거대 문어의 모습이다. 처음 알에서 나오면 쌀알만 하지만 북태평양의 영양이 풍부한 해수를 먹고 자라 3년이면 엄청나게 커진다.

위장과 유혹의 예술

위 : 짝짓기 장소에 있는 수컷 호주큰갑오징어이다. 수컷들은 서로 밀치며 상대와 덩치를 비교한다. 중앙에 앉아 있는 것이 암컷이다.

27쪽 : 위장하고 있는 갑오징어의 모습이다. 기분이나 용도에 따라 순식간에 몸의 색상과 무늬를 바꿀 수 있다.

모든 두족류頭足類, 갑오징어, 오징어, 문어 등와 마찬가지로 호주큰갑오징어도 수명이 짧아서 1년 혹은 2년밖에 살지 못하지만 길이는 최장 1.5m, 무게는 최대 13kg까지 나간다. 이렇게 크고 빨리 자라기 위해 이들은 거의 모든 에너지를 성장하는 데 사용한다. 호주큰갑오징어는 수명의 95%를 휴식하며 보낸다. 그럴 수 있는 비결은 뛰어난 위장술에 있다.

뛰어난 위장술 덕분에 호주큰갑오징어는 먹잇감을 찾고 포식자를 피하는 데 매우 능통하다. 호주큰갑오징어는 밤낮에 관계없이 시력이 매우 좋고, 순식간에 배경색과 동화된다. 이런 능력으로 야행성 포식자들의 위협에서 손쉽게 벗어난다. 알려진 포식자로는 야행성 도미와 민어가 있다. 낮 동안에는 해저로 내려가 색소 세포로 몸을 위장한다.

호주큰갑오징어는 세 가지 위장술이 있다. '동일화'는 잘 사용하지 않는데, 몸의 모든 색상을 주변 배경과 동일하게 만드는 위장술이다. '반점화'는 배경 조류에 나타나는 얼룩의 크기와 모양에 맞게 자기 몸에 어둡고 밝은 색이 혼합된 작은 반점을 나타내 위장하는 것이다. '분열화'는 밝고 어두운 색과 다양한 크기의 반점들로 마치 다른 동물인 양 위장하는 것으로, 종종 '반점화' 기술과 함께 사용하기도 한다. 호주큰갑오징어는 또한 즉석에서 피부의 질감을 변화시킬 수 있다. 피부 유두를 솟아오르게 해 거친 질감을 표현하거나 유두를 숨겨서 매끄러운 표면을 만들기도 한다.

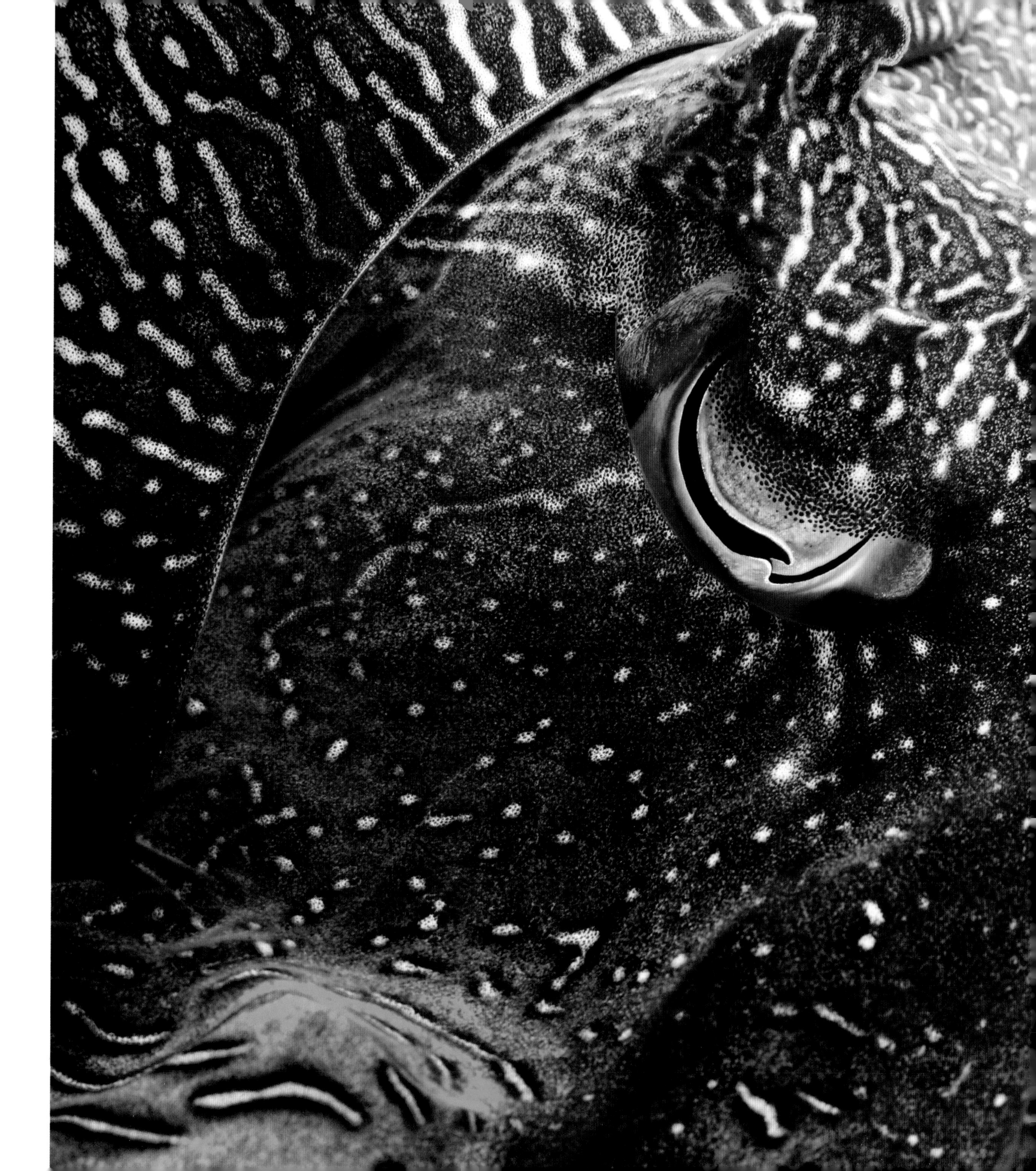

위 : 정열적인 색상을 띤 수컷 갑오징어가 암컷을 붙잡고 자신의 네 번째 팔로 암컷의 입 아래에 있는 생식기에 정자를 삽입하고 있다.

29쪽 : 수컷 갑오징어(중앙)가 라이벌로부터 암컷(아래)을 보호하고 있다. 수컷이 고전하는 동안 작은 '암체' 한 마리가 몰래 암컷과 짝짓기를 할 위험이 있다.

호주큰갑오징어는 주로 혼자 생활한다. 하지만 남쪽에 겨울이 찾아오면 수많은 갑오징어가 화이앨라Whyalla 근처 블랙포인트Black Point의 얕은 물가로 이주해 짝짓기를 한다. 그 모습은 스노클러들도 쉽게 볼 수 있다. 이들은 5월부터 나타나서 6월 초에 절정을 이루다가 8월 말에 사라진다. 수컷과 암컷의 비율은 평균 4대 1로, 경쟁이 치열하다. 수컷들은 서로 싸우지 않고 누가 암컷과 짝짓기를 할 수 있는지를 가린다. 덩치가 비슷하면 팔을 뻗어 서로 크기를 비교한다. 이때 수컷의 몸에는 얼룩말 무늬가 두드러진다. 만일 크기가 작은 수컷이 비켜서지 않으면 덩치 큰 수컷은 네 번째 팔을 길게 뻗어 경고의 몸짓을 한다. 이렇게 해도 통하지 않으면 큰 수컷이 작은 수컷을 공격하고 누군가는 패배를 인정해야 한다.

암컷을 유혹할 수 있는 시간은 짧다. 수컷은 몸 옆쪽의 작은 반점 위로 은은한 얼룩말 무늬를 내보인다. 암컷에게 접근해서 짝짓기에 성공하는 확률은 절반 이하이며, 암컷은 그냥 지나쳐버리거나 때로는 수컷을 잡아먹기도 한다. 유혹에 성공하면 수컷은 자신의 흡수관에서 물을 뿜어내 암컷의 입 주변을 씻는다. 암컷과 짝짓기를 한 다른 수컷의 정액을 씻어내기 위한 행동으로 추정된다. 짝짓기는 마주보면서 이루어진다. 수컷은 네 번째 팔을 사용해 암컷의 입 아래에 있는 생식기로 정자를 삽입한다. 그러고 나서는 최선을 다해 다른 수컷들로부터 암컷을 보호한다. 간혹 여섯 마리가 한꺼번에 달려들 때도 있지만 그런 경우에는 짝짓기가 성공할 가능성이 적다. 종종 암컷은 알을 낳기 전에 많은 수컷과 짝짓기를 한다. 이때 수컷의 크기나 수정 여부에 개의치 않고 짝짓기를 하기 때문에 수컷들이 크기를 경쟁하거나 짝짓기하기 전에 암컷의 생식기를 씻어내는 행위는 아무 소용이 없다.

작은 수컷 무리가 조를 이루어 암컷과 짝짓기를 하기도 한다. 암컷을 지키는 수컷에게 한꺼번에 몰려가서 그 수컷이 다른 경쟁자들을 물리치는 동안 슬쩍 암컷에게 접근해 재빨리 짝짓기를 하는 것이다. 아니면 암컷이 알을 낳기 좋은 장소인 바위 아래나 돌출부에 숨어 있다가 암컷이 굴을 찾아왔을 때 짝짓기를 한다. 가장 교활한 전략은 암컷의 얼룩무늬를 흉내 내고 짝짓기에 사용하는 네 번째 팔을 숨긴 다음, 알 낳는 자세를 모방해 몰래 접근하는 것이다.

암컷은 큰 알을 한 번에 하나씩 낳으며 하루에 최대 40개까지 낳을 수 있다. 물고기와 같은 포식자를 피해서 동굴이나 바위 혹은 돌출부 아래에 알을 고정시킨다. 다른 갑오징어와 달리 호주큰갑오징어는 산란하고 나서 곧바로 죽지 않고 짝짓기를 계속해 알을 더 낳는다. 성게가 호시탐탐 기회를 노리다가 그 많은 알들을 먹어치우기 때문이다. 알이 부화하는 데는 보통 3~5개월이 걸리고 수온이 높은 곳에서 상대적으로 빨리 성숙한다. 9월이 되면 1cm 정도의 어린 갑오징어가 부화하고, 곧바로 해저로 내려가 숨는다. 이때부터 어미 갑오징어는 자취를 감춘다. 그들이 또 다른 새끼를 낳기 위해 살아가는지 아니면 다른 갑오징어처럼 죽는지는 알려진 바가 없다.

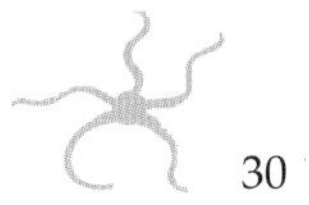

거미게의 대대적인 허물벗기와 짝짓기

오른쪽 : 허물벗기와 짝짓기를 하기 위한 장소에 들어선 거미게들이 행진하는 모습이다. 서로 겹겹이 올라서며 빠르게 움직이는 게가 느리고 작은 게 위로 올라선다.

태즈메이니아Tasmania 해협은 늦가을 혹은 겨울이 되면 호주 마지드Majid 거미게물맞이게의 거대 집단을 발견할 수 있는 최적의 장소이다.

놀랍게도 이 게에 대해서는 현재까지 알려진 바가 거의 없다. 호주 마지드 거미게는 수심 800m 해저의 모래나 실트Silt, 모래보다 잘고 진흙보다 거친 침적토 – 옮긴이에서 살며 작은 해양생물이나 조류를 집게로 잡아먹는다. 게들은 짝짓기를 하러 수심이 얕은 곳으로 오면서 거대한 집단을 형성하는데, 서로의 위로 차곡차곡 올라서서 큰 무더기를 이룬다. 모든 게나 갑각류와 마찬가지로 거미게의 성장도 외골격겉껍데기의 제약을 받으며, 갑각 아래로 새 골격이 자라 외골격을 깨고 나오는 것이 유일한 방법이다. 새로운 골격이 형성되는 동안 칼슘은 기존 껍데기에서 혈액을 통해 흡수되며 잃어버린 집게발도 다시 만들어진다. 모든 과정이 끝나면 게는 그 자리에 가만히 서서 새로운 외골격이 딱딱해지길 기다린다. 이때가 게가 가장 연약한 순간이자 암컷이 짝짓기를 할 수 있는 시기이기도 하다.

수용기관이 있는 암컷은 많은 수컷을 유혹하며 열 겹까지 쌓을 때도 있다. 여기에는 허물벗기를 시작하는 게, 막 허물벗기를 끝낸 게, 짝짓기를 하면서 허물벗기도 하는 게 등 다양한 부류가 있다. 짝짓기는 마주서서 배를 맞대고 이루어지며 수컷이 암컷 내부에서 정자를 수정시킨다. 그리고 나면 암컷은 며칠 안에 배 아래쪽에 알 수천 개를 품는다.

이렇게 많은 수가 한데 모이는 것은 분명히 짝을 찾는 확실한 방법이 될 수 있다. 하지만 이 모임은 암컷이 아직 산란할 준비가 되지 않았을 때, 수컷의 새 골격이 형성 중이어서 암컷과 교미할 수 없을 때도 행해진다. 즉, 이 모임은 안전을 위한 행동일 가능성이 크다. 특히 집단을 이루면 아직 외골격이 딱딱하지 않아 연약한 상태일 때 가오리와 같은 포식자의 공격으로부터 몸을 보호하는 데 유리하기 때문이다.

위 왼쪽 : 허물벗기를 할 준비를 하는 거미게의 모습이다. 거미게가 자라는 유일한 방법은 낡은 외골격을 쪼개고 나오는 것뿐이다. 허물벗기를 하는 동안 잃어버린 집게발도 다시 자라지만 원래 크기만큼 자라지는 않는다.

위 오른쪽 : 새로운 골격의 출현. 거미게는 스스로 낡은 외골격을 벗어낸 다음 재빨리 새 골격으로 물을 흡입한다. 하지만 새 골격은 연약하고 걸으려고 하면 너무 쉽게 구부러져 포식자에게 잡아먹히기 쉽다.

아래 : 거대한 쥐가오리가 거미게 무리 위를 덮쳐 새로 허물벗기를 한 부드러운 게를 잡아먹으려 하고 있다.

극지의 생존법

남극 대륙 로스 해 맥머도 만의 얼음 아래에는 고립된 공동체가 존재한다. 남극 대륙의 다른 부분들처럼 로스 해도 거의 1년 내내 얼어붙어 있다. 여름에는 로스 해를 덮은 얼음도 녹기 시작하지만 그 기간은 몇 주밖에 되지 않는다.

해면동물과 불가사리를 비롯해 산호와 게에 이르는 남극의 무척추동물들은 이곳에서 오랜 세월 진화해 왔다. 약 2,500만 년 전에 남극 대륙이 남쪽으로 밀려 내려와 마침내 남아메리카에서 분리된 후 남극해는 아무런 방해를 받지 않고 순환할 수 있게 되었다. 이후 남극 해류는 점차 거세졌고, 상대적으로 따뜻한 북해와 차가운 남극해 사이에 경계가 생겼다. 남극 대륙의 지리적 고립은 그렇게 시작되었다.

맥머도 만에는 작은 규조류, 편모충, 요각류, 단각류가 많이 서식한다. 그들은 1년의 대부분을 해빙 밑 표면, 혹은 해빙 아래로 자란 렌즈 얼음Platelet Ice 덩어리 속 오목한 곳이나 수로에 붙어 있는 박테리아를 잡아먹는다. 렌즈 얼음은 매우 차가운 해수가 로스 빙붕에서 맥머도 만으로 유입될 때 형성

된다. 비록 생명이 살지 않지만 이 얼음 덩어리는 매우 중요하다. 그 속에 빙정氷晶이 형성되어 있고, 얇은 얼음 파편들로 복잡한 층을 이루어 해빙 아래로 자란다. 렌즈 얼음은 표면이 매우 넓어서 해빙 아래 생물들이 살 수 있는 터전을 제공한다. 한 해 동안 렌즈 얼음이 너무 얇게 형성되면 생물이 살아갈 공간이 줄어들고, 반대로 너무 두꺼우면 필수 영양분을 전달하는 해수의 흐름이 원활하지 못하다. 가장 이상적인 두께는 0.5m이다. 빙정 또한 '앵커 아이스Anchor Ice, 해안 바닥에서 얼어붙은 채 밀물이 되어도 녹지 않는 얼음-옮긴이'를 형성해 해저 30m까지 깔린다. 그보다 깊은 곳은 압력이 너무 높아서 빙정이 형성되기 어렵다. 앵커 아이스가 해저와 마찰해 떠오르는 잔해는 렌즈 얼음과 합쳐지고, 그 속에 있는 생물들은 고립된다. 그래서 이 지역에는 앵커 아이스를 피해 움직일 수 있는 성게, 불가사리, 지렁이, 등각류와 물고기가 주로 발견된다.

수심 약 15~30m 사이에는 말미잘, 연산호, 일부 해면동

아래 : 연기를 내뿜는 에러버스(Erebus) 화산을 배경으로 한 맥머도 만의 설경이다. 해빙이 얼음 해안과 만나는 곳에는 압력 봉우리(Pressure Ridge)가 생긴다. 그 아래에는 지상과 마찬가지로 비옥하고 좀처럼 보기 어려운 해양 생태계가 펼쳐진다.

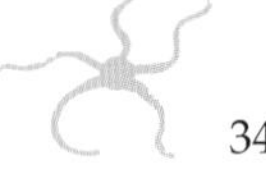

위 : 거대한 필터로 먹이를 빨아들이는 화산형 해면동물이 말미잘, 성게, 연산호에 둘러싸여 있다. 그 속에는 다른 생물들도 숨어 있다. 여름이 되면 따뜻한 해수가 얼음 아래로 유입되어 맥머도 만까지 들어오고 그 덕분에 생성된 많은 플랑크톤이 이곳 생물들의 먹이가 된다. 성장이 매우 느리기 때문에 이곳의 해면동물들은 실제로 수백 년 이상 살았을 것으로 추정된다.

오른쪽 : 쪼개진 해빙 틈으로 들어온 빛을 받아 반짝이는 남극해 말미잘의 모습이다. 말미잘은 식욕이 엄청난 포식자로, 해파리처럼 큰 생물도 잡아먹을 수 있다. 움직일 수 있어서 앵커 아이스를 피해 다닌다(앵커 아이스 뒤 해저에 누워 있다).

물이 모여 산다. 이보다 아래에는 더욱 놀랍고 다양한 생물들의 세계가 펼쳐진다. 성장이 느려 앵커 아이스에서 살 수 없는 해면동물이 이곳을 지배하며 다른 동물들을 위한 3차원 서식지를 형성한다. 히드로충류는 해면동물의 위와 옆으로 자라고, 다모류는 해면동물을 사냥터로 이용한다. 물고기들은 해면동물 사이에 숨거나 그 속에 알을 낳는다. 또 불가사리와 갯민숭달팽이는 해면동물을 잡아먹는다.

봄이 가고 여름이 오면, 해빙이 녹기 시작하고 광합성이 촉진되어 조류가 증가해 렌즈 얼음의 표면을 덮는다. 그 아래에는 비록 갈색 진흙이 빛을 막아 광합성을 방해하지만 빛이 조금만 있어도 살 수 있는 생물들이 번성한다. 로스 빙붕의 북쪽 가장자리에는 해빙으로 둘러싸인 부동 지역 빙호氷湖가 있다. 빙호는 매년 조금씩 커지고 따뜻한 해수가 로스 섬 근처로 밀려들어와 11월 중순에는 맥머도 만의 동쪽 끝까지 도달한다. 이렇게 차가운 해수가 교체되면 한층 얇아진 얼음 아래로 플랑크톤이 활개를 친다.

플랑크톤이 번성해 식량 문제가 해결되면 해저는 활기를

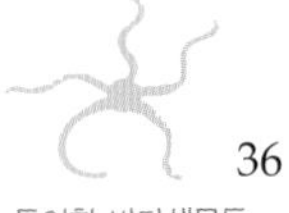

오른쪽 : 붉은 불가사리, 성게, 갈색 규조류들이 맥머도 만 해빙 아래 해저에 깔려 있다. 불가사리는 성게와 함께 이 지역을 점령하고 다른 불가사리를 포함한 거의 모든 생물을 잡아먹는다.

되찾는다. 물론 이곳은 얼어붙을 정도로 차가운 물속이기 때문에 '활기'란 상대적인 개념이다. 생물들의 움직임은 인간의 육안으로는 감지할 수 없을 만큼 느리다.

맥머도 만에서 멀지 않은 곳에 아주 특이한 서식지가 있다. 겨울의 남풍이 눈보라를 데려와 로스 섬 반도의 한쪽에 눈을 쌓는데, 바람이 나가는 동쪽에는 눈이 전혀 없다. 덕분에 눈으로 덮인 얼음 지역보다 일찍 봄의 햇살이 물속에 비친다. 그래서 이곳에서는 렌즈 얼음을 찾아볼 수 없다빙붕 아래에서 나오는 매우 차가운 해수가 닿지 못하는 곳이다. 빛이 많이 들어오기 때문에 규조류가 급증해 해저를 온통 갈색으로 뒤덮는다. 규조류는 곳곳에 널려 있어서 남극 성게의 먹이가 된다. 성게는 주로 조류를 먹지만 규조류와 단각류를 비롯해 해면동물과 지렁이도 잡아먹는다.

이곳에는 해초도 자란다. 어떤 종은 얕은 곳에, 다른 종은 수심 10~15m 사이에서 서식한다. 이들은 독소를 가지고 있는데, 성게는 그 점을 활용해서 해초를 뜯어 자신의 돌기에 꽂는다. 그러면 포식자인 말미잘로부터 자신을 보호해 주는 해초 갑옷이 생기는 셈이다. 말미잘이 해초 갑옷을 건드리면

오른쪽 : 불가사리 무리와 끈벌레가 죽은 물개를 먹고 있다. 이 거대한 지렁이는 최대 2m까지 자라며 멀리 있는 음식의 냄새도 맡을 수 있다.

독을 쏘이고 깜짝 놀라서 도망간다. 이처럼 다른 생물의 독을 빌려오는 것은 저렴한 보호 수단이다. 갯민숭달팽이는 연산호의 가시 세포를 활용하고, 작은 갯민숭달팽이는 자유롭게 헤엄치는 작은 단각류를 등에 올려놓아 물고기들로부터 자신을 보호한다. 이렇게 하면 '바다천사갯민숭달팽이'가 포식자들에게 맛이 없어 보이기 때문이다.

맥머도 만 공동체의 눈에 띄는 특징은 어린 무척추동물이 없다는 것이다. 이것은 아마도 어디에나 서식하는 붉은 불가사리Odontaster 때문인 것으로 보인다. 이 불가사리는 물개의 배설물, 죽은 물개, 해면동물과 다른 불가사리를 비롯한 모든 것을 먹어치운다. 남극 성게와 함께 이들의 맥머도 만 공동체 독점은 재생산 전략의 결과이다. 붉은 불가사리는 해저 어딘가에 알을 숨겨두거나 유충을 품기보다는 늦겨울에 수많은 난자와 정자를 물속에 방출한다. 그러면 새끼들이 다른 불가사리나 성게에게 곧바로 잡아먹히지 않으며 박테리아를 먹고 자라 여름에는 커지게 된다.

맥머도 만의 먼 서쪽 익스플로러즈 코브Explorers' Cove에는 악조건 속에 완전히 다른 동물들의 공동체가 존재한다. 이곳은 로스 빙붕에서 들어온 차가운 물이 1년 내내 흘러드는 곳이다. 담수가 흐르는 연안 주위를 제외하고는 얼음이 녹지 않으며 얼음의 두께가 5m 이상이다. 이곳의 렌즈 얼음 층은 아래쪽으로 3m 두께까지 생성되어 양분들이 결합할 확률을 줄인다. 어떤 빛도 들어오지 않아 생산활동이 거의 없다. 여름에 로스 해로 해수가 유입되어도 물속의 양분은 다 소진되어 아무런 도움이 되지 않는다.

이곳 해저에는 수백만 년 동안 빙하의 움직임으로 생겨난 매우 미세한 퇴적물들이 쌓여 있다. 퇴적물은 가리비에게 완벽한 서식지를 제공해 오랜 세월 이곳에서 살게 해주었다. 매년 얼음이 녹는 얕은 곳에서는 1m²당 가리비 85마리가 발견된다. 심해에서는 밀도가 떨어지지만 30m 정도에서는 1m²당

위 : 끈벌레류와 불가사리가 천천히 움직이면서 물개의 배설물을 먹고 있다. 얼음 아래에서 버려지는 것은 아무것도 없다.

왼쪽 : 거대한 고르고니언 연산호가 침전물에서 작은 동물을 잡아내기 위해 몸을 구부리고 있다. 폴립에 비축할 먹이가 물속에 충분하지 않을 때 이렇게 한다. 주변을 한 바퀴 돌아서 모든 것을 소비하고 나면 서 있는 곳이 어디든 간에 그 토대와 자신을 분리해 새로운 장소로 먹이를 찾아 이동한다.

38쪽 : 성게와 불가사리가 말과 규조류를 먹고 있다. 많은 성게가 독성이 있는 해초를 자신의 돌기에 꽂는다. 말미잘이 공격해 오면 불쾌한 독을 맛보고 도망가게 된다. 해초 또한 이 관계에서 얻는 것이 있다. 성게 위에 올라가서 빛을 받으며 움직일 수 있다는 점이다.

20마리가 발견된다. 약간 줄어드는 것 같아 보이지만 사실 이곳은 불가사리조차 드물게 발견되는 곳이다. 다만 심해에서는 성장이 느리기 때문에 가리비들은 상대적으로 크기가 작다. 물이 아주 차가워 가리비가 탄산칼슘을 침전시키기 어려운 탓에 껍데기가 얇고 잘 부서진다.

이곳은 연필성게, 거미불가사리, 유공충류와 같은 전형적인 심해 동물의 터전이다. 유공충류는 단세포 동물로 얕고 따뜻한 바다 전역에서 흔히 볼 수 있으며 크기가 매우 작아서 현미경으로만 관찰된다. 하지만 이곳에서는 의외로 1cm 크기까지 자란다. 이들 중 한 종은 포식자로 가리비를 포함한 여러 무척추동물의 유충을 거의 다 먹어치운다.

익스플로러즈 코브의 독특한 세계에 살고 있는 또 다른 특이한 무척추동물로는 1.5m 크기로 서 있는 거대 연산호 고르고니언 산호Gersemia가 있다. 고르고니언 산호의 폴립은 해수에 지나가는 유기생물체나 작은 무척추동물을 잡아먹는다. 하지만 움직임이 거의 없는 이곳 해수에서는 군락을 지탱할 만한 먹이를 모으기가 쉽지 않다. 그래서 고르고니언 산호는 주변 해저를 쓸며 먹잇감을 찾는다. 이렇게 하면 수압이 중심에서 한쪽으로 이동해 산호의 폴립이 침전물과 접촉할 만큼 구부러진다. 폴립이 필요한 만큼 먹이를 모으면 산호는 다시 일어나 다른 쪽으로 몸을 구부린다. 그렇게 해서 산호는 스스로 주변 전체를 쓸어나간다. 놀라운 점은 이뿐만이 아니다. 선택받은 지역에서 멀리 떨어진 곳에 있는 산호는 토대로 삼고 있던 바위나 가리비로부터 몸체를 떼어내 벌레처럼 해저를 기어서 다른 곳으로 먹이를 찾아 이동한다.

극한의 환경이 극단적인 생존법을 만들어내는 것이다. 차가운 심해에서는 다른 어느 곳보다 놀라운 생존 전략이 펼쳐지고 있다. 대부분은 우리가 미처 알지 못하지만 말이다.

활기찬 산호의 세계

위 : 크고 나무처럼 생긴 연산호가 밤에 먹이를 먹는 모습이다. 연산호는 작은 폴립 수백 개를 개방하고 촉수를 확장해 물속의 플랑크톤을 걸러낸다.

오른쪽 : 석산호로 구성된 산호초로, 돌처럼 단단한 탄산칼슘 뼈대가 있다. 식물과 마찬가지로 공간과 빛을 차지하기 위해 경쟁한다. 이 사진에는 테이블 산호(Tabletop Coral), 사슴뿔산호(Staghorn Coral), 양배추산호(Cauliflower Coral)가 보인다. 빛은 산호 폴립 속의 작은 미생물(와편모조류)이 광합성을 하게 해주고 당분과 산소를 생산해 산호가 섭취할 수 있게 한다.

스스로 광대한 조직을 형성해 한 지역을 이루고 열대우림처럼 다채롭고 다양한 종들로 3차원의 공동체를 구성하는 해양 무척추동물은 하나밖에 없다. 바로 육지와 해양이 만나는 따뜻한 바다에 서식하는 산호로, 적도의 양쪽으로 거대한 벨트를 형성한다.

산호가 번식하려면 특별한 조건이 필요하다. 우선 수온이 맞아야 하는데 18~30℃가 이상적이다. 그래서 차가운 해류가 열대 지역으로 들어오는 곳에서는 산호가 잘 자라지 못한다. 마찬가지로 물이 너무 따뜻해도 산호는 살 수 없다. 하지만 따뜻한 해류가 차가운 해수로 유입되는 곳멕시코 만류가 섬을 감싸는 버뮤다 지역에서는 산호가 왕성하게 번식한다. 이와 함께 산호는 단단한 토양과 빛도 필요로 한다. 해저는 반드시 얕아야 하며 바닷물은 침전물이 너무 많거나 육지로 밀려오는 신선한 해수에 침전물이 희석되지도 않는 곳이 적당하다.

산호초들은 지구상의 생물 중에서 가장 아름답고 비옥하며 다채로운 공동체를 구성한다. 함께 서식하는 많은 종이 서로 이익이 되거나 해가 되는 수많은 교류 관계를 맺는다. 산호는 식물과 마찬가지로 햇빛을 필요로 하므로 빛이 드는 공간을 차지하기 위해 경쟁한다. 어떤 산호는 빨리 자라서 가지를 넓게 펼쳐 느리게 자라는 다른 종에게 향하는 빛을 차단한다. 가시 세포로 덮인 긴 촉수를 펼쳐 이웃한 산호를 공격하고 그 자리를 차지하는 종도 있다. 또 다른 산호는 소화를 위해 돌출된 섬유 세포로 가장 가까운 이웃을 공격하기도 한다. 일반적으로 느리게 자라는 산호는 더 공격적인 전술을 써서 자신들의 영역을 확보한다.

산호초에 서식하는 많은 동물이 상대의 장점을 한 가지 이상 받아들이는 진화된 공생 관계를 맺는다. 산호도 이런 이익 관계를 통해 생존을 도모한다. 산호의 폴립은 단세포 생물인 와편모조류를 양성하고, 이들은 광합성을 통해 당분과 산소를 생산하여 산호가 섭취하게 해준다. 반대로 산호는 그

위 : 위장한 콜먼새우(Coleman Shrimp) 한 쌍이 독이 있는 불성게에 기생하는 모습이다. 그들은 불성게 위에서만 살며, 성게의 돌기를 제거해 집을 짓고 다른 동물들로부터 몸을 보호한다. 대신 성게의 몸에 생기는 이물질과 기생충을 제거해 준다. 이것은 산호에서 발생하는 많은 공생 관계 중 하나이다.

43쪽 : 연산호와 브랜칭 컵 코랄(Branching Cup Coral, 녹색)이 암석에서 자라는 모습이다.

들에게 이산화탄소와 영양분, 안전한 집을 제공한다. 와편모조류가 없으면 산호는 뼈대를 구성하는 탄산칼슘을 비축할 수 없다. 말미잘, 고둥, 거대 조개와 같은 다른 무척추동물들 또한 와편모조류의 보금자리가 된다. 와편모조류가 아니었다면 거대 조개는 그렇게 크게 자랄 수 없었을 것이다.

산호초 갑각류게, 새우와 같은 종류들 또한 산호, 말미잘, 해면동물을 비롯해 패류, 극피동물과 같은 다양한 종류의 동물들과 공생 관계를 맺고 있다. 이런 관계는 많은 종이 좁은 곳에서 함께 살 수 있게 해주지만 모두 즐거운 것은 아니다. 둘 중 작은 쪽이 약탈자, 기생동물 혹은 청소부가 되어 숙주의 죽은 조직을 먹고 살거나 단순히 거주지로만 이용하기도 한다.

인노 태평양 해역에서 발견되는 불성게는 작고 짧은 가시가 많이 나 있다. 이 가시 돌기는 새우, 도깨비게, 동갈돔과 같은 많은 생물들로부터 불성게를 보호해 준다. 심지어 캐리어 크랩Carrier Crab은 불성게나 해파리를 등에 짊어지고 다니면서 포식자로부터 자신을 보호한다.

작고 반투명해서 잘 보이지 않는 야행성 페어리 크랩Fairly Crab은 등과 다리에 작은 히드로충찌르는 가지 세포가 있는 나무처럼 생긴 군체동물을 키운다. 히드로충은 게에게 보호보다 더 중요한 서비스를 제공한다. 그들은 물속에서 게가 먹고도 남을 만큼 많은 양의 플랑크톤을 모은다.

잘 알려진 공생 관계로는 청소새우와 그들의 고객인 물고기가 있다. 많은 물고기가 마치 춤추듯 움직이는 청소새우의 우스꽝스러운 동작에 끌린다. 이렇게 해서 청소새우는 산호초에서 이목을 끄는 데 성공한다. 일반적으로 쌍으로 발견되며, 물고기를 지속적으로 방문해 물고기의 몸 위를 돌아다니며 점액과 작은 기생충들을 먹고 이곳저곳 청소한다.

번잡한 산호 군락에서 다수의 공생 관계는 극소수만 존재한다. 이곳 해양생물들의 상호 관계는 매우 뛰어나다. 우리는 이제 막 그들에 대해 분류하기 시작했기에 산호 세계의 특별한 생존 전략이 어떻게 발달했는지에 대해 아직도 많은 이해가 필요하다.

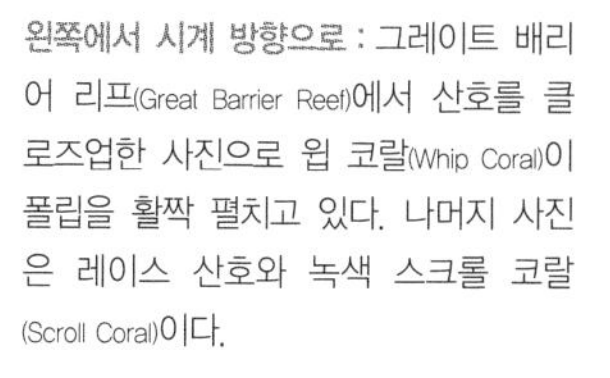

왼쪽에서 시계 방향으로 : 그레이트 배리어 리프(Great Barrier Reef)에서 산호를 클로즈업한 사진으로 윕 코랄(Whip Coral)이 폴립을 활짝 펼치고 있다. 나머지 사진은 레이스 산호와 녹색 스크롤 코랄(Scroll Coral)이다.

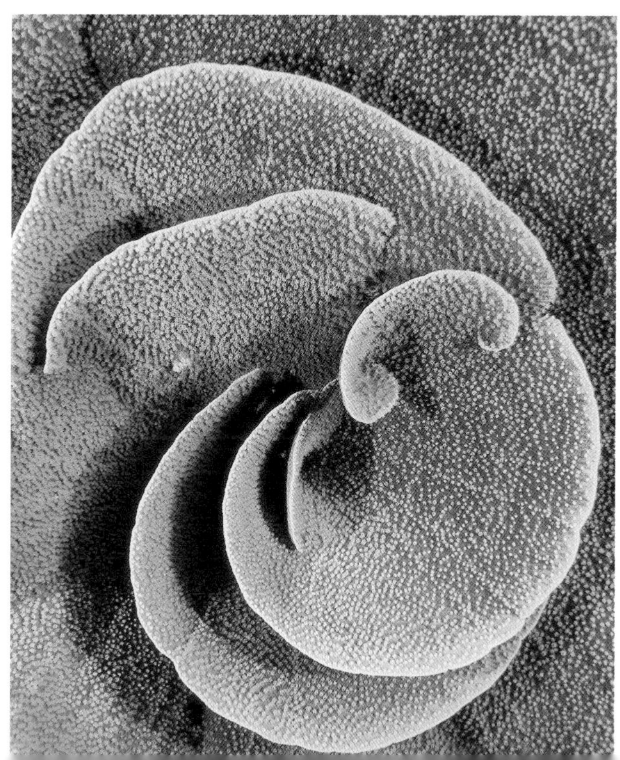

Chapter 2

신비한 어류

46~47쪽 : 유선형의 몸에 근육이 발달한 백상어는 전형적인 고대 어류의 모습이다. 백상어는 몸을 양 옆으로 구부려 약간의 곡선을 이루며 헤엄친다. 이런 방식은 백상어의 생김새에 맞게 효율적으로 에너지를 사용하면서 빠르게 헤엄칠 수 있게 해준다. 피부 조직이 특별해 물과의 마찰을 줄여준다.

위 : 빅노즈 유니콘피시(Bignose Unicornfish, 양쥐돔과)가 작은 입으로 조류와 작은 생물들을 잡아먹고 있다. 자신을 드러낼 때와 위장할 때 다양한 색을 이용한다(잘 때는 진흙 같은 갈색으로 변한다).

49쪽 : 청새치가 태평양 정어리를 먹고 있다. 날카로운 모습의 청새치는 바다에서 가장 빠른 어류로, 효과적으로 산소를 공급하는 특별한 근육을 이용해 헤엄친다.

지구상에서 종류가 가장 많고 널리 분포하는 척추동물은 어류이다. 산속 개울에서 심해에 이르기까지 어류는 거의 모든 서식지에 분포한다. 현재까지 2만 8,000종이 알려져 있으며(포유류는 5,400종), 발견되지 않은 더 많은 종이 있으리라는 점은 의심할 여지가 없다.

지구에서 성공적으로 생존할 수 있었던 이들의 비결은 신체구조에 있다. 4억 년 이상 진화해 오면서 척추, 아가미, 상하의 턱과 지느러미가 생겼다. 상하의 턱과 지느러미 한 쌍은 처음에는 이중 구조였다. 하지만 시간이 지나면서 턱은 먹이를 잘 씹을 수 있도록 더 넓게 벌어졌고 어류를 유기 퇴적물을 먹고 사는 존재가 아닌 포식자로 만들어주었다. 또한 넓어진 턱으로 산소가 풍부한 물을 더 많이 흡입할 수 있게 되어 오로지 숨을 쉬기 위해 앞으로 헤엄칠 필요가 없어졌으며 호흡도 더 효율적으로 하게 되었다. 아울러 유연한 등뼈에는 지느러미가 생겨 추진력이 더 좋아졌고 힘 조절도 편리해졌다.

어류가 헤엄을 치는 원리는 매우 독창적이다. 물은 공기보다 밀도가 높아서 마찰로 말미암은 저항이 움직임에 가장 큰 걸림돌이 된다. 물살을 헤치고 빨리 움직일 수 있는 최적의 몸 형태는 유선형으로, 그렇게 진화한 어류의 예로는 상어가 있다. 그 후 근육이 단단하게 발달해 추진력이 좋아진 참치, 주둥이가 길게 진화한 꽁치, 동갈치 등이 가장 빨리 헤엄치는 어류가 되었다.

하지만 무조건 빨리 움직이는 것만이 능사는 아니다. 살고 있는 곳과 먹이, 정확한 움직임이 더욱 중요하고, 그 요건에 따라 지느러미의 조합과 사용 방식이 달라진다. 날치는 재빨리 도망쳐야 할 때 늘어지는 배지느러미를 날개로 활용한다. 호주의 갈대실고기는 목과 등에 난 작은 지느러미가 마치 소형 헬리콥터의 회전 날개처럼 급격하게 회전해 몸을 움직이지 않고도 서식지의 해초 사이사이를 정확하게 이동할 수 있다. 근래의 어종들은 가스가 차 있는 부침 조절 기관인 부레가 발달해서 헤엄치지 않을 때(원하지 않는 한) 떠오르거나 가라앉지 않고 주변 물살에 맞추어(부레를 팽창하거나 수축시켜) 몸의 비중을 조절한다.

해수든 민물이든 물이 있는 곳이라면 어디든 어류가 서식한다. 심지어 거대한 폭포의 꼭대기에도 물살을 거슬러 오르는 특별한 지느러미가 달린 망둥이가 산다. 또 갯벌에는 말뚝망둥이가 산다. 이 망둥이는 지느러미를 걷는 용도로 전환하고 물 밖에 있을 때 산소를 얻는 방법을 체득해 조수간만의 차이가 심한 갯벌을 점령했다.

이 장에서 소개하는 사례들은 지표면의 대부분을 덮고 있는 물속에서 스스로 진화한 놀라운 어류에 관한 이야기이다. 어류에 대한 우리의 흥미는 단순히 그들의 다양한 모습과 행동에 국한되지 않는다. 아직도 우리가 조금밖에 알지 못하는 세계에 살고 있는 그들에 대한 동경도 포함되어 있다.

통돔과 고래상어

오른쪽 : 도그 스내퍼 무리가 벨리즈 배리어 리프(Belize Barrier Reef)에서 나선형으로 헤엄치는 모습이다. 이들은 알을 낳기 위해 수면으로 올라가는 암컷을 따르는 수컷 무리다. 산란은 보름달이 뜬 밤에 이루어진다.

51쪽 : 글래든 스피트에서 알과 정액을 방출하는 쿠베라 스내퍼 무리의 모습이다.

글래든 스피트Gladden Spit는 벨리즈Belize 연안의 얕은 바다와 카리브의 심해 사이에 있다. 이곳 산호초 속에는 노랑가오리가 미끄러지듯 헤엄치고 오징어 떼가 마치 우주선을 타기 위해 기다리는 군인들처럼 모여 있다. 해초에는 다양한 해양생물이 서식하며 많은 치어가 완전히 자라서 심해로 나갈 때까지 보금자리로 삼아 지낸다.

치어들의 양어장인 이 아름다운 에메랄드 해양을 벗어나면 갑자기 파도가 커지고 밀물이 거세지면서 바다는 한층 난폭해진다. 한 줄기 햇빛이 사라지고 어두워지면 해저는 끝없이 깊게만 느껴진다. 해저 약 60m 아래에는 카리브 해에서 가장 인상적인 물고기 쇼에 참석하려는 어류들이 모여 있다. 3월~6월에 보름달이 뜰 때 거대한 통돔 무리가 알을 낳기 위해 이곳에 집합한다. 각 무리는 수천여 마리로 구성되며 종별로 분류된다. 도그 스내퍼Dog Snapper, 머튼 스내퍼Mutton Snapper, 쿠베라 스내퍼Cubera Snapper는 종에 따라 한데 모인다. 해가 지고 보름달이 뜰 때쯤에는 수심 30m에서도 통돔 무리가 발견된다. 그리고 알 수 없는 신호에 따라 통돔의 산란이 갑사기 시작된나. 동돔 수백 바리가 큰 무리에서 벗어나 나선형으로 헤엄치며 차츰 수면 위로 올라간다.

암컷들이 무리지어 수면 위로 헤엄치면 정자를 방출하려는 수컷들이 그 뒤를 바짝 쫓아간다. 암컷이 물살을 헤치고 나가면 부레가 확장되어 알을 몸 밖으로 배출하도록 도와준다. 암컷은 수심 15m까지 도달하면 엄청난 양의 알을 낳고, 수컷이 여기에 정자를 방출해 일대의 해수는 순식간에 뿌옇

52쪽 : 고래상어가 수면에 떠 있는 통돔의 알을 먹으러 해수면으로 올라가고 있다.

왼쪽 : 고래상어가 쿠베라 스내퍼가 산란한 알 수백만 개를 한 입에 꿀꺽 삼키려고 하는 모습이다.

게 흐려진다. 이때 정자와 함께 기름이 방출되어 수면 위로 테니스 코트만큼 넓게 퍼진 알들이 흐트러지지 않게 잡아준다. 이것은 아래쪽에서 이루어지는 격렬한 행위와 상반된다. 갑자기 흐린 물살을 뚫고 거대한 형체가 움직인다. 세상에서 가장 큰 어류인 고래상어가 알을 먹으러 오는 것이다.

고래상어는 여과 섭식 동물물속의 유기물과 미생물을 여과해 섭취하는 동물 – 옮긴이로 주로 식물성 플랑크톤과 크릴새우를 잡아먹는다. 하지만 매년 통돔의 산란을 노리고 많은 수의 무리가 글래든 스피트로 모여든다. 고래상어는 알을 먹으려고 헤엄칠 필요가 없다. 그냥 수직으로 서서 입안 한가득 물을 삼키기만 해도 알 수백만 개가 쏟아져 들어온다.

보름달이 뜬 날부터 약 열흘 동안 밤마다 이런 장관을 볼 수 있다. 처음에 암컷은 알을 가득 품고 있지만 시일이 지나면서 알이 빠져나가고 열광적인 산란은 점차 줄어들다가 마침내 끝난다. 통돔은 일부러 보름달을 기다리는 것 같다. 조류가 거셀수록 알이 더 멀리 퍼지기 때문이다. 열흘 안에 수백만, 어쩌면 수십억 개의 알이 상어나 다른 포식자가 먹지 못할 정도로 멀리 퍼지고 그중에서 수백만 개가 살아남는다. 또 알들은 이후 해양을 떠다니며 더 큰 어려움을 만나지만 일부가 살아남아 성어로 자라서 글래든 스피트의 장관을 다시 연출한다.

유토피아에 도달하기 위한 망둥이의 긴 여정

하와이 열도의 섬은 세계에서 가장 외딴곳으로, 제일 가까운 대륙 해안에서도 약 3,862km 떨어져 있다. 처음 이 섬들을 태평양 위로 밀어올린 화산활동은 지금도 계속되어 지표면이 조금씩 상승하고 있다. 이 열도에 생겨난 강은 짧고 깊으며 폭포는 절벽에서 바다로 내리꽂힌다.

열도는 대륙과 매우 멀리 있고 지질학적으로 생성 기간이 짧아 민물에 생명이 서식할 기회가 적었다. 그런데 물이 크게 필요하지 않은 많은 종이 놀라운 생활방식으로 이곳에 터전을 일구었다. 이곳에 토착으로 서식하는 어류 다섯 종 중 네 종은 망둥이다. 망둥이의 배지느러미는 하나의 원반과 같은 빨판으로 되어 있어서 절벽 위로 올라설 수 있게 해준다. 이 지느러미는 망둥이의 생애에 매우 중요한 역할을 한다.

알에서 나온 새끼 망둥이는 폭포를 타고 바다로 내려가 10~25mm 크기로 자랄 때까지 그곳에서 몇 달 동안 플랑크톤을 먹으며 성장한다. 그 후 다시 열도로 돌아와 성년기를 보낸다. 치어일 때 해류를 타고 내려가는 것은 어렵지 않지만 내륙으로 돌아올 때는 큰 힘이 드는 과제에 부딪힌다. 가파르기로 소문난 하와이의 폭포를 올라야 하는 것인데, 어떤 곳은 높이가 122m 이상이다. 이제 망둥이가 원반 모양의 빨판을 이용해야 할 시기가 온 것이다.

망둥이들은 폭포수의 끝 지점에 모인다. 그리고 갑자기 한 마리가 오르기 시작하면 이를 신호로 일제히 등반한다. 암벽을 오르는 전략은 제각각이다. 어떤 종은 가장자리로 천천히 오르고, 다른 종은 물속에서 도약해서 지느러미 원반을 이용해 암벽에 착지한다.

이제 등반 기술을 활용해야 한다. 일부는 입과 빨판을 함께 사용해 애벌레 같은 움직임으로 조금씩 암벽을 오른다. 이렇게 천천히 꾸준히 오르는 방법은 멈추는 지점 사이의 거리를 효과적으로 줄이면서 계속 오를 수 있게 해준다. 휴식이 필요하면 망둥이는 고요한 물웅덩이나 암벽의 움푹한 곳을 찾는다. 한편 훨씬 현란한 방법으로 등반하는 망둥이도 있다. 마치 수영 선수가 힘차게 물을 헤치며 접영 유영을 하듯이 가슴지느러미를 펼치고 꼬리와 몸 전체로 도약한다.

하와이 열도의 폭포 꼭대기에서 내려다보면 물줄기가 끝도 없이 떨어지는 것처럼 보인다. 또한 절벽에서 튀어 나온 물들로 이루어진 계단 폭포는 천둥과도 같은 굉음을 낸다. 이런 장대한 곳에서 얼마나 많은 망둥이가 꼭대기까지 오르는지 어떻게 알 수 있을까? 확실한 것은 개체수를 보존할 정도는 된다는 것이다. 그럼 망둥이는 왜 이런 노력을 하는 것일까? 폭포 위에는 물고기들의 낙원이 있다. 바로 포식자가 극히 드물고 경쟁이 거의 없는 안전한 산란 장소가 있는 것이다. 폭포를 오르는 망둥이는 어류가 어떻게 적합한 서식처를 발견하고 개척하는지 보여주는 전형적인 예이다. 비록 그곳에 도달하기 위해 피나는 노력을 해야 할지라도 말이다.

아래 : 오푸(O'opu) 망둥이가 바다에서 나와 절벽을 오르고 있다. 몸 아래에 원반 모양의 빨판으로 된 배지느러미가 있어서 폭포를 오르는 데 사용한다.

55쪽 : 천천히 꾸준하게 암벽을 오르던 망둥이가 잠시 쉬고 있다. 이때 입과 원반 모양의 빨판을 이용해 몸을 지탱한다. 이 고난의 끝에는 포식자의 위험이 전혀 없는 번식 장소가 기다리고 있다.

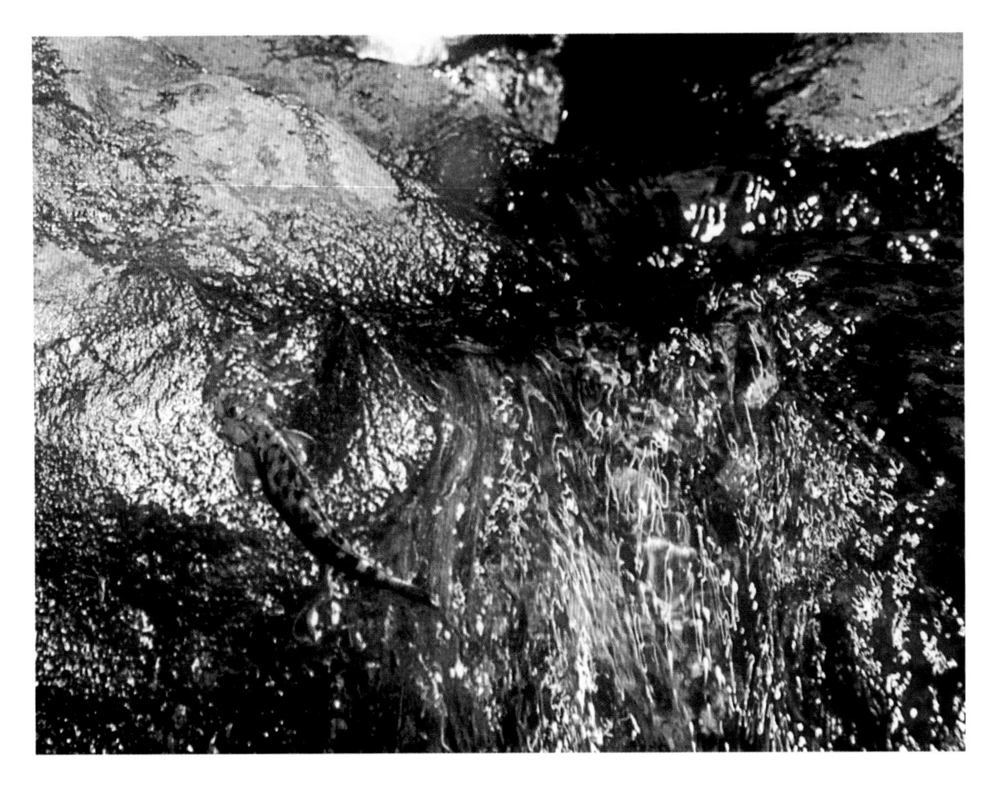

아빠 갈대실고기의 지극한 자식 사랑

물속이라면 어디든 개척하는 능력은 무리지어 움직이는 어류의 큰 장점이다. 여기에는 인간이 만든 구조물을 활용하는 것도 포함된다. 호주 남부 해안에 있는 방파제 근처의 얕고 따뜻한 바닷속으로 들어가 보자. 이곳에는 해마, 오징어, 복어, 가오리, 통구멍류가 살고 있다. 작은 물고기 떼가 콘크리트 구조물 사이를 들락거리며 헤엄친다. 심지어 백상어도 발견되는데 이 지역 물개들의 수가 줄어들 때 이곳을 찾는 것 같다.

방파제 주변에는 해초가 깔려 있어서 많은 생명체를 보호해 준다. 이곳에는 마치 동화 속에서 튀어나온 듯한 어류인 갈대실고기가 살고 있다. 갈대실고기는 전혀 물고기처럼 생기지 않았고 제대로 이동할 수 있을 만큼 지느러미도 펄럭이지 않는다. 갈대실고기는 느리지만 해초 잎사귀 틈에서 위장을 잘해 진짜 해초처럼 보인다. 주로 작은 보리새우와 같은 소형 갑각류를 먹고 살며, 새우 무리에 접근해서 한 마리씩 잡아먹는다. 갈대실고기 여러 마리가 함께 한 무리에 접근하기도 하지만 이는 오직 짝짓기를 하는 10월과 11월에만 국한된다.

하루의 해가 저물면 짝짓기의 서막인 춤이 시작된다. 서로 상대의 움직임을 따라서 춘다. 저녁이 되면 짝짓기를 한 쌍은 어둠속으로 사라진다. 그 후 무슨 일이 일어나는지 정확히 알려진 바가 없지만 이들은 다른 물고기처럼 바다 위에 수백 수천 개의 알을 낳지 않는다. 대신 갈대 실고기는 그들의 알을 24시간 동안 보호할 수컷을 선별하고 수컷은 꼬리에 있는 해면 조직에 알을 품는다해마가 알주머니에 알을 품는 것과 다른 점이다. 갈대실고기는 짝짓기하기 전에 약 120개의 '알집'이 꼬리 조직에 발달하기 때문에 품을 수 있는 알의 수에 제약이 있다. 아침이 되면 수컷은 보랏빛 알을 자신의 꼬리 조직에 열을 지어 품는다. 그런 다음 꼬리를 곧게 펴고 약간 비스듬하게 헤엄치면서 귀중한 알들이 잘 배열되고 자리 잡을 수 있도록 한다.

한 달 정도 지나면 알이 성숙하며, 간혹 주변 잡초의 섬유세포와 같은 색으로 위장하기도 한다. 부화할 준비가 되면 수컷은 꼬리를 흔들어 새끼들이 나올 수 있게 돕고, 마침내 어린 갈대실고기는 호주 남부 해안을 스스로 헤엄쳐 다니게 된다.

왼쪽 : 수컷 갈대실고기가 알을 품고 있는 모습이다. 알은 꼬리의 해면 조직 속 알집에 보관된다. 지금 알은 부화되고 있는 상태로, 수컷은 꼬리를 흔들어 새끼들을 몸 밖으로 내보낸다.

56쪽 : 막 태어난 새끼 갈대실고기. 깨어나는 순간부터 스스로 먹고 살아야 하지만 몸속에 난황난 형태의 비상식량이 있다.

58~59쪽 : 새로 알을 품은 수컷 갈대실고기가 혈관을 통해 공급받은 산소를 알집으로 전달하고 있다. 몸속에 품으면 24시간 동안 알을 효과적으로 보호할 수 있다. 알은 수초와 같은 색상으로 위장해 포식자의 눈에 띄지 않도록 한다.

공기를 마시는 말뚝망둥이

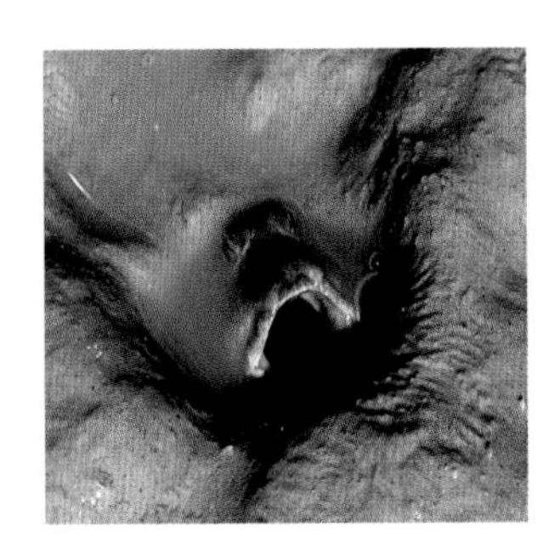

위 : 수컷 일본 말뚝망둥이가 알에 공급하기 위해 굴속에서 공기를 흡입하고 있다.

아래 : 등지느러미를 빳빳하게 세운 수컷이 '지느러미다리'를 흔들며 암컷을 진흙 굴로 유혹하고 있다. 수컷은 수정한 알을 완벽하게 보호하며 알이 부화할 장소, 산소 공급에서 치어들이 부화해 떠날 시간까지 계산한다.

61쪽 : 화려한 지느러미가 있는 덩치 큰 푸른 무늬의 말뚝망둥이가 팔짝팔짝 뛰고 있다. 이것은 규조류로 덮인 비옥한 영토를 과시함과 동시에 암컷을 자기 굴로 유인하려는 행동이다. 다른 수컷이 도전한다면 자신의 영토에서 싸워야 한다.

조수의 영향을 받는 갯벌만큼 어류가 생존하기 힘든 곳은 없다. 염도의 급격한 변화와 갯벌의 움직임도 문제지만 가장 큰 어려움은 지속적인 해수의 공급이 부족하다는 것이다. 말뚝망둥이는 살기는 어렵지만 비옥한 이 틈새 지역을 수륙양용의 생활방식으로 개척했는데 여기에는 큰 변화가 필요했다. 피부는 호흡기관으로 바뀌었고 아가미는 갯벌 속에 있을 때 물을 채우고 가둬두도록 진화했다. 또한 가슴지느러미를 마치 목발처럼 걷는 용도로 사용하게 되었다. 그 결과 경쟁이 거의 없고 게, 날벌레와 같은 작은 무척추동물부터 조류, 규조류와 같은 진흙 속 미세 생물들까지 마음껏 먹을 수 있는 곳에서 살게 되었다.

최근에 발표된 일본 말뚝망둥이에 대한 연구는 몇 가지 흥미로운 사실을 알려준다. 대부분 말뚝망둥이와 마찬가지로 일본 말뚝망둥이도 입으로 굴을 파고, 물이 빠져 하루 중 가장 더운 시간에는 굴속에 들어앉아 포식자와 태양을 피한다. 가장 중요한 발견은 굴이 알을 품기에 안전하며 또한 알이 바다로 떠내려가는 것을 막아준다는 점이다. 수컷은 일반적으로 J자 모양의 굴을 파는데 꼭대기부터 약 20cm 아래까지 파내려간다. 한편 알은 성장과 부화를 위해 충분한 산소 공급이 필요하지만 이곳의 물은 산소 함량이 적다. 이 문제를 해결하기 위해 수컷은 영리하게 행동한다. 암컷을 자신의 굴로 유혹해 굴의 천장에 알을 낳도록 유도하고 그곳에서 수정시킨다. 그러면 수컷은 이제 알의 보호자가 된다. 말뚝망둥이의 번식 성공 비결은 J자 모양 굴의 끝에 알을 낳는 것이다. 안전한 장소이지만 산소가 금세 부족해지므로 수컷은 썰물 때 굴 입구에서 공기를 흡입해 입 안에 모아두었다가 터널을 헤엄쳐 들어와 알이 있는 곳에 산소를 공급한다.

6~7일이 지나면 알들은 부화할 준비를 마친다. 하지만 주변의 포식자가 줄어드는 저녁까지 기다려야 한다. 정확한 시간에 부화하도록 수컷은 밤의 만조까지 기다렸다가 굴 밖으로 공기를 빼내고 알이 떠오르게 한다. 알이 해수에 씻겨 부화되면 새 세대의 말뚝망둥이들이 또 다른 삶을 이어간다.

날아오르는 날치

위와 아래 : 힘차게 수면에서 도약한 미러 윙 플라잉 피시(Mirror-Wing Flying Fish, 날치의 한 종류)가 지느러미를 펼치고 성공적으로 날아오른 모습이다. 포식자인 만새기는 빠르게 헤엄치지만 날치를 따라잡을 수는 없다.

63쪽 : 거대한 날치 무리가 야자 잎사귀 아래에 산란하는 모습이다. 수컷이 우윳빛 정액을 방출해 알을 수정시키고, 암컷은 잎사귀에 알을 고정시킨다. 이렇게 해서 잎사귀는 이동식 양어장이 된다.

카리브 해의 토바고Tobago 섬 해안가에서 48km 떨어진 해수면에는 야자 잎사귀와 그 잔해가 무리지어 떠다닌다. 몇 달 동안 바다를 표류하는 이 잎사귀들은 넓은 바다에서 갈 곳을 잃은 일부 생물들의 보금자리가 된다.

엄청난 수의 날치들이 이곳에서 산란을 한다. 작은 잎사귀 하나 아래에 엄청난 날치 떼가 모여들어 산란한다. 날치는 1월에서 5월 사이에 카리브 해에 모여 알을 낳는다. 이때 알이 조류에 흘러가지 않도록 떠다니는 물체에 알을 고정시키는데, 특히 바다를 표류하는 야자 잎사귀 아랫면이 이상적인 장소이다. 잎사귀는 얼마 지나지 않아 알 묶음들로 뒤덮인 거대한 이동식 양어장으로 변한다.

하지만 만새기와 같은 주변에 사는 물고기가 알을 노리고 기웃거린다. 만새기는 근육의 힘이 좋다. 등지느러미는 머리 바로 밑에서 등 전체로 이어지고 낫 모양의 꼬리는 속도를 낼 때 큰 역할을 한다. 속도는 산란하는 날치를 잡을 기회가 왔을 때 중요하다.

만새기는 빠르게 돌진하면서 적합한 먹잇감을 물색한다. 그 순간, 날치는 수면 바로 아래에서 꼬리로 힘차게 물을 차고 올라 사라진다. 이제 수면 위로 날아오르는 날치가 보인다.

날치는 늘어진 가슴지느러미를 날개처럼 펼치고 만새기를 까마득한 물속에 남겨둔 채 떠난다. 탄성이 떨어지면 수면을 향해 하강했다가 다시 꼬리로 수면을 몇 차례 힘차게 차서 날아오른다. 이때 평평한 배지느러미가 확장되어 균형을 잡는 역할을 한다. 이렇게 해서 날치는 포식자가 도달할 수 없는 곳으로 최대 50m까지 날아갈 수 있다. 이것이 물을 차고 날아오르는 어류의 정통 탈출 방식이다.

컨빅트 피시의 수상한 일생

위 : 부모 컨빅트 피시 한 쌍이 입으로 모래를 굴 밖으로 퍼내는 끝도 없는 일과를 시작했다. 그러는 동안 치어들은 밖에 나가 먹이를 먹는다.

아래 : 치어들이 굴 밖으로 나가고 있다. 포식자를 피하려고 위장한 그들은 해질 때까지 돌아오지 않을 것이다.

65쪽 : 어린 컨빅트 피시 떼가 작은 해양생물을 잡아먹고 있다. 그들의 부모는 절대 집을 떠나지 않는다. 그렇다면 그들은 무엇을 먹을까? 혹시 새끼를 잡아먹는 것은 아닐까?

어류 세계에서 서남부 태평양에 사는 컨빅트 피시Convict Fish, 세베럼이라고도 함보다 특이한 가족생활을 하는 어종은 드물 것이다. 다 자란 컨빅트 피시는 대략 50cm 길이에 생김새는 장어와 닮았고, 평생을 산호초 주변에 파놓은 굴속에서 보낸다. 흥미로운 점은 한 쌍의 부모가 치어 수천 마리와 함께 산다는 것이다. 치어들은 부모와 생활방식이 완전히 달라 매일 먹이를 찾기 위해 굴을 나서 거대한 조직으로 움직인다.

컨빅트 피시의 굴은 입구가 최대 네 개이며, 각각 모래와 같은 물질로 구성된 부채 모양이다. 몇 분 동안 관찰해 보면 그 부채 모양은 부모가 만들었다는 사실을 알 수 있다. 컨빅트 피시가 집을 단장하고 청소하면서 나온 모래와 산호 따위의 잔해를 입구 밖으로 뱉어내기 때문이다. 빛이 들어오는 낮에는 조수와 조류에 실려 모래가 계속해서 굴속으로 들어오기 때문에 컨빅트 피시 부부는 쉬지 않고 청소를 한다. 하루에 약 3kg 정도의 모래가 쌓이는데 부모 컨빅트 피시는 이것을 치워 굴 밖으로 뱉어낸다.

새벽이 되면 치어 한 마리가 굴 입구에 나타난다. 다 자란 컨빅트 피시처럼 반점이 있는 것이 아니라 검은 줄무늬 두 개가 머리부터 꼬리까지 이어져 있다. 이윽고 또 다른 치어가 합류하고, 뒤이어 다른 형제들이 나오면서 수십, 수백, 수천 마리가 긴 띠를 형성한다. 굴에서 나온 뱀처럼 보이는 이 치어 무리는 넓이가 최대 1m에 이른다.

치어들은 단체로 움직이면서 산호에 서식하는 플랑크톤을 먹으며, 굴러가는 공 모양을 이루거나 헐겁게 뭉치기도 한다. 이것은 포식자를 막기 위한 방어책이다. 무리지어 움직이는 다른 어종인 쏠종개잉엇과 어류를 모방하는 방법도 있다. 쏠종개는 독이 있어서 포식자들이 건드리지 않는다.

해질 무렵, 산호에서 하루를 보낸 치어들은 굴로 돌아온다. 앞 다투어 들어오는 모습이 마치 배수구로 물이 빠지는 것처럼 민첩하다. 밤이 되면 치어들은 굴의 천장에 끈끈한 점액을 배출해 머리로 매달린 채 휴식을 취한다. 천장 주변에는 오래된 점액 찌꺼기가 줄줄이 매달려 있다.

치어들은 돌아올 수 있는 쾌적한 굴을 만들어 안전을 보장해 주는 부모의 도움을 받으며 산다. 하지만 그 수혜자는 치어만이 아니다. 컨빅트 피시의 가장 큰 미스터리는 절대로 굴을 떠나지 않는 부모가 어떻게 먹이를 섭취하는가이다. 아마도 낮 동안 모래와 산호를 치우면서 작은 무척추동물이나 미소微小동물 같은 것을 먹을지도 모른다. 하지만 이들의 위를 해부해 본 결과 입증할 만한 단서를 발견하지 못했다. 치어들의 배설물을 먹거나 그들이 배출하는 점액을 섭취하거나, 아니면 치어들이 부모를 위해 밖에서 물어다주는 음식을 먹을 수도 있다. 그것도 아니면, 혹시 부모가 어린 치어를 잡아먹는 것은 아닐까? 이들의 삶에 대해서는 아직도 밝혀내야 할 사실이 많고 이는 다른 어종에 대해서도 마찬가지이다.

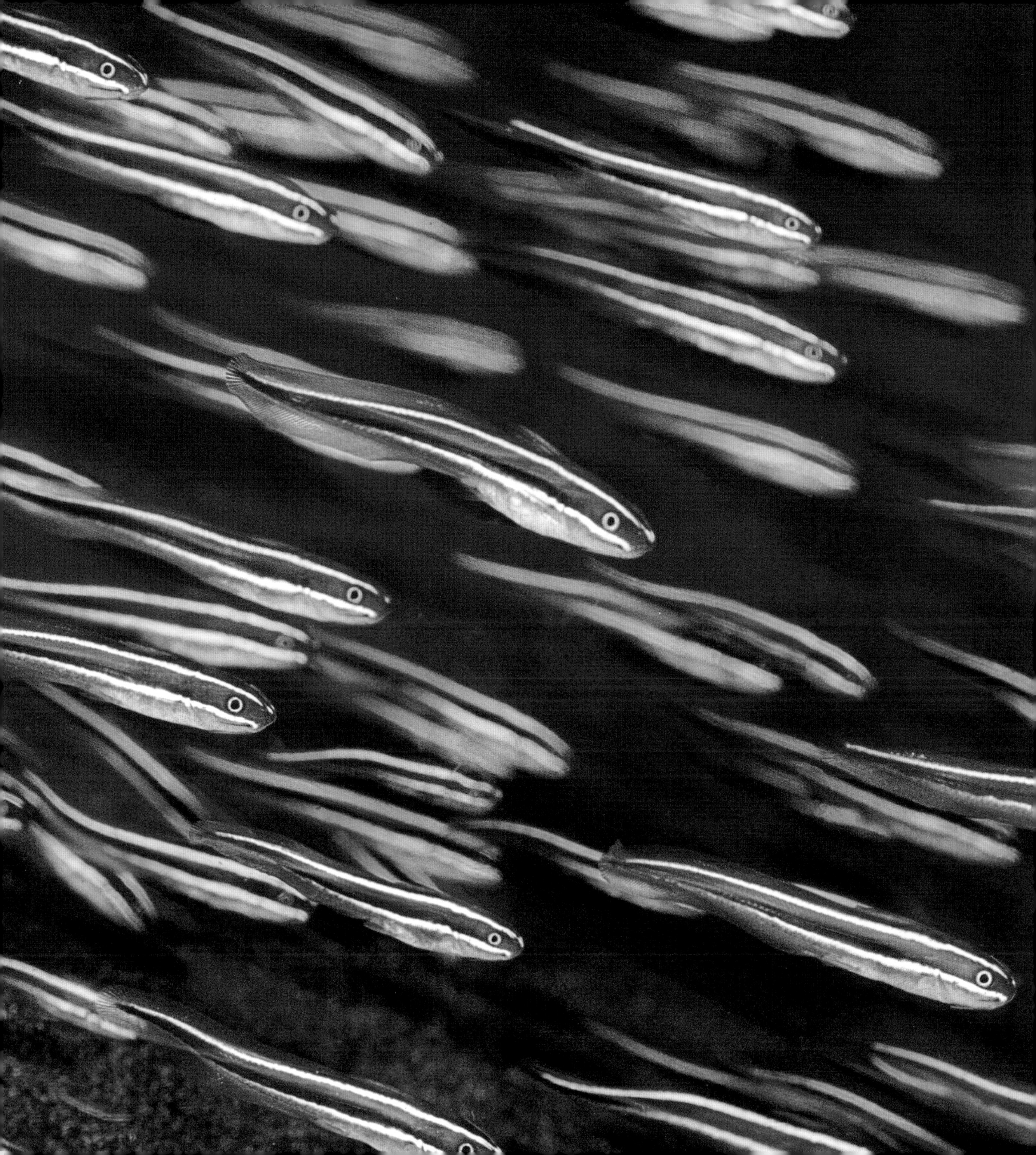

Chapter 3

왕성하게 번식하는 식물들

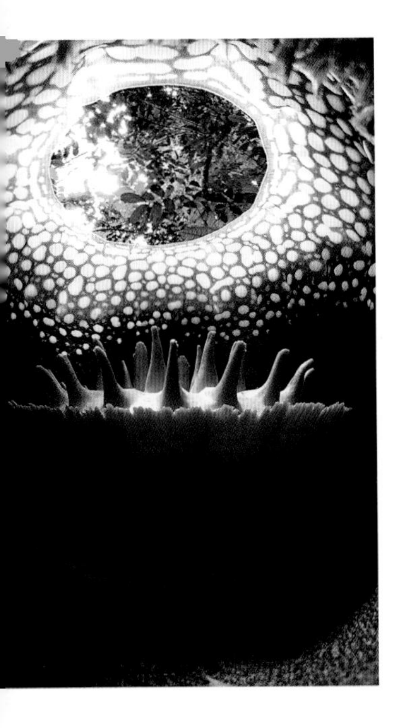

위 : 보르네오 사바 섬에 서식하는 라플레시아(Rafflesia) 꽃 속을 곤충의 관점에서 촬영한 사진이다. 세상에서 가장 큰 이 꽃은 썩은 고기 냄새를 풍겨 악취를 좋아하는 딱정벌레와 파리를 유인한 후 꽃 속에 가두고 수분이 끝날 때까지 놔주지 않는다.

오른쪽 : 해바라기는 태양을 향해 서서 가능한 한 많은 에너지를 모은다. 에너지는 광합성을 하고 씨앗을 만들기 위해 필요하다.

66~67쪽 : 영국 다트무어(Dartmoor)에서 1월 1일에 촬영한 비바람에 깎인 원시 오크나무 숲의 모습이다. 나무둥치와 가지, 바위 위를 양치식물과 이끼들이 빼곡히 덮고 있다.

식물은 항상 전쟁 중이다. 동물과 마찬가지로 더 좋은 햇빛과 토양, 번식 대상을 찾으려 경쟁하고 포식자를 피하려 한다. 서로 돕기도 하지만 상대를 속여 원하는 것을 뺏거나 기생하는 일이 더 많고, 일부는 사냥을 하기도 한다. 우리가 식물들의 이러한 놀라운 행동을 감지하지 못하는 이유는 두 가지이다. 하나는 식물이 땅에 뿌리를 박고 고정되어 움직이지 못한다고 여기기 때문이며, 다른 하나는 그들의 행동이 너무 느려서 좀처럼 알아차리기 어렵기 때문이다. 사실 식물의 느린 행동은 그들의 특성과 성공적인 번식을 이해하는 데 핵심 요인이다.

모든 생물과 마찬가지로 식물도 생존하는 데 반드시 물과 양분이 필요하다. 하지만 가장 중요한 것은 햇빛이다. 그래서 식물은 최대한 빛을 얻기 위해 모든 노력을 기울인다. 한 예로, 어린 해바라기 묘목은 앞뒤로 움직이면서 태양이 떠오르는 지평선의 위치를 살핀 후 동쪽을 향해 자세를 고정하고 서서 많은 빛을 받는다. 빛을 얻으려고 노력하는 모습에서 식물의 가장 공격적인 특성과 왕성한 적응력이 드러난다. 덩굴식물은 햇빛을 받기 위해 올가미, 빨판, 감아올리는 가지 등을 사용해 다른 식물의 줄기나 몸통을 타고 오른다.

식물은 시간을 측정하는 도구로 빛을 이용한다. 봄이나 겨울 혹은 건기가 찾아오는 시기를 파악하고, 언제 꽃을 피우고 열매를 맺어야 하는지 결정한다. 그들은 시간을 완벽하게 지킨다. 그뿐만 아니라 촉각이 매우 민감해서어떤 덩굴손은 사람의 손보다 더 민감하다 적극적으로 동물을 공격한다. 파리지옥은 셈에 능통한 식물로, 잎에 난 민감한 섬모로 먹이를 가두고 소화시킬 시간을 미리 계산한다.

식물은 또한 영리한 조종자이기도 하다. 수분 매개자인 동물과 균등한 관계를 맺고 있는 것처럼 보이지만 자세히 들여다보면 식물이 우월하다는 것을 알 수 있다. 우선 식물은 수분 매개자가 찾는 꿀의 생산량을 조절한다. 너무 많이 만들면 수분 매개자가 옮겨 다니지 않을 테고, 너무 적게 분비하면 매개자가 찾아오지 않을지도 모르기 때문이다.

식물은 모든 육지에 뿌리내리고 있으며, 일부는 동물이 전혀 살지 않는 곳에도 서식한다. 또한 동물보다 더 오랜 세월 동안 육지에서 살았고 그 역사는 약 5억 년에 이른다. 오늘날 식물은 박테리아를 제외하면 지구상에서 개체수가 가장 많다. 모든 육지 동물이 생존을 위해 직·간접적으로 식물에 의존하며, 결국 모든 생물이 식물을 토대로 생존한다. 따라서 식물은 단순히 동물에게 먹히는 힘없는 희생자가 아니라 자기 의지로 동물을 조종하며 군림하는 존재이다.

강털소나무의 장수 비결

오른쪽 : 미국 캘리포니아 주 화이트 산맥에 살고 있는 강털소나무는 수명이 수천 년 이상 되며 지구상에서 가장 오래 사는 식물이다. 화이트 산맥의 기후는 매우 혹독해서 서식하는 식물이 얼마 되지 않아 생존 경쟁이 적은 편이다. 하지만 매우 춥고 바람과 가뭄이 심해 강털소나무는 아주 느리게 자란다.

한겨울 동틀 녘, 미국 서부의 화이트 산맥에 강털소나무 한 그루가 외롭게 서 있다. 이 나무 중 4,740그루가 지구상에서 가장 오래된 나무로 지정되어 있다. 강털소나무는 이집트인들이 피라미드의 첫 주춧돌을 놓을 때 어린 묘목이었고, 예수가 태어나기 전에 이미 다 자란 나무였을 만큼 역사가 깊다. 캘리포니아 이스턴 시에라Eastern Sierra 지역 해발 3,048m에서 다른 고대 식물들과 함께 자란다. 이곳은 매우 춥고 건조하며 알칼리성의 얇은 토양층이 있는 척박한 곳이다. 생물이 살기에는 너무 가혹한 환경이라 식물이라고는 강털소나무가 거의 전부다. 그래서 생존이 그만큼 중요해진다.

강털소나무에게 시간은 좀 다른 개념이다. 둥치가 2cm 자라기까지 100년이 걸린다. 세계에서 가장 굵고 큰 강털소나무는 높이가 18m에 이른다. 이 소나무들은 그나마 좋은 환경에 서식하지만 종종 약 1,500살 정도의 어린 나이에 죽는다. 정말 오래된 나무는 1년 중 생장하는 기간이 60일에 지나지 않으며 시속 160km의 바람이 불고 연 강수량이 25cm에 불과한 척박한 곳에 서식한다. 따라서 1,000년이 지난 나무가 황폐해 보이는 것은 놀랄 일이 아니다. 하지만 이런 환경이 강털소나무의 생존 전략에 대한 단서를 제공한다. 강털소나무의 장수 비결은 다름 아닌 천천히 죽는 것이다.

수령이 수백 년밖에 되지 않은 어린 나무들은 다 큰 나무들과 생김새가 아주 다르다. 윤기가 흐르고 붉은 빛이 도는 갈색 껍질과 반짝이는 침엽으로 빼곡히 뒤덮인 가지들이 나선형으로 나 있어서 마치 여우 꼬리 같다. 그래서 강털소나무라는 이름이 붙었다.

4,000년 이상 겪은 거대한 모래바람과 낮은 기온 때문에 소나무는 치명적인 상처를 입고 반쯤 죽은 것처럼 보인다. 나이가 가장 많은 소나무는 살아 있는 가지가 거의 없고 손상되지 않은 껍질을 찾아보기 어렵다. 강털소나무 숲은 키 12m 정도에 살아 있는 껍질이 한 가닥밖에 없는 소나무 천지다. 살아 있는 조직이 적으면 그만큼 음식과 물이 적게 필요하다. 이는 잎사귀의 수명이 최대 30년밖에 되지 않는 강털소나무가 생존하는 데 많은 자원이 필요하지 않다는 뜻이기도 하다.

강털소나무가 어떤 이유로 죽게 되는지는 정확히 알아내기 어렵다. 아주 오래된 나무는 질기고 수지소나무와 전나무 따위

의 침엽수에서 분비되는 점액 – 옮긴이가 생겨 딱정벌레나 곰팡이의 공격에 면역력이 생기기 때문이다. 아무튼 강털소나무는 죽으면 썩지 않고 1,000년 동안 형체가 유지되며 몸통이 새하얗게 변한다. 나무는 차츰 바위처럼 단단해져서 아주 천천히 파괴된다. 그 오랜 수명과 파괴하기 어려운 상태 덕분에 강털소나무는 자연의 신비로 알려졌다. 또한 마지막 빙하 시대 이후에도 습성이 바뀌지 않아 매우 귀중한 기후 사료로 이용된다. 매년 몸통에 나이테를 새기며 각 나이테의 간격은 여름철에 소나무가 겪는 건조함, 기온과 밀접한 관련이 있다. 따라서 살아 있거나 죽은 강털소나무를 활용해 만 년 이상 계속된 기후를 추적할 수 있다.

지구상에서 가장 빨리 자라는 식물

위 : 일본 대나무는 몇 달 만에 30m 가까이 자란다. 가장 빨리 자라는 식물도 대나무종이다.

73쪽 : 대나무는 풀이지만 목질 줄기는 매우 견고하고 탄력이 좋다.

식물이 자라는 것을 눈으로 확인할 수 있을까? 지구상에서 가장 빨리 자라는 식물인 대나무라면 가능하다. 대나무는 곳곳에서 흔히 볼 수 있는 식물로 약 1,500종 이상이 있다. 목질木質 줄기가 지름 23~25cm, 높이 25m 이상 자라는 것도 있다. 또 아주 빠른 속도로 자라는 종과 매우 신중하고 천천히 생장하는 종도 있다.

대나무는 땅속 뿌리줄기에서 자라 빼곡한 덤불을 형성하거나 토양 아래로 기는 줄기를 6m까지 뻗쳐 유전적으로 동일한 개별 대나무가 상호 결합해서 덤불을 형성하기도 한다. 대나무는 특이한 방식으로 자란다. 새로운 줄기는 일반적인 식물처럼 연약하고 어린 줄기가 나와서 자라는 것이 아니라 처음부터 최대 지름으로 생장하기 시작한다. 그래서 자라는 동안 줄기가 더 굵어지지 않는다. 줄기의 끝부분에는 엽초葉焦, 잎집. 잎자루가 칼집 모양으로 되어 줄기를 싸고 있는 것-옮긴이가 빼곡히 포개져 있으며 미리 정해진 수만큼 마디가 자라나 꼭 라디오 안테나를 펼친 것 같은 모양이 된다. 줄기는 첫 계절에 다 자라고 생장이 몇 달 정도만 지속되기 때문에 30m 높이로 자란 것은 꽤나 큰 것이다. 매우 빨리 자라는 습성은 숲으로 들어오는 빛을 더 많이 받기 위한 것으로 보이나 확실하지는 않다.

이처럼 빠르게 성장하지만 유성 번식이 이루어지는 데는 시간이 필요하다. 일부 종은 평생에 단 한 번 번식이 이루어지며 100년 주기인 경우도 있다. 대나무는 교배를 하면 완전히 번식에 집중하며 군생으로 개화하는 습성 때문에 같이 자라는 다른 대나무도 동시에 번식한다. 한때 군생 개화는 전체 개체 중 동일한 종에 속하는 모든 개체가 하는 것으로 여겨졌으나 현재는 지역적으로 한정된다고 알려졌다.

군생 개화의 장점은 꽃이 아니라 씨앗에 있다. 대나무는 씨앗을 한 번밖에 만들지 못하지만 엄청난 양으로 벌충한다. 33㎡에 자라는 대나무 한 종이 136kg의 씨앗을 생산한다. 적어도 400만 개는 되는 셈이다.

이렇게 많은 씨앗을 만드는 것은 포식자들을 무력하게 만들기 위해서이다. 다시 말해, 포식자가 먹는 양보다 더 많은 씨앗을 생산해서 생존을 보장하는 것이다. 대나무가 왜 단 한 번의 생식으로 그 모든 씨앗을 생산하는지는 확실히 밝혀지지 않았다. 아마도 엄청난 양의 씨앗을 생산하려면 너무 많은 노력이 필요하므로 단 한 번밖에 할 수 없는 것이 아닐까 하고 추정된다. 씨앗을 만들고 나면 대나무는 완전히 탈진해서 죽는다. 하지만 열대 대나무는 씨앗을 심으면 45일 만에 줄기가 완전히 다 자란다.

그렇다면 대나무는 얼마나 빨리 자랄 수 있을까? 최고 기록은 왕대참대나무가 가지고 있다. 왕대는 하루에 1.2m까지 자라서 사람의 눈으로 생장을 확인할 수 있다. 따라서 우리는 적어도 대나무를 통해 식물이 자라는 모습을 관찰할 수 있다.

용혈수가 살아남는 법

위 : 덥고 메마른 소코트라 섬에 잘 적응한 용혈수의 모습이다. 갈때기 모양으로 정렬된 가지와 수로처럼 생긴 잎사귀는 수분을 흡수해 뿌리로 전달한다. 상처를 입으면 껍질에서 용의 피와 같은 붉은색 수액이 흘러나온다.

소코트라Socotra 섬의 용혈수龍血樹의 뒤집어진 우산 같은 잎 모양, 잎사귀의 색상과 형태, 주변의 놀라운 풍경을 비롯해 껍질에서 나오는 피처럼 붉은 수지는 초현실주의적인 면모를 풍긴다. 유일하게 용혈수가 자라는 곳은 아라비아 해역 갈라파고스 군도에서도 특이한 곳으로 손꼽히는 소코트라 섬이다. 예멘 해안가에 있는 소코트라 섬은 적어도 1,000만 년 전에 아라비아와 아프리카가 분리되던 시절 아프리카의 옛 모습을 그대로 간직하고 있다. 매우 오랫동안 고립되어 있어서 다른 곳에서는 발견되지 않는 생물이 많이 산다. 선사시대 태고의 모습을 간직한 이곳은 적도에 가까워 건조하며 토양층이 매우 얇고 모래와 돌이 많다. 울퉁불퉁한 바위와 작은 협곡에는 아직도 유향과 몰약의 향기가 난다. 바위 틈에는 뿌리와 잎이 없는 분홍색 소코트라 사막 장미가 자란다. 장미의 줄기는 작고 땅딸하며 물을 흡수해 부풀어 있다. 이곳 소코트라 산지에서 장미 위로 그늘을 만들어주는 것이 바로 용혈수이다. 이 나무는 최대 6m까지 자라며 이 척박한

환경에 완벽하게 적응했다. 기후를 고려하면 나무가 천천히 자라는 것은 어쩌면 당연한 일이다. 용혈수는 다 자랄 때까지 약 200년이 걸린다.

섬은 매우 건조하며 바다에서 밀려오는 안개가 간간이 갈증을 해소해 준다. 몬순이 가져다주는 빗방울은 연 2회에 불과하다. 용혈수는 그 물을 한 방울도 놓치지 않고 흡수할 수 있는 형태로 진화했다. 즉, 마치 거대한 깔때기처럼 빗방울을 모은다. 뾰족한 잎사귀는 수로처럼 생겼고 경사진 형태로 빼곡하게 나 있어서 그 위에 떨어지거나 액화된 물은 빠지지 않고 나무의 중심으로 보내지고 이곳에서 뿌리로 내려간다. 잎은 두껍고 광택이 나는 표피층이어서 수분이 증발하는 것을 막고 표면을 따라 물이 잘 흐를 수 있는 형태이다. 잎이 매우 조밀하게 나 있어서 비가 그치고 뜨거운 태양이 나타나면 마치 파라솔처럼 뿌리에 그늘을 만들어준다. 용혈수는 수천 년 동안 변하지 않은 지형과 기후에 완벽하게 적응한 매우 특별한 식물의 전형이다.

위 : 조밀한 파라솔처럼 생긴 용혈수의 잎사귀는 뜨거운 태양으로부터 뿌리를 보호한다.

76~77쪽 : 소코트라 섬의 거친 풍광이다. 특이한 사막 장미의 줄기는 가득 채운 물병처럼 불룩한 모양이며 용혈수 주변에서 자란다. 이 두 식물은 모두 아라비아 군도에서만 발견된다.

빛을 얻기 위한 치열한 전쟁

아래 : 단단히 감긴 시계풀의 덩굴손이다. 덩굴손이 숙주를 붙잡으면 재빨리 말아 오르기 시작한다. 처음에는 한 방향으로 감고 그 다음에는 다른 방향으로 감아서 튼튼하고 충격을 잘 흡수하는 스프링 모양을 구성한다.

79쪽 : 보르네오 섬의 스트랭글러 피그(Strangler Fig)가 다른 나무를 지지대로 활용해 햇빛을 받으려고 하는 모습이다. 씨앗이 숙주 나무에서 발아하면 아래로 뿌리를 내려 점차 둥지를 감기 시작하고 결국에는 나무를 옥죄어 죽게 한다.

빛을 얻기 위한 전쟁에서 승리하는 방법은 많다. 경쟁자보다 빨리 자라고 잎사귀를 더 크게 만들거나 상대를 질식시키고 심지어 독을 살포하기도 한다. 하지만 가장 극적인 전략은 경쟁자의 몸 위로 타고 올라가 빛을 받는 것이다.

기어오르는 것은 경제적인 전략이다. 다른 식물이 강력한 지지대가 되는 줄기를 만드느라 고생하는 동안 잎사귀를 만드는 데만 주력하면 되기 때문이다. 덩굴식물은 조직의 모든 부분을 활용해 숙주가 될 식물을 찾는다. 담쟁이덩굴은 다른 식물 위에 뿌리를 내리고 인동덩굴은 줄기로 재빨리 숙주를 감아 오르며 잎사귀를 길고 움직이기 편리하게 만든다. 이 밖에도 덩굴손이 있거나 갈고리 혹은 끈끈한 패치가 있는 것도 있다. 덩굴식물 중 가장 우아한 것은 시계풀이다. 기어오를 숙주 식물을 찾을 때 줄기에 붙어 있는 덩굴손이 접촉할 대상을 찾아 이리저리 더듬는다. 덩굴손은 촉각이 매우 발달했으며 숙주 선정 능력도 뛰어나다. 안전하게 기어오르기에 적합하지 않은 식물을 감지하면 얼른 손을 풀고 더 나은 식물을 찾는다. 그리고 마음에 드는 숙주를 찾으면 단단하게 매달린다. 덩굴손으로 재빨리 숙주의 줄기를 감싸고 몸의 중간 부분을 먼저 한 방향으로 감은 다음 나머지 부분을 다시 반대방향으로 스프링처럼 꼰다. 이렇게 해서 얻는 장점은 두 가지다. 하나는 이 스프링이 충격 흡수제처럼 작용해 숙주 식물이 꺾이는 것을 예방하는 것이고, 다른 하나는 자신의 줄기를 숙주 식물에 더 가깝게 당겨 다른 쪽 덩굴손이 훨씬 수월하게 붙잡을 수 있게 해주는 것이다.

덩굴손이 방향을 바꿔가면서 꼬는 방식은 한동안 찰스 다윈Charles Darwin을 비롯한 여러 학자 사이에서 화제가 되었다. 시계풀이 뒤틀림이 적은 스프링 모양을 구성한다는 점에서 꼬이는 과정은 매우 놀랍다. 한 부분을 시계방향으로 감은 다음 다른 부분을 반시계방향으로 감으면 두 부분이 서로 상쇄되어 뒤틀림이 전혀 없는 조직이 완성된다. 일반적으로 식물이 덩굴손을 사용해 양끝에서 고정하려면 뒤틀림이 생기는 것과 대조적이다.

공기역학을 이용하는 박

아래 : 박 씨앗의 모습이다. 단순해 보이지만 공기역학의 신비를 담고 있다. 독특한 날개는 장거리 비행이 가능하며 정지, 하강, 상승의 비행 패턴을 보인다.

81쪽 : 보르네오 사바에 서식하는 덩굴식물 모체에 박이 매달린 모습이다. 축구공 크기의 열매 속에는 수백 개에 달하는 매우 얇은 씨앗이 빼곡하게 들어 있다.

거의 모든 식물은 땅에 뿌리를 내리기 때문에 새로운 서식지를 개척하기 어렵다. 식물은 대신 씨앗을 퍼뜨려 이 일을 실행한다. 씨앗 속에는 번식과 새로운 영토를 점령하는 데 필요한 모든 유전정보가 들어 있다.

식물의 종류에 따라 새로운 곳으로 씨앗을 퍼뜨리는 방법은 다양하다. 다른 매개에 묻어가거나 바람을 이용하거나 물에 떠가거나 하늘에서 낙하하며 헬리콥터처럼 날아오르거나 활주하고 심지어 탄도 비행을 시도하기도 한다. 이중 가장 멋지게 퍼지는 씨앗은 보르네오 사바에 서식하는 박이다. 박은 열대산 덩굴식물로, 빛을 얻기 위해 다른 나무의 둥치를 타고 꼭대기까지 오른다. 축구공만 한 열매를 맺는데 그 속에는 수백 개에 달하는 매우 얇은 씨앗이 카드 패처럼 차곡차곡 쌓여 있다. 열매가 익으면 반으로 갈라지고 바람이 불 때마다 씨앗이 조금씩 퍼져나간다. 각 씨앗은 종잇장처럼 얇은 날개가 있으며 날개폭은 13cm 정도이다씨앗 자체의 지름은 1~2cm 정도에 지나지 않는다. 바람을 타고 떠오른 씨앗은 멀리 날아간 후 천천히 회전하며 떨어진다.

씨앗의 비행은 이륙할 때의 높이, 바람, 장애물 여부에 따라 달라지지만 놀라울 정도로 멀리 날아가기도 한다. 높은 곳에 있는 씨앗이 더 멀리 퍼질 수 있다. 간혹 박은 색다른 비행을 시도한다. 활주하다가 갑자기 수직 강하하는 것이다. 그러면 안정적으로 비행할 수 있는 가속도를 충분히 얻을 수 있다. 그 힘을 이용해 1m 정도 다시 위로 솟구쳤다가 멈추고 수직 강하하기를 반복한다. 박의 정지, 하강, 상승의 균형 잡힌 비행 패턴은 보는 이에게 멋진 광경을 선사한다. 마치 투명한 날개가 달린 나비들이 하늘을 가득 메우고 멀리 날아가는 것 같다.

실제로 씨앗의 활주는 상당히 보기 드물다. 안정적으로 낙하하는 것이 어렵기 때문에 날아서 퍼지는 씨앗은 대부분 그냥 곤두박질치거나 빙빙 돌며 떨어진다. 그래서 박이 더욱 특별하다. 박 씨앗의 비행을 공기역학적으로 분석해 보면 날개에 비행기 설계자들이 쓰는 '상반각앞에서 비행기의 날개를 바라볼 때 수평에서 날개가 위로 치올라가 보이는 각도-옮긴이'의 원리를 적용했다는 것을 알 수 있다. 다시 말해, 날개의 끝부분을 위로 세워 안정감을 주고 날개 자체는 몸 뒤쪽으로 향하게 해 유속을 조절한다. 이렇게 하면 멈췄다가 다시 날기 수월하고 쉽게 나뭇가지에 걸리거나 난기류에 흔들리지 않는다. 놀라울 정도로 가벼운 날개와 상반각의 원리 덕분에 박은 날아서 퍼지는 씨앗 중에 비행술이 가장 뛰어나다.

매우 놀라운 사실은 초기 비행기 설계가 박 씨앗의 비행에서 영감을 얻었다는 점이다. 1904년에 이고 에트리히Igo Etrich는 박 씨앗의 모습을 본떠 대나무와 캔버스를 사용하여 꼬리가 없는 글라이더를 발명했다. 이고의 글라이더가 수정된 것이 바로 오늘날 비행기의 기원이다.

브런스비기아의 초고속 성장

오른쪽 : 브런스비기아가 활짝 핀 모습이다. 땅속 깊은 곳에 있는 구근에서 꽃차례가 빨리 자라나 지상으로 나온다. 폭풍우가 몰아치면 꽃이 만개한다. 그리고 밝은 분홍색 꽃받침이 꿀을 내보이며 해 질 녘에 박나방이 수분하도록 유혹한다.

아프리카 브런스비기아Brunsvigia는 하루살이 식물로, 일생의 대부분을 땅속에 숨어 지내다가 생식을 할 때만 잠깐 지상에 나타나 놀라운 모습을 선보인다. 브런스비기아는 남아프리카 웨스턴 케이프의 척박한 카루Karoo 지역에 서식한다. 다른 많은 식물처럼 브런스비기아도 카루의 힘든 기후에 적응하기 위해 정교한 진화를 거쳤다. 카루는 1년 내내 기온이 높고 강수량이 매우 적은 데다 그마저도 겨울과 가을에 폭풍이 칠 때로 한정되어 있다.

겨울철의 브런스비기아는 땅에 평평하게 누워 있는 과육질의 잎사귀 네 장밖에 보이지 않는다. 잎은 마치 날개를 펼친 거대한 녹색 나비 같다. 하지만 땅속에는 잎사귀에서 영양분을 공급받는 감귤 크기의 구근이 자라고 있다. 이것이 여름의 열기와 가뭄을 견디며 생존하는 브런스비기아의 양분 저장 전략이다.

짧은 봄이 지나고 여름이 오면 카루의 기온이 급격하게 상승해 토양이 바짝 마르고 잎은 시들어버린다. 이제는 모든 것이 가을비에 달렸다. 휴면 중인 브런스비기아를 다시 살려낼 강력한 폭풍이 필요하다. 2월 중순에 강한 폭풍우가 치면 식물의 생체 시계가 다시 움직이고 거의 3주 만에 대지가 꽃으로 장관을 이룬다. 꽃대가 수백 개 피어올라 하나의 거대한 덩어리처럼 보인다.

꽃들은 무척 빨리 자라서 육안으로 그 변화를 관찰할 수 있을 정도다. 봉오리가 벌어지면 관상 조직을 가진 진분홍색 꽃을 피우고 축구공만 한 꽃이 수백 수천 개 피어나 장관을 연출한다. 하지만 자세히 보면 색에 어울리지 않는 기묘한 모습을 하고 있다. 대롱이 작은 진분홍색 꽃들이 섬세하게 열 지어 배열되어 있기 때문이다. 해 질 녘에 우아한 밤나방이 꿀을 먹으러 와서 수분을 한다.

높은 기온 때문에 꽃은 몇 주 안에 말라죽지만 수분하고 나면 씨앗이 만들어진다. 분홍색 꽃봉오리는 이제 씨앗주머

위 : 브런스비기아 구근이 씨앗주머니로 바뀌어 굴러갈 준비를 마쳤다.

85쪽 : 성숙한 씨앗의 모습이다. 씨앗은 땅에 닿자마자 발아를 시작한다. 여름이 오기 전에 토양에 조금이라도 수분이 남아 있는 때를 노려야 하기 때문이다.

니로 변한다. 콩알만 한 크기의 씨앗이 바람에 흔들리는 평범한 모습을 상상해서는 곤란하다. 브런스비기아의 씨앗 퍼뜨리기 전략은 훨씬 영악하다. 바람이 단순히 씨앗주머니를 흔들어 퍼뜨리는 것이 아니라 주머니를 통째로 떼어내 굴러가게 한다. 여러 개의 씨앗주머니가 웨스트 케이프 언덕 위로 흩어지면서 브런스비기아의 씨앗을 널리 퍼뜨린다.

생장 기간이 짧기 때문에 브런스비기아에게는 하루하루가 소중하다. 씨앗은 이런 환경에서 살아남기 위해 한 번 더 진화한다. 바로 원예학자들이 말하는 '저항성'을 갖추는 것이다. 땅에 닿자마자 발아한다는 뜻이다. 땅 위로 올라온 지 한 달 만에 새로운 브런스비기아가 자라나 이 과정을 반복한다.

셈에 능한 파리지옥

파리지옥은 순간반응 속도가 20msec밀리세컨드, 1/1,000초로 식물 중에 가장 민첩하다. 일반적으로 식물의 움직임은 너무 느려 육안으로 식별하기 어렵지만 파리지옥은 반대로 움직임이 너무 빨라서 포착하기 어렵다.

대부분 식충식물과 마찬가지로 파리지옥도 질소조직을 만드는 데 꼭 필요하다를 얻기 어려운 산성토로 된 습지에서 생존하기 위해 진화했다. 파리지옥은 정교한 먹이사슬을 거역하고 다른 동물의 먹이가 아닌 사냥꾼이 되어 동물을 잡아먹고 질소를 얻는다. 동물을 잡는 덫은 잎이다. 처음에는 펌프질을 한 것처럼 부풀어 올랐다가 한쪽 끝을 따라 쪼개져서 조개처럼 벌어진다. 그 가장자리에 녹색 눈썹과 같은 가시가 있고 그 속 표면에 뻣뻣하고 얇은 섬모가 자란다. 섬모는 덫이 닫히게 하는 역할을 한다. 마지막으로 동물을 유혹할 미끼를 만든다. 잎사귀 가장자리를 따라 작은 꿀샘들이 만들어져 파리가 거부할 수 없는 달콤한 유액을 분비한다. 이렇게 덫이 완성되면 파리지옥은 먹이를 기다린다.

먹이를 찾아 나선 파리가 꿀 냄새를 맡고 접근한다. 꿀을 얻으려면 덫을 통과해야 하는데 파리는 그 도중에 섬모를 건드린다. 하지만 덫은 바로 닫히지 않는다. 파리가 멈춰서 입을 닦고 다시 움직이려고 하면 섬모 두 가닥이 재빨리 파리의 다리를 움켜쥔다. 바로 그때 덫의 입구가 '탁' 닫히고 양쪽의 가시가 서로 단단하게 결합한다. 파리가 빠져나갈 구멍은 없다. 파리가 벗어날 길을 찾으려고 버둥거릴수록 덫은 더 세게 옥죄며 점차 잎사귀 모양의 위장으로 밀봉된다. 이제 파리지옥의 식사가 시작된다. 파리지옥은 효소를 분비해 파리를 소화하는데, 이때 잎은 파리가 껍질만 남을 때까지 체액을 빨아들인다. 이 과정이 다 끝나면 파리지옥은 세포로 유액을 보내 다시 덫이 열리게 하고 시체를 뱉어낸다.

파리지옥이 숫자를 세는 방법을 터득한 까닭은 타이밍을 잘 맞추기 위해서이다. 먹잇감이 섬모 두 가닥에 잇달아 닿을 때까지 기다리면 크기가 작은 생물이 아닌 큰 곤충을 가둘 기회가 많아진다. 작은 곤충이 섬모를 건드린 경우에 덫이 닫혀도 밀봉되기까지 시간을 주어 작은 곤충은 잎 양쪽 가장자리의 가시가 완전히 합쳐지기 전에 밖으로 기어 나올 수 있다. 먹잇감이 떠나면 섬모의 자극이 사라져 덫이 다시 열리고 다른 먹이를 기다린다.

먹이를 통해 질소를 얻는 것은 효과적인 전략이지만 한 가지 단점이 있다. 꽃을 피울 때 수분해 줄 곤충을 어떻게 살려 두는가이다. 파리지옥은 어떻게 곤충을 잡아먹지 않고 수분할까? 그 해답은 꽃을 피울 때 보면 알 수 있다. 파리지옥은 덫에서 멀리 떨어진 긴 줄기 위로 꽃을 피운다. 그래서 곤충은 아래에 있는 덫의 유혹을 받지 않고 안전하게 수분할 수 있다.

86쪽 : 방아쇠 역할을 하는 섬모가 있는 무시무시한 덫의 모습이다. 잎 가장자리에 튀어나온 꿀샘의 유혹을 받은 파리는 섬모 여섯 가닥 중 하나를 건드렸고, 이제 곧 죽을 목숨이다.

아래 : 덫은 꽉 닫혔다가 다시 열린다. 파리가 섬모 두 가닥을 연달아 건드리면 화학전기적 신호가 발생해 덫이 바로 닫힌다. 매장된 먹잇감은 효소에 천천히 분해된다. 파리지옥이 식사를 마치면 덫은 다시 열리고 곤충의 껍질을 뱉어낸다.

88~89쪽 : 절박한 마지막 탈출 시도. 먹잇감이 잡을 가치가 충분할 만큼 큰지 확인하기 위해 파리지옥은 덫을 천천히 닫는다. 작은 곤충은 그 사이로 충분히 빠져나가지만 이 큰 파리는 꼼짝없이 파리지옥의 저녁식사가 될 운명이다.

Chapter 4

곤충들의 창의력

왼쪽 : 남아프리카에 갈색 메뚜기 떼가 모여 있다. 지금이 한창 튀어 오르는 시기다. 주변 환경이 적합해 수백만 마리가 부화하면 이들은 페로몬을 분비해 고독한 개별 곤충에서 사회적 집단으로 변모한다. 일주일 안에 날개가 자라고 엄청나게 번식해 인간 사회 및 자연 환경에 재앙을 일으킨다.

90~91쪽 : 수컷 다윈사슴벌레의 모습이다. 수컷의 턱 위나 아래에 붙어 있는 막강한 무기는 경쟁자를 나뭇가지에서 들어 올리거나 떨어뜨리도록 고안되었다.

곤충이 지구를 지배한다는 주장은 무척추동물을 연구하는 많은 학자들에게서 나온 견해다. 그들은 현재를 '포유류의 시대'라고 부르는 것은 옳지 않다고 여기며 '파충류의 시대'도 아예 존재하지 않았다고 주장한다. 이 학자들은 포유류와 파충류가 존재하기 훨씬 이전인 4억 년 전에 이미 곤충의 시대가 시작되었으며 지금도 지속되고 있다고 말한다. 놀랍도록 다양하고 풍부한 곤충의 종류와 개체수, 그들이 생태계에 미치는 영향력을 고려하면 결코 무시할 수는 없는 논리다. 지금까지 정식 명칭을 얻은 곤충은 약 100만 종이고, 곤충의 전체 종류는 400만~4,000만 종으로 추산된다. 최소한으로 추산한다 해도 포유류보다 888배나 많다. 한 사람 주위에 곤충 약 2억 마리가 살고 있으며 서식지 1㎡당 30억 마리가 있는 셈이다. 곤충들의 생태학적 역할은 그 수를 가늠할 수 없을 정도로 엄청나다. 꿀벌을 예로 들어보자. 한 군락에 사는 일벌들은 철마다 수백 번씩 꽃을 찾아간다. 인간은 꿀벌이 수분한 식물의 일부만을 추수하는데, 그럼에도 그 노력은 매년 500억 원의 가치를 만들어낸다.

곤충의 성공 비결은 형태의 다양성과 독특한 행동양식에서 찾아볼 수 있다. 이런 유동성을 뒷받침하는 요인은 여러 가지지만 그중 첫 번째는 골격이다. 움직이는 부분의 내골격은 부드럽고 그 위로 단단한 외골격을 둘러 보호한다. 외골격은 대부분 키틴질로 이루어진다. 키틴질은 플라스틱과 같은 폴리머로, 탄성이 있고 금속처럼 단단하다. 키틴질은 부드러운 골격에 영향을 거의 미치지 않으면서 외골격의 형태를 바꿀 수 있다. 덕분에 곤충은 몸 밖으로 새로운 도구를 만들 수 있게 되었다. 사슴벌레는 턱을 키우고 모양을 변형시켜 막강한 무기로 만들었다. 초기의 사마귀는 평범한 앞다리를 가지고 있었으나 현재는 앞발 근육에 덫과 같은 무기가 생겼다. 곤충의 날개는 외골격의 바깥으로 접히게 바뀌었다. 수면에 사는 물맴이의 겹눈은 물속과 바깥을 모두 볼 수 있도록 두 부분으로 갈라지게 진화했다.

형체를 바꾸는 능력의 장점을 살려서 곤충은 완전히 다른 네 가지 인생 주기를 개발했다. 각 단계에 따라 필요한 부분만 생성된다. 다른 부수적인 부위도, 행동도 필요 없다. 이것은 한 몸으로 모든 것을 다 하는 것보다 훨씬 효율적이다. 예를 들어, 나비의 애벌레는 먹기만 한다. 애벌레는 성충 나비에게 있는 날개나 멋진 감각기관이 필요 없다. 애벌레는 3주 동안 1만 배로 몸무게를 늘려 성충이 되는 데 필요한 구성 물질을 급속도로 저장한다.

또 다른 성공 비결은 화학 작용에 정통하다는 것이다. 모든 곤충은 방어를 위해 화합물을 생산하며 노즐과 분사기, 홈이 난 털을 이용해 그것을 살포하거나 전달한다. 의사소통을 위한 페로몬을 형성하는 데도 이를 활용한다. 암컷 나방은 성호르몬을 분비하는 연장기관이 있고 수컷에게는 복합 안테나가 있어 수 킬로미터 거리에서도 그 페로몬을 감지할 수 있다.

개별 구성원 수백만이 모여 집단을 이루고 사는 사회적인 곤충에게 페로몬은 서로 소통하

아래 : 남아메리카 큰머리개미가 곤충의 머리를 들고 있다. 큰머리개미는 시력이 뛰어나 재빠르게 먹잇감에게 몰래 다가가서 석궁 같은 턱으로 순식간에 먹이를 낚아챈다. 개미가 머리를 좌우로 움직이는 모습은 포유류를 연상케 한다.

오른쪽 : 가이아나에 서식하는 피콕 케이티디드(Peacock Katydid, 여치의 일종). 날개의 또 다른 용도를 보여준다. 이 곤충은 보통 죽은 나뭇잎과 같은 모습을 하지만 포식자가 위장인지 살펴보려고 다가오면 커다란 가짜 눈을 보여 사냥 경험이 적은 새나 도마뱀이 놀라서 도망가게 한다.

는 도구로 기능한다. 페로몬을 이용해 식량을 모으고 복잡한 둥지를 지으며 포식자의 공격을 대비해 구성원을 결속시킨다. 하지만 곤충들에게는 한 가지 큰 제약이 있다. 사람만 한 크기의 곤충이 되려면 매우 두꺼운 외골격이 필요한데 이를 만족시키려면 내부 장기가 들어찰 공간이 없다. 그래서 곤충들은 작은 크기를 장점으로 활용하는 비결을 터득했다. 각 곤충은 양분 섭취량이 매우 적기 때문에 식량이 풍부한 곳에서 엄청난 집단을 형성한다. 개미는 서식지에 수백만 개의 집을 지을 수 있다. 메뚜기 떼는 500억 마리까지 개체수를 늘릴 수 있다. 파리 한 쌍은 2년 만에 지름이 8km에 달하는 거대한 파리 떼를 만들 수 있다. 이런 무서운 일이 많이 발생하지 않는 것은 포식자인 다른 곤충에게 잡아먹혀 파리 개체수가 줄기 때문이다.

곤충이 널리 번식하게 해준 작은 크기가 바로 그들이 세상의 주인이 되는 것을 막았다는 점에서 아이러니하다. 그 원인이 무엇이든 간에 외골격은 곤충이 지금처럼 살도록 해준 요인임은 분명하다.

오른쪽 : 한 작은 기생 말벌 암컷이 몸집에 비해 아주 커다란 뒷다리를 이용해 산란기(産卵器, 난자가 들어 있는 바늘 모양 기관)를 다듬고 있다. 암컷의 하복부는 날개 쪽으로 젖혀져 있다. 암컷은 약 1.5mm 크기로, 방금 캄보디아 사마귀의 알을 깨고 부화했다. 이 암컷 역시 자신의 알을 다른 사마귀의 알 속에 낳아 더 작은 기생 말벌이 태어나게 만들 것이다.

실잠자리의 긴 하루

곤충들은 3억 3,000만 년 전에 비행하는 기술을 터득했다. 그들은 이미 7,000만 년 전에 육지를 점령했고 이제는 하늘도 그들의 세상이 되었다. 이후 날개를 얻은 다른 동물들은 다리 한 쌍을 날기 위한 도구로 희생해야 했지만 곤충은 훨씬 효과적인 방법을 택했다. 그들의 날개는 다리가 아닌 외골격 층에서 생성되었고 어떤 형태로든 변형할 수 있었다.

하늘도 곧 육지처럼 급속도로 복잡한 생태계를 이루었고 곤충들의 날개는 다용도로 사용되었다. 곤충이 한 곳에서 다른 곳으로 재빨리 움직일 수 있게 해주었고 포식자를 피하거나 스스로 포식자가 되도록 도왔으며 색깔 변화를 통해 서로 소통하게 하는 역할도 담당했다.

위 : 쿠퍼 실잠자리(Copper Demoiselle)가 망루에 앉아 파리와 작은 벌레를 기다리고 있다. 아마도 성충으로 보내는 유일한 하루일 것이다. 사냥하기에 좋은 따뜻한 날씨지만 이미 유충으로 개울에서 2년을 살며 영양분을 섭취하고 성장하는 단계를 보냈으므로 생애는 거의 끝났다.

99쪽 : 성충의 마지막 단계인 번식에 접어들었다. 수컷이 암컷을 붙잡은 상태에서 하복부의 뾰족한 끝을 이용해 생식기에서 정자를 꺼내 복부 주머니로 옮긴다. 그러면 암컷이 정자를 수정한다.

비슷한 종인 잠자리와 마찬가지로 실잠자리 역시 수백 년 동안 변한 것 없는 원시 그대로의 모습이다. 실잠자리는 날개 달린 곤충이 어떻게 육지와 하늘의 장점을 취해 3차원의 생활습관을 가지게 되었는지 보여주는 완벽한 예다. 실잠자리는 2년을 물속에서 유충으로 살면서 고작 며칠에 불과한 성충의 삶을 살기 위해 영양분을 저축하고 날개를 만들며 성장한다. 성충의 일생은 단 하루에 끝날 수도 있다. 그날은 많은 위험과 힘든 과제들로 가득하다.

쿠퍼 실잠자리는 남부 유럽의 개울가에 산다. 아침 햇살이 따갑게 내리쬐면 실잠자리의 하루가 시작된다. 이때는 매우 위험한 순간이기도 하다. 실잠자리가 아직 움직일 수 없는 상태여서 풀숲이나 갈대 사이에서 튀어나온 작은 새들에게 잡아먹힐 수 있기 때문이다. 날 수 있을 만큼 몸이 데워지면 실잠자리는 활동을 시작하며 종종 여러 마리가 함께 실개울이 내려다보이는 풀이나 가지 위에 자리 잡는다. 그리고 작은 파리나 벌레를 찾아 잡아먹는다. 실잠자리의 눈은 사람의 눈보다 여섯 배 더 빠르게 움직일 수 있다.

실잠자리가 날아오르면 어떤 동물도 그 가속도와 정확한 움직임을 따라갈 수 없다. 성충 실잠자리는 털이 난 다리 여섯 개를 마치 하나의 바구니처럼 사용해 공중에서 먹잇감을 낚아챈다. 어떤 실잠자리는 날다가 거미줄에 감겨 거미의 먹이가 되기도 한다. 하지만 무사히 사냥을 하고 살아남은 실잠자리는 일생의 가장 중요한 일과를 시작한다.

수컷은 먼저 자신의 영역을 구축해 암컷을 유혹한다. 수초에 둘러싸인 작은 식물 위가 완벽한 장소다. 수컷은 풀 위에 자리를 잡은 후 구릿빛이 도는 푸른색 날개로 암컷을 유인한다. 하지만 좋은 장소를 다른 수컷이 빼앗으려고 달려들기도 한다. 그러면 방어하는 쪽이 날아올라 상대편을 향해 날개를 깃발처럼 세우고 다른 색을 띠며 경고한다. 이것이 통하지 않으면 공중에서 싸움을 벌인다. 상대를 물속으로 떨어뜨리려고 미는데 한쪽이 익사하는 것이 일반적이다.

암컷이 접근하는 것을 발견하면 수컷은 그때까지와 상당히 다르게 행동한다. 수컷은 날개를 초당 50회씩 펄럭이며 암컷 주변을 난다. 평소보다 세 배 더 빠른 움직임이다. 이렇게 해서 자신의 건강함을 증명한다. 실잠자리는 흐르는 물에

아래 : 개구리가 실잠자리를 거의 잡을 뻔했다. 개구리는 성충 실잠자리의 최고 포식자로 발포식 혀를 이용해 실잠자리가 짝짓기를 하거나 알을 낳을 때 잡아먹는다.

101쪽 : 암컷 쿠퍼 실잠자리의 모습이다. 암컷은 수컷보다 덩치가 크고 무게도 많이 나가며 생식기 속에 알을 수백 개 품고 있다. 생식기의 끝에는 알을 낳을 때 관에 구멍을 내는 '이빨'이 있다.

서만 번식하기 때문에 수컷은 물 위로 낮게 내려와 암컷 옆으로 날아다니며 완벽하게 속도를 낼 수 있다는 것을 보여준다. 암컷은 수컷이 마음에 들면 날개를 펄럭이고 한 쌍을 이뤄 짝짓기를 위해 풀숲이 우거진 안전한 곳으로 날아간다.

수컷은 자신의 배 끝에 있는 교미기交尾器로 암컷의 머리 뒤쪽을 붙잡는다. 그러고는 배를 둥글게 구부려 끝부분이 암컷의 같은 부분과 닿게 한 다음 정자를 밀어 넣는다. 암컷은 자신의 생식기 끝을 구부려 정자를 받으며, 이때 실잠자리 한 쌍은 하트 모양이 된다. 암컷이 정자를 받기 전에 수컷은 암컷의 생식기를 긁어 이전 짝짓기에서 남은 정자들을 제거한다. 이때 약탈자 수컷 무리가 이들을 공격해 수컷을 떼어내려고 할 수도 있다. 그들은 수컷을 할퀴고 물며 날개나 다리를 뜯는다.

하지만 더 큰 위험이 물속에 도사리고 있다. 바로 짝짓기 중인 실잠자리나 알을 낳는 암컷을 잡아먹는 데 선수인 개구리가 있기 때문이다. 개구리는 물속에서 솟아올라 긴 혀를 발사해 공중에서 실잠자리를 낚아챈다.

이 한 쌍이 새, 거미, 개구리, 다른 실잠자리의 공격에서 살아남으면 이제 산란이 시작된다. 암컷은 풀줄기 위에 내려앉았다가 물속으로 들어간다. 수컷은 근처에 머물며 암컷을 보호한다. 암컷이 완전히 물속에 가라앉으면 암컷을 감싸고 있는 얇은 공기층이 은색으로 변하고, 암컷의 산란기産卵器가 수초 줄기를 뚫고 들어가 알을 낳는다.

이 일이 끝나면 암컷은 알을 두고 수면 위로 올라온다. 이때 암컷은 날아오르려 해도 표면 장력 때문에 날개가 제대로 움직이지 않아 물방개나 물벌레의 공격에 취약하다. 암컷이 이 위기를 잘 탈출해 또 다른 하루를 이어갈 수도 있고 그렇지 않을 수도 있다. 어쨌든 종족을 보존할 만큼 충분히 살았고, 짧은 인생을 사는 더 많은 실잠자리들이 태어날 것이다.

독이 있는 전갈과 비명을 지르는 메뚜기생쥐

놀라운 무척추동물 중에는 걸어 다니는 화학 무기인 동물도 있다. 그들의 외골격은 돌기, 홈, 털, 가시, 회전 분사기가 되어 매우 불쾌한 물질을 살포한다. 이것은 방어할 때, 또는 먹잇감을 제압할 때 사용하기도 한다.

화학 무기의 범위도 놀라울 정도로 다양하다. 개미는 포름산을, 폭탄먼지벌레Bombardier Beetle는 뜨거운 유독 물질을 아주 정확하게 분사한다. 로노미아Lonomia의 애벌레는 혈액 응고를 막는 물질을 분비하는데 이 물질은 매우 강력해서 사람을 죽일 수도 있다. 대벌레는 테르펜가연성의 불포화 탄화수소로 향료의 원료, 의약품 및 화학 공업의 원료로 사용된다–옮긴이을 분사하고, 거미는 독을 내뿜는다. 이런 곤충의 예는 셀 수 없이 많다. 그래도 전갈을 따라올 수는 없다. 전갈은 곤충은 아니지만 곤충과 비슷하며 외골격이 있다. 전갈의 치명적인 독은 먹잇감의 신경계에 침투해 마비시킨다. 일부 전갈의 독은 인간에게 해를 미치지 않지만 치명적인 것도 있다. 바크전갈Bark Scorpion은 그 해독제가 개발되기 전까지 남미와 멕시코 지역에서 1년에 약 1,000명의 목숨을 앗아갔다.

전갈은 눈이 거의 보이지 않지만 먹잇감이나 위험이 다가오면 정확하게 방향과 거리를 감지한다. 두 개의 기관이 땅에 닿아 냄새를 추적하며 몸에 난 미세한 털과 가늘고 긴 다리는 작은 진동도 감지해 그 근원지까지의 거리를 산출하게 해준다. 또 몸 앞의 촉수에 난 섬모가 공기 중의 움직임을 감지하고 정확한 방향 정보를 제공한다. 전갈의 꼬리바늘은 어느 방향으로든 움직일 수 있어서 포식자나 먹잇감을 찌른다. 바늘의 끝은 거친 피부나 표피층을 뚫고 쉽게 독을 주입한다.

미국 남서부에서는 밤이 찾아오면 천하무적처럼 보이던 전갈도 숙적을 만난다. 그 숙적이란 바로 맹독이 없고 무게도 겨우 14g에 불과한 메뚜기생쥐다. 하지만 이 생쥐는 사막에서 가장 사납고 빨리 움직이는 포식자이다. 메뚜기생쥐와 이 지역에 가장 많이 분포하는 사막털전갈Desert Hairy Scorpion의 전투는 아프리카 초원에서 펼쳐지는 싸움 못지않게 살벌하다.

메뚜기생쥐는 소량의 육식만 한다는 점에서 전혀 쥐 같지 않다. 먹잇감으로는 메뚜기, 딱정벌레, 개미, 전갈 등이 있다. 메뚜기생쥐는 넓은 생활공간이 필요하며 그곳을 방어해야 하기 때문에 온순하지 않다. 뒷다리로 서서 큰 울음소리를 내는데 그 소리가 200m까지 퍼져 자신의 영역 대부분에 충분히 전달된다. 이 소리는 침입자에게 경고할 때, 그리고 짝을 찾을 때도 사용된다.

사냥을 할 때 메뚜기생쥐는 덩치 큰 다른 포식자들과 동일한 전략을 사용한다. 먹잇감에게 몰래 접근해서 한순간에 덮쳐 머리를 물고 도망치지 못하게 한다. 대부분 희생자는 갑작스럽게 당하고 만다. 그러나 사막털전갈의 경우는 다르다.

오른쪽 : 메뚜기생쥐가 사막털전갈에게 접근하고 있다. 목표는 전갈의 독이 든 꼬리를 물어뜯어 죽이는 것이다. 하지만 전갈은 만만치 않은 상대이다.

왼쪽 : 육식성 메뚜기생쥐가 큰 소리를 질러 경쟁자들에게 경고하고 있다. 메뚜기생쥐는 갑옷으로 무장한 전갈조차 두려워하는 포식자이다.

사막털전갈은 다가오는 생쥐를 마주보고 서서 꼬리를 높게 세워 휘두른다. 그러면 메뚜기생쥐는 권투 선수처럼 몸을 구부리고 좌우로 움직인다. 전갈의 공격은 꼬리바늘로 찌르는 것이 전부이므로 메뚜기생쥐가 피하기만 하면 된다.

때때로 전갈의 독바늘에 찔리는 경우도 있지만 그래도 생쥐는 계속해서 공격한다. 메뚜기생쥐는 이 지역에 서식하는 전갈의 독에 내성이 있어서 찔려도 치명적이지는 않다. 아마 이 내성은 윗세대로부터 유전되었을 것이며 전갈과 싸우면서 독에 많이 노출될수록 더 강해진다. 이렇게 되면 전갈은 자신의 치명적인 무기를 사용할 수 없어 불리해진다. 이제 전갈이 할 수 있는 일은 방어밖에 없다. 메뚜기생쥐에게는 전갈만을 위한 공격 전략이 있다. 상대를 덮쳐서 곧바로 머리를 무는 것이 아니라 독이 들어 있는 꼬리를 잡는 것이다. 하지만 그렇게 하는 순간 팽팽한 접전이 펼쳐진다. 그러다 전갈이 지치면 쥐는 독바늘을 물어뜯는다. 하지만 전갈이 강하고 튼튼하면 긴 싸움 끝에 메뚜기생쥐가 먼저 도망친다.

전갈은 적어도 3억 년 전부터 살아왔고 형태가 거의 바뀌지 않았다. 이로 미루어 전갈의 독침은 포식자의 공격에서 자신을 지키는 효과적인 무기임을 알 수 있다.

왼쪽 : 전갈이 공격자에게 꼬리바늘을 휘두르고 있다. 메뚜기생쥐는 전갈의 독에 내성이 있지만 반격해서 전갈을 저지한다.

어미 노린재의 혹독한 일상

위 : 일본산 노린재들이 크고 검붉은 하나의 덩어리로 뭉쳐 포식자에게 이렇게 경고한다. '우린 맛없는 음식이야.' 새끼를 돌볼 때 어미 노린재들은 서로 협조적이지 않고 종종 다른 암컷의 음식을 훔친다. 그런 반면에 종족 유지를 위해 궁극적인 희생을 하기도 한다. 바로 자신의 몸을 새끼에게 먹이로 내주는 것이다.

일본 남부 큐슈의 숲에 서식하는 붉은색과 검정색을 띤 노린재는 1880년에 처음 발견되어 이름을 얻지 못한 채 100년을 보냈다. 이후 이 생물의 복잡한 일상이 주목받으면서 널리 알려졌다. 노린재는 철청수과의 나무 한 종에서 떨어지는 다육질의 열매 혹은 핵과核果만 먹고 산다. 이런 습성은 노린재의 삶을 복잡하게 만들었다.

노린재는 떨어진 핵과를 먹는다. 날씨에 따라 낙과가 결정되므로 먹이가 많지도 않고, 그중에 먹기 좋은 과육은 5% 정도밖에 되지 않는다. 또 이 종의 나무는 수가 많지 않아서 적당한 서식지를 찾기도 어렵다. 그래서 암컷은 알을 낳을 시간을 미리 계산하고 새끼들은 핵과가 떨어지는 시기에 맞춰 부화한다. 새끼를 숨겨놓는 장소는 땅이 움푹하게 파이고 그 위에 낙엽이 무성하게 덮인 곳이다. 하지만 철청수 나무는 일반 나무와 다른 시기에 잎이 져서 과일이 떨어지는 무렵에는 바닥에 낙엽이 없다. 그래서 어미 노린재는 이곳에서 최대 12m 거리 안에 둥지를 마련해야 한다. 일반 곤충인 노린재의 새끼가 먹이를 찾으러 멀리까지 이동해야 한다면 포식자들의 눈에 노출되어 대부분 잡아먹히고 말 것이기 때문이다. 따라서 어미 노린재에게는 다른 선택의 여지가 없다.

암컷 노린재는 최고 포식자인 딱정벌레로부터 알을 보호한다. 딱정벌레가 둥지에 접근하면 암컷은 날개를 몸에 마찰시켜 긁는 소리를 내고 등을 보이며 방어 태세를 취한다. 포식자의 위협이 계속되면 알을 들고 도망친다. 이것은 흔히 볼 수 있는 행동이다. 알이 부화하고 나면 상황은 더 흥미진진해진다. 어미 노린재는 새끼를 위해서라도 반드시 핵과를 찾아야 한다. 철청수 나무를 찾는 힘든 여정이 끝나도 암컷은 최종 선택을 앞두고 철저히 핵과를 살핀다. 선택이 끝나면 입을 핵과 속으로 찔러 넣고 끌어서 운반한다. 핵과의 무게가 암컷 몸무게의 세 배나 되기 때문에 이는 만만치 않은 작업이다. 불행히도 문제는 여기서부터 시작된다. 적합한 핵과를 찾는 일은 매우 어려우므로 암컷은 종종 좋은 핵과를 가져가는 다른 암컷을 노리고 숨어서 기다린다. 핵과를 끌고 가는 암컷은 다른 암컷 노린재 무리와 만나고 쟁탈전이 벌어진다. 이 싸움에서 승리해도 둥지까지 핵과를 무사히 끌고 가야 하는 문제가 남아 있다. 하지만 정신없이 돌아다녔어도 암컷은 길을 잃지 않고 지름길로 둥지를 찾아간다. 암컷은 나무 위에 남긴 시각적인 표시를 기억하고 있다가 이것을 지도처럼 활용해 가장 빠른 길을 찾는 것이다.

둥지에 있는 새끼 노린재들은 핵과를 금세 먹어치우므로 어미 노린재는 새끼들이 자라는 동안 끊임없이 새로운 핵과를 가져다주어야 한다. 어미 노린재의 둥지에는 힘들게 얻은 핵과 150여 개의 찌꺼기가 남아 있다. 하지만 모든 암컷이 이런 고생을 하는 것은 아니다. 일부는 다른 노린재의 둥지에서 도둑질을 한다. 좋은 핵과가 귀해지는 철이 오면 암컷들은 열심히 핵과를 찾느라 자리를 비운 다른 암컷의 둥지를 급습해 핵과를 훔쳐온다.

암컷이 이 모든 어려움을 극복하면 새끼가 자라서 독립할 때까지 충분한 식량을 공급할 수 있다. 한편 새끼들도 능동적으로 처신한다. 어미 노린재가 훌륭한 핵과를 가져오지 않는다고 판단되면 둥지를 떠나는 것이다. 새끼들은 더 능력 있는 어미가 있는 둥지를 찾아 간다. 새로운 어미 노린재는 비록 일거리가 두 배가 되더라도 새끼들을 받아들인다. 새끼가 떠나간 어미는 혹독한 먹이 찾기에서 해방될 것 같지만 식량 찾는 일에 너무 매진한 나머지 빈 둥지에 계속 핵과를 날라다 놓고 먹지 않은 채로 쌓아둔다. 새끼가 늘어난 어미 노린재는 상황이 더 심각하다. 너무 많은 새끼를 독립할 때까지 먹여야 하기 때문에 결국 새끼들이 어미에게 덤빈다. 어미 노린재 혹은 키워준 어미 노린재는 자식들이 집을 떠나기 전 마지막 식사의 음식이 된다.

왼쪽 : 어미 노린재가 헌신적인 노동을 하는 모습이다. 어미 노린재의 하루하루는 새끼에게 먹일 알맞게 익은 핵과를 찾기 위한 혹독한 탐색의 과정이다. 핵과는 암컷의 둥지에서 몇 미터 떨어져 있을 때도 있고 자기 몸보다 세 배나 더 무겁다. 암컷은 하나씩 뒤로 끌면서 훔쳐가려는 다른 암컷으로부터 식량을 지킨다.

아웃백 꿀벌의 험난한 일생

아래 : 암컷 도슨벌Dawson Bee이 점토층 군락에 있는 둥지로 돌아오는 중이다. 암컷의 목표는 굴에 충분한 수분과 꿀을 저장해 두고 애벌레들을 먹여 성충으로 키우는 것이다.

107쪽 : 암컷의 마지막 외출이다. 둥지를 나선 암컷은 곧 죽는다. 모든 지하 통로는 막혀 있고 그 속에는 식량과 알이 숨겨져 있다.

많은 곤충이 신체적 강인함과 적응력으로 척박한 곳에도 터전을 개척했다. 하지만 이를 위해 가끔 비정상적이고 치명적인 전략을 택하기도 한다.

호주 서부는 외지고 거친 풍광으로 유명하다. 해안에서 북쪽으로 반쯤 올라가면 케네디 레인지Kennedy Ranges라고 불리는 광활한 지역이 나타난다. 사암에 남겨진 화석을 통해 과거에 이곳이 얕은 해저 분지였다는 사실을 알 수 있다. 시간이 지나면서 분지가 상승해 거대한 고원이 되었고, 지금은 서서히 침식되어 협곡과 기이한 바위들만 남았다. 케네디 레인지의 동쪽 지역은 험준하고 불모지인 평원이다. 아직 사람이 살지 않고 서부 호주에서도 동떨어져 있다.

이곳에서 가장 두드러지는 장소는 붉은 점토층이다. 드물게 내리는 비가 낮게 파인 웅덩이를 만들었고 수분이 증발하면서 땅에는 당구대처럼 매끄러운 점토층만 남았다. 간혹 캥거루나 에뮤Emu, 타조처럼 생긴 날지 못하는 큰 새 – 옮긴이의 발자국이 굳어지기 전의 부드러운 점토에 찍히기도 한다. 점토층은 둥근 모양도 있고 호주의 해안선처럼 들쭉날쭉한 것도 있다. 물이 없어서 식물도 살지 않고 태양을 피할 그늘도 없기 때문에 점토층은 케네디 레인지를 통틀어 곤충에게 가장 불친절한 장소이다.

1년 중 얼마 안 되는 가장 더운 계절이 오면 점토층 위로 엄청난 수의 작은 피라미드들이 솟아오른다. 자세히 살펴보면 수많은 큰흰벌Giant White Bee이 윙윙거리는 모습을 볼 수 있다. 이들은 피라미드 위로 바삐 움직이다가 갑자기 시야에

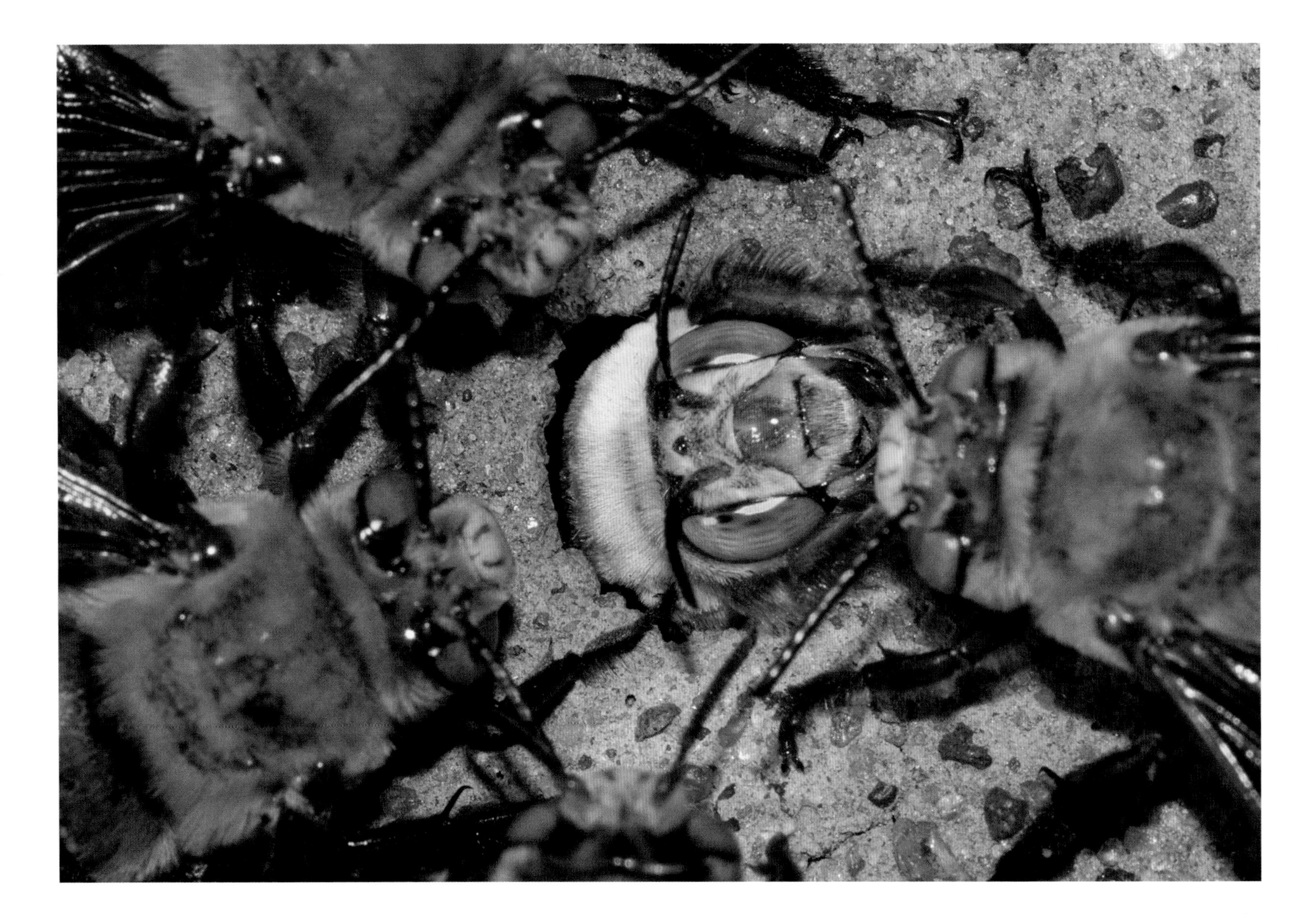

위 : 흰머리의 암컷이 나타나자 수컷들이 둘러싸고 암컷을 잡으려고 한다. 먼저 나타난 수컷들이 단단한 점토를 파헤치며 암컷의 냄새를 맡고 있다.

서 사라진다. 마치 복잡한 헬리콥터 비행장을 방불케 한다. 이 피라미드는 호주에서 가장 크고 아름다운 벌로 손꼽히는 도슨벌이 파놓은 지하 터널의 퇴적물이 쌓인 것이다.

이런 불안정한 삶의 터전에서 살아남으려면 극단적인 생존 전략이 필요하다. 그래서 벌들은 뜨거운 지표면을 뚫고 지하로 들어가는 영리한 방법을 찾아냈다. 그들은 이 지역에서 발견되는 몇 안 되는 꽃, 즉 하케아Hakea, 에레모필라Eremophila, 노던 블루벨Northern Bluebells에서 꿀을 모아 점토를 부드럽게 만들고 턱으로 땅에 구멍을 낸다. 며칠 후 암컷이 굴을 파고 양 옆으로 터널을 만들어 그 터널의 볼록한 양 끝에 꿀과 수분을 저장한다. 알은 터널 속 진흙덩어리 위에 낳는다. 알집이 밀봉되면 암컷의 일생은 끝난다. 알에서 나온 애벌레는 터널 속에 저장된 음식을 먹으며 자라고 철이 바뀌면 성체로 거듭난다.

위 : 암컷을 두고 싸움이 일어났다. 수컷들의 경쟁은 매우 치열해서 전투 중에 나타난 암컷은 붙잡혀 우발적으로 죽음을 당할 수도 있다.

도손벌은 자신의 피라미드를 완벽하게 찾아내는 능력이 있는데 아마도 살고 있는 점토층의 모습을 축소해서 기억하는 것으로 추정된다. 하지만 그들도 간혹 틀릴 때가 있어서 남의 집에 들어갔다가 공중전을 펼치거나 작은 싸움이 일어나기도 한다. 도손벌은 꿀벌처럼 사회적인 곤충이 아니다. 그들이 사는 곳은 너무 바빠서 이웃과 친구가 될 시간이 없는 직장인들이 모여 사는 주택 단지와 닮았다. 하지만 이 조화로운 도시에도 위험한 점이 발견된다. 바로 모든 벌이 암컷이라는 점이다. 그래서 폭력 사태가 발생한다.

수컷은 터널이 없어서 점토층이 깨끗한 시기에 암컷보다 한두 달 일찍 나타난다. 일부는 크고 일부는 작다. 수컷들은 꿀로 에너지를 보충하며 크기에 따라 서로 다른 생존 전략을 펼친다. 큰 놈들은 점토층을 차지하고 작은 놈들은 변두리로 사라진다.

아래 : 암컷을 두고 가장 큰 수컷을 포함한 여러 마리가 턱과 바늘로 서로 싸우고 있다. 상대적으로 덩치가 작은 수컷들은 변두리 지역을 어슬렁거리다가 덩치 큰 구혼자들의 이목에서 벗어난 암컷과 짝짓기를 한다. 그래서 결국 모든 암컷이 짝짓기를 할 상대를 만난다.

111쪽 : 짝짓기 모습이다. 경쟁에서 승리한 수컷은 암컷을 끌고 점토층 끝의 풀숲으로 가서 짝짓기를 한다.

마침내 암컷이 지하에서 부화한 후 성충으로 성장해 터널을 뚫고 지표면으로 올라온다. 암컷이 땅 위로 나오려고 지표면에 처음으로 작은 구멍을 내는 순간, 근처에 있던 수컷이 냄새를 맡고 입구 근처로 내려와 암컷이 밖으로 나오기를 기다린다. 운이 아주 좋다면 다른 수컷들이 없을 수도 있다. 하지만 보통은 재빨리 여러 마리가 나타난다. 암컷을 얻기 위한 경쟁은 매우 치열하고, 처음 도착한 수컷은 새로운 경쟁자가 착륙하지 못하도록 그들을 향해 거꾸로 날아오른다. 하지만 또 다른 수컷에게 포위당하기 마련이고 그들이 착륙하면 싸우는 수밖에 없다.

동물의 왕국에서 동족끼리 싸우며 서로 죽이는 것은 드문 일이지만 도슨벌은 그렇게 한다. 수컷은 서로 붙들고 점토 위를 뒹군다. 그들의 무기는 침과 강력한 턱이다. 잔혹한 공격을 당하면 심한 부상을 입거나 심지어는 죽을 수도 있다. 수가 많을 때는 최대 열두 마리가 한데 뭉쳐 서로 무차별로 공격한다. 각 수컷은 암컷이 나오는 입구 바로 옆의 좋은 자리를 차지하려고 애쓴다. 경쟁에서 이긴 수컷은 암컷을 끌고 점토층 끝 쪽으로가 무성한 덤불숲의 보호를 받으며 짝짓기를 한다. 하지만 폭력이 극에 달하면 암컷이 강제로 끌려나와 수컷에게 죽임을 당한다.

모든 수컷이 폭력적인 방법을 택하는 것은 아니다. 덩치가 작은 수컷들은 싸워서 이길 가능성이 없으므로 비열한 전략을 선택한다. 그들은 싸움 장소에서 멀리 떨어진 점토층 끝자락에 숨어 행운을 기다린다. 때때로 덩치 큰 수컷이 싸우느라 바쁜 동안 암컷이 들키지 않고 그곳을 빠져나오는 경우가 있기 때문이다. 그러면 이곳에서 기다리는 작은 수컷 중 한 마리가 그 암컷과 짝짓기를 한다.

이 지역의 생존 환경은 너무 가혹하기 때문에 모든 암컷이 짝짓기를 해서 최대한 많은 새끼를 낳는다. 이때 서로 다른 크기의 수컷을 생산하는 것이 가장 확실하고 효과적인 방법이다. 수컷의 크기는 어미가 저장해 놓은 먹이의 양에 따라 결정된다. 새로운 계절이 시작되어 먹이가 풍부할 때 암컷은 자신의 터널 끝에 큰 알 모양의 굴을 파놓고 먹이를 많이 저장해 둔다. 그러면 충분한 영양을 섭취해 큰 수컷이 태어난다. 하지만 계절이 끝날 무렵 먹이가 줄어들면 암컷은 작은 굴을 파고 먹이를 적게 저장한다. 따라서 덩치가 작은 수컷이 나오게 된다.

사막은 변덕스러운 곳이라 벌들은 생존이 위태롭다. 이 지역의 가뭄 때문에 벌들이 알을 낳는 점토층 주변의 꽃들이 말라죽을 수도 있고 메뚜기 떼가 일대의 식물을 모조리 먹어치울 수도 있다. 그러면 암컷은 꽃들이 살아 있는 점토층을 찾아 멀리 떠난다. 도슨벌의 개체수는 그들이 더 나은 생활환경을 찾아 그 수를 회복할 때까지 크게 줄어든다.

아르헨티나 개미 왕국

위 : 아타(Atta) 개미 군단이 나뭇잎을 도시로 운반하고 있다. '주방'에서는 곰팡이들이 이 나뭇잎을 먹이로 바꿔 700만 개미를 먹여 살린다.

북부 아르헨티나의 초원을 공중에서 촬영한 사진에서는 흰색의 큰 원반 같은 물체가 듬성듬성 흩어져 있는 것을 볼 수 있다. 원반은 반짝이며 일부는 마치 길처럼 서로 이어져 있는데, 네온사인과 자동차 불빛으로 가득한 도심 도로의 야경을 위성으로 촬영한 사진을 떠오르게 한다. 이 각각의 흰 원반은 도시와 마찬가지로 700만이 살고 있는 보금자리이다. 이곳에는 자연의 산물을 수확하고 도로를 따라 먹이를 수송해 도시를 먹여 살리는 동물이 살고 있다. 바로 풀을 잘라먹는 개미Grass-Cutting Ant다. 개미굴은 백토에 구멍을 파서 지어졌으며 폭이 5m 정도이다.

사회성은 이 곤충의 진화에서 가장 두드러지는 점이다. 또한 인간이 구축한 도시의 복잡성과 규모에 가장 근접한 동물이기도 하다. 벌, 말벌, 흰개미와 다른 개미 모두 사회생활을 한다. 개미들이 이런 업적을 달성할 수 있었던 데는 유연한 외골격과 그들이 분비하는 특별한 화학 물질이 큰 도움이 된 것 같다.

거주민의 수가 엄청나기 때문에 지속적으로 충분한 양의 먹이가 공급되어야 한다. 유연한 외골격은 개미들이 다양한 모습으로 각기 다른 일을 할 수 있게 고안되었다. 큰 여왕개미, 일개미, 큰 머리와 턱이 있는 거대 일개미 등으로 분류된다. 여왕개미는 집에 거주하며 알을 낳는다. 일개미는 우기에는 날마다, 건기에는 밤마다 길을 따라 주변 초원으로 일을 나간다. 큰 턱이 있는 개미가 나무에 올라 줄기를 자르면 절단된 부분이 흔들리며 땅으로 떨어지고 작은 개미들이 이것을 줍는다. 그들은 나뭇잎을 수직으로 세워서 들고 길을 따라 돌아오는데 그 모습이 마치 로마 군사들이 창을 들고 행군하는 것처럼 보인다. 떨어진 잎은 처음 주운 개미가 끝까지 운반하지 않는다. 길목으로 전달하면 그곳에서 기다리던 다음 팀이 이어 받는다. 한 개미가 계속 나르는 것보다 시간이 더 많이 걸리기 때문에 이 방법은 비효율적이다. 하지만 안전하게 전달할 확률이 더 높고 개미 간에 의사소통을 할 기회가 많아진다. 큰 군집은 1년에 나뭇잎 500kg을 수확하므로 개미들은 이 지역을 지배하는 초식 동물인 셈이다.

엄청난 수의 개미를 통제하는 것은 언어를 사용하지 않고는 불가능하다. 개미는 이 문제를 화학 물질을 생산하는 능력으로 해결한다. 건기에 산불이 나서 연기가 개미들을 덮치면 개미들은 길을 잃고 갈팡질팡한다. 연기가 그들의 의사소통 물질인 페로몬에 영향을 미치기 때문이다. 각 개미는 움직이면서 페로몬을 방출해 다른 개미에게 새로운 풀이 있는 곳을 알린다. 많은 개미가 저마다 페로몬 신호를 보내는 곳에는 틀림없이 좋은 먹이가 있다. 페로몬이 연기에 막혀 전달되지 않으면 수백만 마리의 개미가 큰 혼란을 겪는다. 연기가 사라지면 전체가 다시 정렬을 가다듬고 움직인다.

개미들은 나뭇잎을 바로 소화시킬 수 없기 때문에 개미굴의 깊은 곳에 있는 특별한 방으로 가져간다. 여기서 큰 턱이 있는 일개미들이 잎을 작은 조각으로 자르고 보풀이 난 흰 곰팡이 위에 붙인다. 곰팡이는 나뭇잎을 분해해 그 영양분을

위 : 개미 수백만 마리가 파놓은 거대한 굴속의 주요 통로가 빛을 받아 반짝이는 모습이다. 개미들은 이 초원 지대를 점령한 초식 동물이다.

먹고 자란다. 이때 개미의 타액에 들어 있는 항생 물질이 다른 곰팡이의 번식을 막는다. 여왕개미는 곰팡이 위에 알을 낳고 새끼들은 어른 개미와 마찬가지로 곰팡이를 먹고 자란다. 개미와 곰팡이는 서로 의존하지 않으면 살아갈 수 없다. 하지만 공생 관계를 유지하면서도 곰팡이는 한편으로 가장 큰 위협이기도 하다. 나뭇잎을 분해할 때 곰팡이가 많은 이산화탄소를 만들어내는데 이것이 축적되면 개미에게 치명적이기 때문이다. 이 문제를 해결하기 위해 개미들은 환기 시스템을 갖췄다. 지하의 개미굴에서 지표면으로 수직으로 관을 뚫어 바깥 공기가 통하게 한 것이다. 굴 중앙에 가장 높게 뚫은 관이 있으며, 출입구로 바람이 들어오면 이산화탄소가 가득 찬 실내 공기가 이 굴뚝을 통해 바깥으로 빠져나간다. 둥지의 끝자락에도 작은 관들이 있다. 신선한 공기가 이 관을 통해 들어와 실내 공기를 쾌적하게 유지할 수 있다.

거대한 둥지는 마치 요새와 같다. 큰개미핥기조차 개미굴로 들어올 수 없다. 하지만 집으로 돌아오는 개미들은 다른 종류의 킬러를 끌어들인다. 바로 덩치가 작은 벼룩파리Phorid Fly들이다. 벼룩파리들은 공중에서 공격할 태세를 갖추고 있다가 한 마리가 쏜살같이 내려와 순식간에 개미 위에 알을 낳는다. 당황한 개미들이 턱을 크게 벌리고 그 자리에 몇 초 서 있는 동안 벼룩파리들의 알 폭탄이 투하된다. 애벌레는 개미의 몸속에서 부화해 속에서부터 개미를 뜯어먹는다.

세상에서 가장 큰 무리를 이루는 나비

위 : 겨울을 나는 모나크 나비의 모습이다. 뜨거운 겨울 태양빛을 받으며 몸을 데우고 숲속 웅덩이에 있는 물을 마신다. 일부는 물을 마시려다 익사하기도 한다.

115쪽 : 어느 따뜻한 봄날 멕시코 미초아칸에서 볼 수 있었던 장관이다. 엄청난 수의 나비들이 이곳으로 모여들고 있다.

북아메리카를 횡단하는 모나크 나비의 대대적인 이주는 자연의 놀라운 광경 중 하나다. 모나크 나비의 일생은 그들의 외고집을 반영한다. 밝은 주황색 바탕에 검은색 줄무늬가 있고 흰점무늬의 검정 테두리가 둘러진 날개는 마치 스테인드글라스를 보는 것처럼 아름답다. 하지만 새들은 그 모습을 징그럽게 생각한다. 나비의 화려한 무늬는 카데노리드Cardenolides라는 독이 있다는 것을 경고하는 신호이기 때문이다. 카데노리드는 불쾌한 화학 물질로 포식자를 구토하게 한다.

수백 년 동안 북아메리카 사람들은 가을에 불안정한 행동을 보이는 나비들을 목격했다. 며칠 동안 예상치 못한 곳에 모여 있거나 엄청난 숫자가 꽃 위에서 축제를 벌이기도 했다. 그러고는 사라져서 봄까지 모습을 드러내지 않았다. 1885년에 동식물학자 존 해밀턴John Hamilton은 거대한 나비 떼의 중간휴식 지점인 뉴저지의 브리건딘Brigandine을 지나다가 나비들이 하나의 띠를 형성하며 날고 있는 것을 보았는데 길이가 4km에 이르고 폭은 366m로 엄청났다. 해밀턴은 의문이 들었다. '이 나비 떼는 어디로 가는 것일까?'

과학자들이 지금은 잘 알려진 멕시코의 나비 동면 장소를 발견한 것은 1975년이다. 나비들의 이주에 대해 처음으로 의문을 품은 것은 해밀턴이 아니다. 나비 이주의 한쪽 끝 지점인 멕시코 미초아칸Michoacan 주에 사는 푸레페차Purepecha 인디언들은 더 오래전부터 이런 의문을 품고 있었다.

매년 10월과 11월에 인디언들은 수백만 혹은 수십억 마리의 모나크 나비가 조용한 산림 곳곳을 뒤덮는 광경을 목격했다. 나비 떼가 거대한 날갯짓을 하면 마치 폭풍이 지나가는 것 같았다. 푸레페차 인디언들은 그 나비들을 '저승에서 살아 돌아온 영혼'이라고 불렀다. 그런데 나비들은 2월이 되면 종적을 감추었다. 인디언들은 나비가 어디로 사라지는지 알고 싶었다.

이 의문을 풀기 위해 1975년 2월에 미국 동식물학자 케네스 브루거Kenneth Brugger는 세상에서 가장 거대한 나비들의 집단을 본 최초의 서양인이 되었다. 그는 푸레페차 인디언들의 의문에 두 가지 답을 해줄 수 있었다. '저승에서 살아 돌아온 영혼'들은 북쪽으로 날아가며 더 많은 수의 나비를 만든다는 것이다.

멕시코 모나크 나비의 자손들은 남부 캐나다까지 최대 4,830km를 날아간다. 서구의 과학자들은 모나크 나비 떼가 미국 텍사스 주의 리오그란데Rio Grande 남부 지역 어딘가에서 사라진 후 다시 남쪽으로 향한다는 것을 밝혀냈다. 과학자들은 모나크 나비의 동면 장소가 세계 8대 자연 불가사의라고 공언했다. 이것은 푸레페차 인디언들에게는 놀라운 소식이었다. 그들은 자신들의 지역을 벗어나 여행해 본 적이 없기에 어디서나 모나크 나비가 그렇게 많이 발견될 것이라고 생각했기 때문이다.

모나크 나비는 지구의 양쪽 열대우림 지역에서 많이 발견되며 북미 대륙에 사는 한 종만 이주를 한다. 그 이유는 이 나비의 과거사에 숨어 있다. 모나크 나비와 그 애벌레가 먹는 유액을 분비하는 식물은 원래 중앙아메리카와 남아메리카의 열대 지역에서만 서식했다. 그러다 2,400만 년 전에 이 식물이 북아메리카 지역까지 퍼졌고 서리에 강해졌다. 이로써 모나크 나비는 먹이가 풍부해졌지만 정작 자신들은 그곳의 추위에 저항력을 갖추지 못했다. 그래서 매년 가을 북미 대륙에 서식하는 모든 모나크 나비가 겨울을 피해 남쪽으로 이주한다. 태양과 자기장의 도움을 빌어 수천 수백만 년 전에 자신들의 조상이 거주했던 멕시코의 나무숲을 찾아간다.

모나크 나비의 동면 지역을 처음 발견한 프레드 어커트 Fred Urquhart는 바람에 떠다니는 헝겊 조각 같은 연약한 생명체가 평원, 사막, 산골짜기, 도시를 지나 멀리 떨어진 곳까지 이주하는 것을 보고 감탄했다. 영국 동식물학자들은 특정한 나비 떼가 갑자기 출몰하는 것은 애벌레로 지내는 기간이 정해져 있지 않기 때문이라는 사실을 알아냈다. 이후 나비의 이동에 관한 충분한 관찰을 통해 전문가들은 나비의 이주가 종에 상관없이 공통적으로 행해진다는 것을 알게 되었다.

제2차 세계대전 기간에 나비의 이주가 입증되었다. 거대한 노란색의 나비 구름이 영국 해협을 건너 켄트로 향하는 모습이 포착된 것이다. 제1차 세계대전 당시에는 독한 겨자탄이 새로 개발되었는데 사람들은 몰려오는 거대한 노란색 구름이 겨자탄이 아니라 북쪽으로 이주하는 나비 떼라는 사실을 알고 안도했다.

숲은 열대 나비가 추위를 피해 머물 곳으로는 적합하지 않다. 모나크 나비는 멕시코로 날아와 그곳에서 겨울을 보내고 봄이 되어 먹이인 유액이 많이 분비되는 때가 오면 북쪽으로 돌아간다. 모나크 나비가 동면하는 데는 적합한 낮은 온도가 필요한데 그렇다고 너무 낮아서는 곤란하다. 모나크 나비들이 고른 장소는 적당한 온도의 해발 3,050m 지점이었다. 나무의 잎이 이들에게 담요와 우산 역할을 했다. 그래서 한낮의 태양이 비춰도 낮은 온도가 유지되고 밤이 되어 추위가 몰려와도 적당한 온기를 잃지 않았다. 비를 피할 수 없는 나비들은 자칫 얼어 죽을 수도 있는데 잎사귀가 그들의 몸을 건조하게 보호했다.

동면 지역은 추운 날씨 때문에 나비들이 겪어야 하는 고충을 거의 완벽하게 해결해 주었다. 하지만 때로는 불상사가 일어나기도 한다. 눈이 많이 내리면 추위에 몸이 굳어버린 나비들이 나무에서 떨어지거나 수백 수천 마리의 나비가 붙어 있는 가지가 무게를 못 이겨 부러지기도 한다. 바닥에 떨어진 나비들은 서리에 젖어 얼어 죽는다. 2002년 1월에 12일간 폭풍이 몰아쳤을 때는 약 2억 5,000만 마리가 죽어 그 시체가 약 1m 두께로 쌓였다. 다행히 모나크 나비는 번식력이 뛰어나 번식기가 돌아오면 그 수가 이전의 수준을 회복한다.

가장 큰 위협은 산림의 황폐화로 나무들이 줄어들면서 나비들이 비와 추위를 피할 곳이 적어진 것이다. 동면 지역은 공식적으로 보호되고 있지만 시행 여부는 또 다르다. 보호와 관련해 너무 많은 문제가 있고, 오랫동안 땅을 소유해 온 토착민과 그들의 기본적인 필요에 대한 요구가 결합되어 상황이 매우 복잡하다. 현재 이 문제에 대해 조심스럽게 접근 중이며, 해결책을 곧 찾지 못하면 모나크 나비의 멋진 동면 모습을 더 이상 볼 수 없을 것이다. 이 지역이 안전하게 보호된다면 더 많은 사람이 1975년에 케네스 브루거가 보았던 놀라운 광경을 목격하는 기쁨을 맛볼 수 있다. 한 전문가는 "너무 많은 나비들로 숲은 초록색이 아니라 주황색으로 물들었다"라고 기록했다. 이 한 장의 사진에는 반전이 숨어 있다. 불행히도 브루거는 색맹이었던 것이다.

위 : 오야멜 전나무(Oyamel Fir)가 모나크 나비로 덮여 주황색으로 물든 모습이다. 해발 3,050m는 겨울철에 동면 장소로 적합하다. 이곳은 밤에는 따뜻하고 낮에는 너무 덥지 않은 온도가 유지되기 때문이다. 잎사귀들이 비를 막아서 나비가 얼어 죽는 것을 방지한다. 이곳은 4,830km를 날아온 일부 나비들에게 완벽한 피난 장소이다.

116쪽 : 거대한 무리를 이룬 나비들이 햇빛이 비치는 곳에서 몸을 녹이고 있다.

118~119쪽 : 날씨가 따뜻해지자 나비들이 다시 움직인다. 나비들에게 가장 큰 재앙은 겨울의 매우 춥고 습한 날씨이다. 하지만 지금은 동면 지역에서 행해지는 벌목이 가장 큰 위협이 되고 있다.

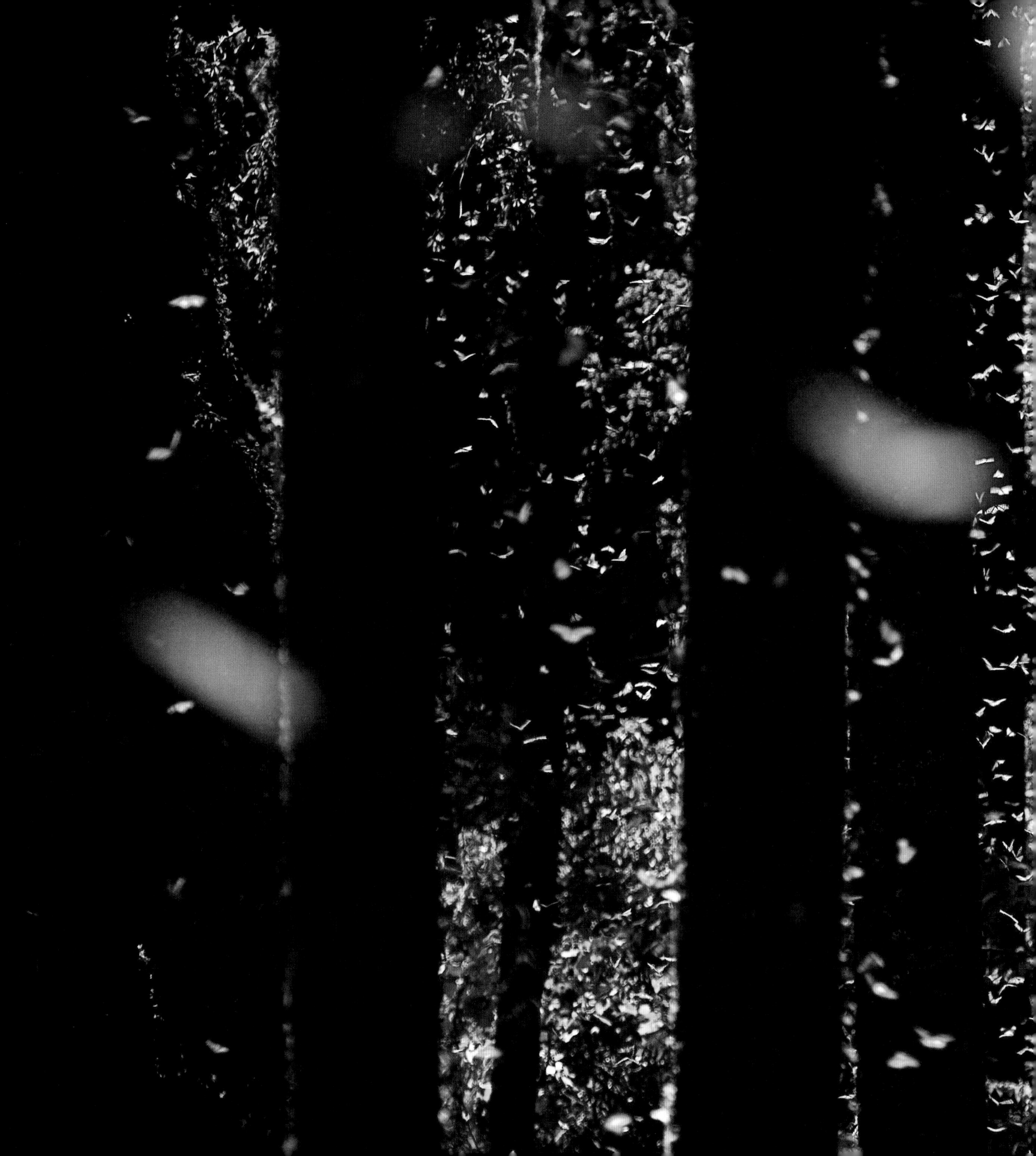

자루눈파리의 짝짓기 의식

위 : 자루눈파리 수컷(밑에서 두 번째) 한 마리와 암컷들이 뿌리에 매달려 있다.

121쪽 : 눈자루의 너비와 몸 크기가 같은 두 수컷이 짝짓기를 할 암컷을 차지하기 위해 서로 싸우고 있다. 한 마리가 위협적으로 앞다리를 펴서 올리면 상대는 아래로 몸을 웅크리고 뿌리에 매달려 자신의 생식기를 두드린다.

동물의 왕국에서 크기는 매우 중요하다. 특히 수컷 자루눈파리에게는 더욱 그렇다. 이 종에 속한 파리들은 번데기 때 작고 압축된 부드러운 눈자루새우나 게들에게서 볼 수 있는 눈 및 돌출된 부분－옮긴이를 가지고 태어난다. 그리고 곧바로 그 눈자루 속으로 공기가 들어가 점점 커진다. 종종 몸길이를 넘어서기도 하지만 약 30분 후 표피가 딱딱해지면 눈자루가 그대로 굳어 고정된다.

자루눈파리는 아시아 우림 지역에 서식한다. 낮에는 부식되고 있는 식물의 이스트나 박테리아와 같은 먹이를 찾아 먹는다. 눈자루의 양 끝에 자리 잡은 미간이 넓은 눈은 음식을 찾는 데 아무런 도움을 주지 못할 것 같다. 하지만 밤이 되면 눈은 제 역할을 톡톡히 한다.

해가 지면 자루눈파리는 야행성 보금자리로 날아간다. 개울의 침식된 둑 아래로 삐져나온 실타래 같은 뿌리가 그곳이다. 파리는 뛰어난 시력으로 거미줄과 다른 위험 요소를 피하며 이곳에 도착한다. 파리들은 날마다 같은 실타래로 모여들며 몇 달 동안 이 과정이 되풀이된다.

매일 저녁 수컷들은 암컷을 얻기 위해 싸운다. 가장 큰 수컷이 먼저 도착하고 해 질 녘에 암컷과 작은 수컷들이 나타난다. 암컷은 수컷들 사이를 날아다니며 적합한 상대를 찾는데, 눈자루가 가장 길고 덩치 큰 수컷을 좋아한다. 이런 수컷은 최대 열두 마리의 암컷과 짝짓기를 할 수 있다. 덩치가 큰 수컷들은 나무줄기 위아래로 왔다 갔다 하며 생식기를 좌우로 흔들어 뽐낸다. 이런 당당한 행동은 주로 작은 수컷들을 도망치게 하는데, 간혹 아주 작은 수컷이 암컷 사이에 숨어 암컷으로 위장하기도 한다.

그러는 동안 수컷들의 크기 싸움이 시작된다. 수컷 자루눈파리의 몸은 눈자루의 폭과 밀접한 관련이 있어서 수컷들은 재빨리 서로 크기를 잰다. 이 경쟁에서는 눈 사이의 폭과 몸의 폭이 거의 같은 수컷이 이긴다. 이 과정은 싸움이라기보다는 의식에 가깝다. 수컷들은 눈이 정확하게 일직선상으로 마주보도록 일렬로 서서 앞다리를 펼친다. 그런 다음 날개를 펼치고 날았다가 다시 내려와 몸을 웅크리고 다리를 위아래로 구부려 생식기를 두드린다. 그러고는 처음 서 있던 자리로 돌아와 앞다리를 펴서 다른 수컷을 위협한다. 일반적으로 덩치가 큰 수컷이 승리하며, 그 인상적인 행위는 작은 수컷을 쫓을 때까지 계속된다. 수컷들의 크기가 거의 같으면 이 의식은 20분 정도 계속되며, 종종 신체적 접촉으로 바뀌어 앞다리로 싸움을 벌인다. 한 번 서로 부둥켜안으면 빠져나오기가 어렵고, 대개 다리나 눈을 다친다. 그래서 의식화된 행위를 통해 싸움을 줄이는 안전한 방법을 택한 것이다.

보금자리인 나무뿌리에서 작은 수컷들을 내쫓으면 승리한 수컷은 쉴 수 있다. 아침이 되면 경쟁자가 얼마 남지 않는다. 동이 트면서 자루눈파리의 광란의 짝짓기가 시작된다. 수컷은 아침이 되어 다른 곳으로 날아가 버리기 전에 보금자리에 있는 모든 암컷과 짝짓기를 하려고 한다. 수컷은 암컷을 면밀히 살핀 후 위에 올라탄다. 큰 수컷은 자주 교미를 한다. 작은 수컷들은 전날 저녁에 미리 암컷들 사이에 숨어 있지만 얻는 것은 별로 없다. 암컷은 눈자루가 가장 긴 수컷과 짝짓기를 하려고 하고 큰 수컷이 종종 작은 수컷을 끝까지 쫓아와 짝짓기를 방해하기 때문이다.

파리의 눈자루가 이렇게 길게 진화된 데는 이유가 있다. 긴 눈자루는 잠자리에 비견되는 놀라운 시력으로 1m 밖에서 접근하는 물체가 잠재적인 경쟁자인지 적합한 짝짓기 상대인지 정확하게 평가할 수 있게 도와주는 역할을 한다. 눈자루의 길이와 폭은 암컷과 수컷에게 모두 강함과 생식력을 뽐낼 수 있는 잣대가 되어 서로 빠른 결정을 내릴 수 있게 도와주며, 대가를 치러야 하는 싸움이나 나쁜 선택을 피하게 해준다.

짝짓기로 장애를 입은 곤충

위 : 마다가스카르에 살고 있는 기린 목의 바구미가 짝짓기를 위해 긴 목을 드러내 보이고 있다. 승자가 구경하던 암컷을 차지한다.

오른쪽 : 수컷 사슴벌레의 턱이 매우 길어진 것은 생식을 위한 것이다. 비교해 보면, 암컷은 턱이 작고 원래의 목적인 먹이를 먹는 데 사용한다.

123쪽 : 수컷이 자신의 턱을 보여주고 있다. 턱은 변형 가능한 외골격이 연장된 것이다. 턱은 상대의 겉날개 아래에 걸어 넘어뜨리도록 고안되어 있다. 앞발은 길게 뻗어 있어 턱이 땅에 닿지 않게 해준다.

성 선택 이론은 찰스 다윈의 책 『인간의 유래The Descent of Man』에서 1871년에 처음 제안되었다. 그는 이 이론을 입증할 가장 섬세한 곤충의 사례를 발견했다. 바로 다윈 딱정벌레로도 알려진 칠레 사슴벌레이다. 그는 자신의 이론으로 칠레 사슴벌레가 보이는 놀라운 행동과 일부 종의 한쪽 성별에만 나타나는 신체적 특징을 설명했다. 수컷 공작새의 꼬리와 특이한 생김새, 극락조의 화려한 색상과 가무는 고전적인 사례다. 이런 현상이 나타나는 것은 가장 특별한 행동을 보이거나 특징을 띠는 수컷을 선택해 짝짓기를 하는 암컷 때문이다. 선택적인 짝짓기는 현재 우리가 볼 수 있는 특이한 동물들을 탄생시켰다. 유동적이고 변형 가능한 외골격을 가진 곤충들의 극단적인 성 선택이 단적인 예다. 일부 곤충은 암컷의 선택을 받기 위해 너무 극단적인 특징을 띠어 그 용도를 제외하고는 거추장스럽다는 단점을 안고 살아가기도 한다. 딱정벌레가 가장 좋은 예다. 기린 목의 마다가스카르 바구미는 그중 가장 이상한 동물이다. 수컷은 엄청나게 길게 늘어난 목 끝에 작은 머리가 붙어 있어서 불안정해 보인다. 수컷 바구미는 목을 낮추어 싸우며 암컷은 승리자와 짝을 짓는다. 세상에는 사슴벌레가 1,000여 종 이상 서식하고 있으며, 많은 수컷의 턱이 매우 크게 확장되어 먹이를 먹을 때 사용할 수 없다. 그 대신에 싸우는 도구로 이용한다. 칠레 사슴벌레는 그중에서 턱이 가장 크다. 최소한 몸길이 정도이며 대부분 사슴벌레의 턱이 앞으로 돌출된 반면에 칠레 사슴벌레의 턱은 초승달처럼 아래로 구부러져 있다. 앞 다리 한 쌍은 몸을 들어 올리도록 길게 뻗어 있어서 걸을 때 턱이 땅에 끌리지 않도록 해준다. 하지만 이것만으로 문제가 해결된 것은

오른쪽 : 턱을 서로 고정한 수컷들의 모습을 확대한 사진이다. 지레 같은 턱은 사슴벌레가 만든 가장 강력한 무기이다.

125쪽 : 마지막 움직임. 상대의 몸에 건 고리를 풀어 가지 아래로 떨어뜨린다.

아니다. 딱정벌레의 안전한 요새는 칠레 파타고니아 지역에 있는 아름다운 토도스 로스 산토스Todos Los Santos 호수 근처로, 다양한 높이의 나무들로 둘러싸여 있으며 눈이 쌓인 오르소노Orsono 화산이 내려다보인다. 수컷 사슴벌레는 나무 사이를 큰소리로 윙윙거리며 날아다니거나 나무둥치나 가지 사이로 걸어 다니며 나무 꼭대기에 사는 암컷을 찾는다. 나뭇가지에서 또 다른 수컷을 만나면 다윈이 기록한 것처럼 '대담하고 싸움을 좋아하는 수컷은 위험이 닥치면 턱을 크게 벌리고 큰 소리로 찌르륵 운다.' 그런 다음 사슴벌레는 턱을 벌리고 서로 고정한 채 밀친다.

턱은 무시무시하게 크지만 상대에게 부상을 입히려고 싸우는 것은 아니다. 다윈이 쓴 것처럼 '턱은 손가락에 고통을 줄 만큼 날카롭지 않다.' 턱의 특이한 모양새는 상대의 겉날개 아래로 밀어 넣기 위해 고안된 것이다. 턱 끝이 갈고리처럼 되어 있어서 날개 아래에 꼭 들어맞는다. 상대의 겉날개 아래로 먼저 턱을 거는 자가 싸움에 이길 확률이 높다. 갈고리로 건 다음 나무를 붙잡고 있는 상대를 아래로 떨어뜨리는 것이다. 상대의 몸을 들어 올릴 때 턱이 지렛대 작용을 한다. 상대는 버티면서 발톱으로 나무껍질을 움켜쥐고 다리를 곧게 편다. 간혹 힘 때문에 나무껍질이 갈라지기도 한다. 싸움은 몇 초에서 몇 분까지 길어질 수도 있다. 이렇게 붙잡고 있는 동안 마치 지친 복서들처럼 서로 잠시 가만히 있다가 잠시 후 한 마리가 몸을 움직이면 다시 싸움이 시작된다. 상대를 들어 올리는 데 성공하면 높이 치켜든 후 턱을 벌린다. 패자는 떨어지지 않으려고 승자의 턱 끝에 매달리지만 결국 중력에 의해 나무 아래로 내쳐진다.

수컷은 암컷을 차지하기 전에 많은 전투를 치르는데 종종 암컷이 도망을 가기도 한다. 심지어 수컷은 암컷을 붙잡고 짝짓기를 설득한 후에도 여전히 싸움 본능이 남아 암컷을 들어 올려서 나무 밖으로 던지기도 한다. 다행스럽게도 이것은 큰 재앙이 아니다. 땅으로 떨어진 암컷은 알을 낳을 풀숲을 찾고 애벌레들은 그곳에서 나무뿌리를 먹고 자란다.

Chapter 5

파충류와 양서류

위 : 코스타리카 열대우림에 사는 줄무늬 청개구리의 모습이다. 이곳은 항상 피부의 습기를 유지할 수 있어서 양서류가 살기에 완벽한 곳이다. 등은 위장하고 몸 안쪽은 밝은 노란색을 띠어 포식자에게 맛없는 먹잇감으로 어필하는 중이다.

126~127쪽 : 미국 악어의 모습이다. 악어는 고대 생물로, 포유류가 지구를 지배하기 이전에 부흥했던 파충류의 전성시대 이래 성공적으로 살아남은 동물이다.

129쪽 : 보르네오 섬에 서식하는 구세대 도마뱀의 모습이다. 지속적인 열대 기후가 이 동물이 번식하는 데 도움이 되었다. 다른 열대 지역의 파충류들도 위도가 높은 북쪽이나 남쪽에 사는 파충류와 달리 1년 내내 활동한다.

원시의 모습을 그대로 간직한 동물이 있다. 냉혈동물이라 번식에 큰 어려움을 겪었고 조류와 포유류에 밀려 척박한 변두리로 쫓겨났다. 이들은 파충류와 양서류로, 현재 지구를 지배하는 동물보다 하등하다고 보는 의견이 많다.

현재의 양서류는 처음으로 물을 떠난 척추동물의 후예다. 어류였던 조상은 지느러미에 뼈가 있었고 이것이 양서류의 발로 진화했다. 폐도 있었는데 아마도 산소가 희박한 늪지대에 살았기 때문인 것으로 추정된다. 피부는 화석으로 보존된 것이 극히 드물어서 현대 양서류가 호흡을 위한 침투성 피부를 언제 처음 가지게 되었는지는 알기 어렵다. 양서류의 조상은 처음 육지로 올라왔을 때부터 수백만 년 동안 그곳을 장악했고 악어처럼 크고 특이한 종류의 양서류들이 탄생했다. 그 뒤를 파충류가 이어받았고 그들의 시대는 지금 지구를 지배하는 포유류의 통치 기간보다 세 배는 더 오래 지속되었으며 공룡의 시대에 이르러 절정을 이루었다. 운석이 지구에 충돌하면서 이 위대한 생물의 역사는 끝이 났지만 그 뒤를 이어 쥐처럼 작은 포유류가 나타나 널리 퍼지고 다양해져서 새와 더불어 공룡의 직계 후손이 되었다.

현재의 파충류와 양서류는 생물학적으로 포유류나 조류와는 매우 달라서 다른 방식으로 살아가야 하는 문제를 겪었지만 많은 종이 성공적으로 적응했다. 습성과 생김새 및 종류에서 놀라운 유동성을 보여주었고, 이 점이 그들을 다른 동물과 효과적으로 경쟁할 수 있게 해주어 일부 지역을 지배하기에 이르렀다.

양서류는 개구리와 두꺼비로 나뉜다. 도롱뇽북미산 도롱뇽 포함과 나사裸蛇, 지렁이처럼 거의 앞을 보지 못하는 열대 양서류 – 옮긴이도 이 부류에 속한다. 그들의 축축한 침투성 피부는 생존에 단점으로 작용했다. 그러나 이 때문에 물이나 늪지로 돌아가는 습성이 생겼고 이런 습성은 이들이 몸의 온도를 유지하는 데 도움이 되었다. 열대 습지와 온대 지역에서 다양한 개체가 번식했지만 열두 종의 개구리, 두꺼비, 도롱뇽은 매서운 겨울을 이겨내고 위도와 고도가 높은 지역에서 살아남았다. 그 비결은 포도당 혹은 글리세롤을 피로 방출해 세포 속 수분의 어는점을 낮추는 것이었다. 다른 지역에서는 양서류의 차가운 피가 큰 장점이 되었다. 온혈동물은 정기적으로 먹이를 섭취해야 하지만 냉혈동물은 신진대사를 거의 멈추는 정도까지 조절할 수 있어서 가사 상태로 힘든 시기를 이겨낼 수 있기 때문이다. 사막을 점령한 개구리가 가장 대표적인 예다. 드물게 내리는 비를 기다리며 개구리는 지하에 굴을 파고 몸을 불투과성 점액층으로 덮는다. 개구리는 이런 상태로 몇 년을 지낼 수 있다. 마침내 비가 오면 굴 밖으로 나와 간혹 엄청난 수의 알을 갑작스럽게 낳기도 한다.

파충류는 양서류보다 더 유연하고 성공적으로 정착했다. 그들의 몸은 정렬된 여러 형태와 종으로 진화했다. 2.7m 길이의 코모도왕도마뱀, 6m 길이의 바다악어, 도미니카공화국의 낙

엽 틈에 사는 몸 크기가 2cm밖에 되지 않는 작은 도마뱀붙이에 이르기까지 다양하다. 이들은 악어류로 분류된다. 도마뱀, 뱀, 쌍두뱀과의 도마뱀, 바다거북, 민물거북, 식용 거북, 뉴질랜드 큰도마뱀도 이 부류에 속한다. 일부는 포식자의 공격을 방어하기 위한 뾰족한 돌기나 가시를 가지게 되었다. 뱀은 다리가 퇴화되었지만 늑골이 더 많아졌고 독이 생겼다. 가장 특이한 것은 카멜레온이다. 카멜레온은 몸의 색상을 바꾸며 기분과 의사를 표현하는 놀라운 능력이 있으며 발포식 혀와 특이하게 쪼개진 발이 캘리퍼스 callipers, 두께를 측정하는 기계 – 옮긴이처럼 나뭇가지를 붙잡는다. 피부는 현대 파충류의 핵심 성공 비결이다. 차가운 몸과 방수 능력은 파충류가 세상에서 가장 척박한 일부 지역에서도 번성하게 해주었다포유류와 조류는 그런 곳에 잠시밖에 머무르지 못한다. 파충류와 양서류는 포식자의 공격에도 대비한다. 개구리는 몸을 부풀리고 큰 소리를 낸다. 독화살개구리의 피부에는 현재 알려진 것 중 가장 강한 독극물이 들어 있다. 어떤 도마뱀은 물 위를 달린다. 뱀들은 독을 주입하거나 뱉는다. 파충류의 번식 전략은 모든 어려움에 대비하여 매우 다양하다. 개구리는 섬세한 울음소리로 상대를 유혹한다. 또한 다른 동물의 목소리를 흉내 낸 소리로 짝짓기 경쟁자의 소리를 방해하기도 한다. 어떤 개구리와 도마뱀은 포유류처럼 새끼를 돌본다.

그러나 파충류와 양서류의 성공을 평가하는 가장 쉬운 방법은 그들의 다양성을 살피는 것이다. 세상에는 포유류 4,500종, 조류 1만 종, 양서류와 파충류 1만 3,000종이 존재한다. 따라서 파충류와 양서류는 찬란했던 과거의 잔재에 불과한 존재가 아니라 강한 인내심으로 성공한 동물이다.

위 : 베트남 살모사가 나뭇가지에 웅크리고 앉아 먹이를 기다리고 있다. 이 뱀의 전략은 매복하고 있다가 먹이를 잡아 독을 주입하는 것으로 이 독은 개구리, 파충류, 작은 포유류에게 치명적이다. 독은 뱀이 성공적으로 생존할 수 있게 해준 무기로, 큰 저항 없이 먹잇감을 진압하게 해준다.

왼쪽 : 축축하고 그늘진 곳에서 완벽하게 위장하고 있는 베트남 이끼개구리(Mossy Fog)의 모습이다. 양서류는 외골격이 없지만 변형 가능한 다양한 색상의 피부로 변장하거나 경고 신호를 보낼 수 있다.

공룡의 후예 코모도왕도마뱀

오른쪽 : 거대한 코모도왕도마뱀의 근육질 몸이다. 몸은 큰 먹잇감을 사냥하기 위해 매복하고 단시간에 빨리 달릴 수 있도록 고안되었다. 이 도마뱀은 진흙탕에 숨어 있다가 갑자기 튀어나와 야생 들소를 공격해 뒷다리를 물어뜯기도 한다. 왕도마뱀의 독은 피가 응고되는 것을 막는 효과가 있어서 물리면 출혈이 계속된다.

파충류가 지구를 지배한 것은 6,500만 년 전 일이다. 현재는 포유류와 조류가 대부분 서식처를 지배하고 있지만 아직도 먼 옛날 그 시절의 모습을 잠시나마 볼 수 있는 곳이 있다. 1912년에 한 무리의 진주 채취꾼들이 육지에서 멀리 떨어진 인도네시아 군도의 불안정한 물속에서 조업하던 중에 거대한 육식 도마뱀이 작은 섬의 해변을 걸어 다니는 것을 목격했다. 그것이 서양 과학계에 알려진 코모도왕도마뱀에 대한 최초의 보고였다. 코모도왕도마뱀의 보금자리는 발리의 동쪽에 있는 불모 섬 다섯 곳으로, 인도양과 태평양이 만나는 지점이다. 이곳은 거대한 육식동물이 서식하는 범위 중 가장 협소하다. 현재 겨우 수천 마리만이 남아 있으며 코모도 섬에 가장 많이 분포한다.

코모도왕도마뱀은 강력한 힘과 의지, 갑옷과 같은 최고 포식자의 위엄을 두루 갖추고 있다. 과거에 공룡이 지구를 지배했던 것처럼 이들도 이 작은 세상을 지배한다. 코모도왕도마뱀은 어떤 포유류도 생존하지 못했던 이 불모지에서 끝까지 살아남았다. 온혈동물은 며칠에 한 번씩 음식을 섭취해야 하기 때문에 먹잇감이 드문 이런 곳에서는 급속도로 개체수가 줄어들어 결국에는 멸종되고 만다. 하지만 냉혈동물인 코모도왕도마뱀은 1년에 열두 차례 남짓만 먹으면 되기 때문에 번성할 수 있었다.

코모도왕도마뱀은 그 크기뿐만 아니라수컷의 평균 크기는 꼬리를 포함해서 2.2m에 이르고 평균 무게는 80kg에 육박한다 사람을 사냥하는 포식자의 습성으로도 악명이 높다. 일반적으로 이 왕도마뱀은 숲의 길목에 숨어서 며칠이고 가만히 앉아 사슴과 같은 먹잇감을 기다리는 전략을 사용한다. 그러다 갑자기 뛰쳐나와서 시속 18km로 달려들어 덮치며 60개의 날카로운 톱니 모양 이빨로 먹잇감의 목이나 배를 크게 물어 상처를 입힌다. 먹잇감은 곧바로 제압당하며 그 자리에서 잡아먹힌다.

이 방식은 인간에게도 마찬가지다. 가장 유명한 사건은

위 : 발리의 동쪽에 있는 코모도 군도에서 가장 작은 섬인 린카(Rinca)의 모습이다. 린카는 사람들이 흔히 생각하는 것처럼 목초지에 풀을 뜯는 동물이 있고 사자가 이들을 사냥하는 그런 평범한 서식처와 비슷하다. 이곳에는 사슴, 야생 돼지, 야생 들소가 살고 있으며 한때 피그미 코끼리(Pygmy Elephant)도 서식했다. 다만 린카에는 사자 대신 코모도왕도마뱀이 산다.

오른쪽 : 암컷을 차지하기 위한 싸움이 벌어졌다. 이 싸움은 10초도 채 지나지 않아 끝나며, 목적은 상대를 땅바닥으로 내동댕이치는 것이다. 이런 싸움은 수컷이 여러 마리일 때만 발생하며 며칠 동안 지속되기도 한다.

1974년에 발생한 스위스의 남작 루돌프 본 리들링Baron Rudolph Von Redling의 실종이다. 84세의 탐험가 리들링은 코모도 섬에서 기다리고 있던 어선을 타기 위해 일행과 떨어져서 해변으로 가는 다른 길을 택했다. 하지만 그는 배가 있는 곳에 나타나지 않았다. 동료 100명이 섬을 샅샅이 뒤졌지만 발견한 것이라고는 그가 사용하던 카메라의 잔해뿐이었다.

코모도왕도마뱀은 작은 먹잇감을 효과적으로 사냥하는 포식자이지만 이 섬에서 살아남을 수 있었던 것은 자신보다 큰 동물을 공격하는 능력 덕분이다.

왕도마뱀이 물소를 사냥하는 방법은 파충류 중에서 가장 잔인하다. 사냥하기에 가장 좋은 시기는 매우 덥고 건조한 계절이다. 이때는 물이 있는 곳이 몇 군데 되지 않아서 물소들은 날마다 이곳에 들러 목을 축인다. 왕도마뱀은 그곳에서 물소를 기다린다. 싸움을 좋아하는 굶주린 왕도마뱀은 물을 마시는 소의 뒤로 몰래 접근해 다리나 생식기를 문다. 그런 다음 소의 무시무시한 뿔에 받히기 전에 얼른 뒤로 빠진다.

물소는 왕도마뱀에게 물려서 조직이 손상된 것만으로는 죽지 않는다. 불과 얼마 전까지만 해도 왕도마뱀의 침 속에 들어 있는 박테리아가 죽게 한다고 알려졌었다. 하지만 지금은 왕도마뱀에게도 독이 있다는 것이 밝혀졌고, 세상에서 가장 큰 맹독 동물로 판명되었다. 독은 혈액이 응고되는 것을 막아 과다출혈로 작은 먹잇감을 단시간에 죽음에 이르게 한다. 또한 먹잇감의 혈압을 낮춰 쇼크 상태가 되게 한다. 따라서 물소와 같이 큰 먹잇감을 계속 물면 결국에는 죽일 수 있다. 왕도마뱀에게 물린 상처 부위는 감염된다. 코모도왕도마뱀은 6km 밖에서도 썩어가는 살의 냄새를 감지하고 먹이를 찾아온다. 매일 왕도마뱀 일곱 마리 이상이 물가에서 먹이를

기다린다. 그들은 물소가 약해질 때까지 몇 차례 더 공격하고 결국 물소가 쓰러지면 죽기 전에 다 먹어치운다.

왕도마뱀은 여러 마리가 모여 있을 때면 덩치가 큰 순서대로 먹이를 먹는다. 큰 도마뱀이 작은 침입자를 쫓아내며 심지어는 간혹 그들을 잡아먹기도 한다. 배고픈 왕도마뱀은 살점을 크게 뜯어서 뼈째 삼키고 남김없이 먹어치운다. 한 자리에서 몸무게의 80%에 해당하는 무게만큼 먹이를 먹을 수 있다. 왕도마뱀 무리는 단 몇 시간 만에 시체를 뼈만 남을 때까지 발라먹고 작은 도마뱀을 위해 약간의 찌꺼기만 남긴다. 배부르게 식사한 왕도마뱀은 태양 아래 누워 몇 시간씩 볕을 쬐며 몸의 온도를 높여 소화를 촉진해야 한다. 그렇지 않으면 몸속에서 음식이 부패한다.

코모도왕도마뱀의 짝짓기 또한 직접적이며 야만적이다. 수컷은 암컷을 얻기 위해 몸싸움을 벌이는데 앞발을 들어 올리고 꼬리로 균형을 잡으면서 상대를 제압하려고 애쓴다. 10cm에 이르는 그들의 발톱은 살점을 뚫고 들어가 출혈을 일으킨다. 보통 싸움은 짧게 끝나며, 한쪽 또는 양쪽이 먼지를 일으키며 땅으로 넘어진다. 하지만 체격이 비슷한 두 마리가 붙으면 싸움이 며칠씩 계속되기도 하며 이때는 한쪽이 지쳐 나가 떨어져야 비로소 끝이 난다.

상대를 제압한다고 해서 모든 절차가 끝난 것은 아니다. 암컷이 짝짓기를 승낙해야 하기 때문이다. 싸움에서 이긴 수컷은 혀를 내밀어 암컷이 번식하기에 좋은 상태인지 확인한다. 암컷을 자극하기 위해 턱으로 암컷의 피부를 긁거나 등을 긁기도 한다. 짝짓기를 하려고 할 때 암컷은 종종 이빨과 발톱으로 수컷에게 저항한다. 그러면 수컷은 체중과 강한 앞다리로 암컷을 옥죈다. 놀랍게도 코모도왕도마뱀은 일자일웅一雌一雄 관계를 지키는 몇 안 되는 파충류이다.

짝짓기를 마친 암컷은 덤불산무덤새가 알을 낳기 위해 만들었던 모래 언덕에 굴을 판다. 암컷은 최대 20개의 알을 낳고 부화할 때까지 7개월 동안 근처 언덕에 머무른다. 하지만 이러한 노력에도 불구하고 어린 왕도마뱀태어났을 때 약 30cm 크기이 동족인 큰 왕도마뱀의 먹이가 될 확률이 10% 정도이다. 새끼들은 자신을 보호하기 위해 많은 시간을 나무 위에서 보내며 곤충이나 작은 파충류를 잡아먹는다.

코모도왕도마뱀은 공룡과는 거리가 멀다. 하지만 그들이 점령하고 있는 서식지는 과거 공룡들의 지배 모습을 현대적으로 반영하고 있다. 코모도왕도마뱀은 정말 특이한 현대 파충류이다.

136~137쪽 : 상처를 입은 들소를 잡아먹는 코모도왕도마뱀의 모습이다. 도마뱀은 침을 많이 흘리는데 건조한 음식을 쉽게 삼키기 위한 것으로 추정된다. 이 왕도마뱀은 먹이의 곪은 상처 냄새를 맡고 찾아와 공격한 다음 먹어치운다.

물 위를 걷는 바실리스크 도마뱀

139쪽 : 한 바실리스크 도마뱀이 물을 차며 도망가고 있다. 이렇게 재빨리 도망치기 위해 바실리스크 도마뱀은 항상 물 근처에 자리를 잡는다.

아래 : 움직이는 발의 모습을 포착한 사진이다. 급속도로 회전하는 바실리스크 도마뱀의 발은 아래로 디딜 때 발 주변에 공기주머니가 형성되어 물 위를 달릴 수 있다. 이것은 에너지가 많이 소모되므로 힘이 다 빠지면 도망치던 중에 물속으로 잠수해 쉰다.

그리스 신화에 나오는 바실리스크Basilisk는 파충류의 왕으로, 왕관을 쓰고 있으며 초자연적인 힘이 있어 눈길 한 번으로 상대를 죽일 수 있다. 중앙아메리카와 남아메리카에 서식하는 바실리스크 도마뱀은 왕관처럼 생긴 볏이 달렸다. 신화와의 공통점은 그뿐만이 아니다. 이 도마뱀은 포식자인 뱀, 새, 포유류로부터 도망치는 놀라운 재주가 있다최근에 이르러 그 원리가 밝혀졌다. 바로 위험이 닥치면 물 위를 걷는 것이다. 그래서 예수 그리스도 도마뱀이라는 별명이 붙었다.

바실리스크관련된 다섯 종는 파나마에서 에콰도르에 이르는 열대산림 지역에서 발견된다. 하루 중 많은 시간을 포식자가 내려다보이는 나뭇가지 위에 가만히 앉아서 보내며, 물 근처에 머무는 것을 좋아한다. 바실리스크는 위협을 느끼면 공중으로 솟아오른다. 수면으로 떨어져 몸이 물속으로 빠지지 않으면 물에 닿자마자 그대로 내달린다. 초당 1.5m로 뒷다리를 사용해 표면을 스쳐 날며, 앞다리를 풍차처럼 돌린다. 하지만 도중에 물 위에서 힘이 빠지면 잠수해서 30분가량 물속에 머물 수 있다.

곤충과 같은 작고 가벼운 생물은 장력을 이용해 풍선의 막처럼 탱탱한 수면 위를 힘들이지 않고 걸을 수 있다. 그렇다면 이 도마뱀은 과연 어떻게 해서 물 위를 걸을 수 있는 것일까? 연구에 따르면 뒷다리가 수면을 차려고 아래로 내려올 때 발 주변을 감싸는 공기주머니가 생겨 발이 물에 젖지 않는다. 그러면 완벽한 공기주머니가 형성된다. 바실리스크 도마뱀은 발을 매우 빨리 움직여서 공기주머니가 수면에 닿아 터지기 전에 다시 떠오를 수 있다. 다리가 물에 빠지면 마찰력이 매우 커져서 도마뱀은 가라앉게 된다. 겉으로 보기에는 꼬리가 도마뱀의 보행을 어렵게 하는 것처럼 보이지만, 실제로는 평형추처럼 작용해 넘어지는 것을 막아준다.

바실리스크 도마뱀이 물 위를 달리는 모습은 우아하다. 하지만 느린 화면으로 돌려보면 보기 흉하고 분명히 지쳐 있다. 도마뱀은 물 위로 자주 넘어지는데 쿵 소리를 내며 배를 수면에 부딪친다. 이럴 때는 바로 잠수를 한다. 갓 태어난 새끼 바실리스크 도마뱀은 마치 수면 위를 통통 뛰어다니는 것처럼 보인다. 하지만 자라면서 몸이 무거워지면 물 위를 달리기가 점점 어려워진다. 발 크기가 몸의 성장과 반비례해서 작아져 그만큼 달리는 속도도 느려지기 때문이다. 다 자란 바실리스크 도마뱀은 몸무게가 약 200g으로, 물속으로 가라앉지 않으려면 최대한 힘을 내서 내달려야 한다. 이것은 사람이 다리를 구부리고 시속 105km로 달리는 것과 마찬가지다. 그러므로 바실리스크 도마뱀이 물 위를 달리려면 인간보다 열다섯 배는 더 많은 근력이 필요하다.

잃어버린 세계 속 신기한 두꺼비

위 : 쿠케난(Kukenan)에 사는 자갈두꺼비(Pebble Toad)가 산꼭대기에 앉아 유연한 발톱이 달린 미키마우스 같은 손을 보여주고 있다. 꼭대기가 평평한 모든 산 혹은 테푸이에는 자생하는 자갈두꺼비 종이 있다.

141쪽 : 쿠케난 꼭대기의 모습으로, 거의 매일 비가 내리며 곤충을 잡아먹는 식물들이 서식한다. 놀랍게도 쿠케난에 사는 자갈두꺼비는 수영을 하지 못한다. 공기가 습해서 물 밖에서도 피부의 습도를 유지할 수 있는 덕분에 물속에 들어갈 필요가 없기 때문이다.

파충류의 전성시대인 1억 8,000만 년 전에 공룡이 돌아다니던 넓은 사암 평원은 현재 베네수엘라, 브라질, 가이아나에서 볼 수 있다. 이 평원은 수천 년을 지나오면서 지각의 움직임에 의해 분리되었고, 아주 조금씩 침식되었다. 그 결과 어느 곳에서도 볼 수 없는 놀라운 풍경이 생겨났다.

이 지역은 텍사스 주만 한 크기로, 산맥이 100개 이상 줄지어 서 있어 테푸이스Tepuis, 신들의 집이라는 뜻라고 불리는 곳이다. 각각은 고대 평원의 옛 모습을 간직하고 있다. 열대우림의 숲 사이로 깎아지른 측면 위로 꼭대기가 평평한 고원이 솟아 있다. 일부는 거의 2km 높이이며, 각기 독특한 기후가 있다. 1596년에 처음 이곳이 발견되어 유럽에 알려졌을 당시에는 많은 사람이 그런 풍경은 오로지 환상 속에만 존재한다고 생각했다. 그로부터 400년 후, 상상 속에만 존재한다고 여겨지던 이 지역이 탐험가, 과학자, 감상주의자들에 의해 널리 소개되었다.

이곳은 다양한 전설을 탄생시켰다. 최초 발견자는 이 지역이 금으로 된 신화 속 도시 엘도라도El Dorado로 들어가는 입구라고 믿었다. 영국 소설가 아서 코난 도일Arthur Conan Doyle은 1885년에 로라이마Roraima라는 거대한 테푸이에 대한 첫 등반 보고서를 읽고 영감을 얻어 이곳에 대해 집필하기 시작했다.

그 결과 고전 모험 소설인 『잃어버린 세계The Lost World』가 탄생되었다. 코난 도일은 작품 속에서 이곳을 평평한 산맥의 꼭대기에서 살아남은 공룡이 지배하는 고립된 생태계로 묘

오른쪽 : 독거미에게서 도망치는 자갈두꺼비의 도약력이 놀랍다. 다리를 안으로 당긴 자세로 바위 아래로 뛰어내려 무사히 착지한다.

143쪽 : 자갈두꺼비와 비슷한 종인 폭포두꺼비(Waterfall Toad)의 모습이다. 이 두꺼비는 산 아래 우림 지역에 서식한다. 가만히 지켜보면 이상한 모양의 발이 어떤 용도로 사용되는지 알 수 있다. 뱀의 공격을 받으면 두꺼비는 재빨리 아래로 뛰어내리면서 단단하고 긴 발톱으로 근처의 나뭇잎이나 줄기를 붙잡고 안전하게 매달린다.

사했다. 생태학적 풍부함에 대한 그의 상상은 정확했다. 각 테푸이는 마치 섬과 같아서 여러 종의 생물이 독자적으로 진화해 오고 있었다. 그래서 일부 사람들은 이곳을 육지의 갈라파고스찰스 다윈에게 많은 영감을 준 열도 군도라고 부른다. 하지만 테푸이는 갈라파고스 군도보다 훨씬 덜 알려졌고 지금도 여전히 외딴 곳이다. 그곳에 가려면 위험한 강이 가로막고 있는 원시 산림을 지나 먼 길을 걸어야 한다. 지역 주민들조차 가이드 겸 짐꾼으로 일해주기를 거부하는데, 이 지역에서 가장 무서운 페르드랑스Fer-de-Lance라는 풀살모사가 숨어 있다가 사람을 공격하기 때문이다. 그래도 이 여정은 비교적 쉬운 편에 속한다. 테푸이의 가파른 측면에는 사람을 무는 곤충이 살며, 비가 계속 내려서 등반하기가 어렵다. 그렇다 하더라도 대부분 테푸이가 여전히 탐험가의 발길이 닿지 않은 채 남아 있다는 사실은 참으로 놀랍다.

이곳을 탐험한 일부 생물학자들은 코난 도일의 공룡을 발견하지는 못했지만 대신 자갈두꺼비와 마주쳤다. 자갈두꺼비는 테푸이마다 각기 진화한 다른 종이 발견된다. 이 자갈두꺼비들은 연약한 양서류가 어떻게 포식자를 피하는지 보여준다. 총 길이가 3cm가 채 되지 않는 작은 두꺼비들은 검은색을 띠며 표면이 울퉁불퉁하고 몇 가지 특이한 점이 있다. 수영을 하지 못하고 거의 뛰지 않는다. 발은 몸집에 비해 매우 큰데 미키마우스의 손처럼 유연한 발가락이 있다.

쿠케난토착민들은 이곳을 죽은 영혼이 사는 곳이라고 믿어 '죽음의 집'이라 부른다이라고 불리는 테푸이에 서식하는 종이 가장 널리 알려졌다. 이곳의 두꺼비는 초자연적인 풍경을 매우 천천히 거닐며 시간을 보낸다. 날카로운 석영 크리스털로 가득 찬 사암은 갈라지고 구멍이 나 있으며 2㎢ 이상의 면적에 수천 개의 아치와 기괴한 형상을 이루며 침식되었다. 이곳에는 토양이 없고 바위뿐이라 독특한 육식식물이 살고 있다. 자갈두꺼비는 연약해 보이지만 포식자인 전갈, 독거미, 새를 피해 살아남았다. 이 두꺼비가 위험을 피하는 방법은 아주 특이하다. 위험을 느끼면 곧장 그 자리를 피해 굴러서 도망치고 마치 단단한 고무 인형처럼 바위 사이로 뛰어다닌다.

이 이상한 행동은 흥미로운 질문을 하게 만든다. 이 두꺼비들은 어디에서 왔고 어떻게 이런 특이한 행동을 하게 되었을까? 미국 과학자 브루스 민스Bruce Means는 힘들게 걸어다니며 20년 동안 이곳을 탐험했다. 그는 새로운 종을 발견하는 불가사의한 능력으로 유명한데, 테푸이는 그런 그에게 풍부한 발굴거리를 제공해 주었다. 100년 전에 발견되어 런던 자연사 박물관에 전시되고 있는 두꺼비 몇 종에 대한 그의 재발견은 이 질문에 어느 정도 해답을 제시한다. 그는 코난 도일에게 영감을 준 로라이마 산 낮은 언덕의 아름다운 장소에서 발견한 두꺼비에게 폭포두꺼비라는 이름을 붙였다.

이 두꺼비도 마찬가지로 특이한 발을 가지고 있지만 민스는 이 두꺼비가 발을 다른 방식으로 사용한다는 것을 발견했다. 폭포두꺼비는 잎사귀에 앉는 것을 좋아하고, 뱀과 같은 포식자가 다가오는 위험을 감지하면 피하기 위해 아래로 뛰어내린다. 바로 이때 특이한 발을 이용한다. 두꺼비는 굴러가면서 팔과 다리로 나뭇가지나 잎사귀를 붙잡는데 그 붙잡는 능력은 매우 놀랍다. 한 발로만 매달린 다음 천천히 몸을 세운다. 민스는 자갈두꺼비의 손발 사용 능력이 폭포두꺼비로 진화했거나 폭포두꺼비의 조상이 뛰어서 도망치는 대신 나뭇잎이나 가지에 매달리는 능력을 갖추게 되었을 것이라고 말한다. 그 후 각 테푸이가 고립되면서 두꺼비의 개체수가 증가했고, 그들의 붙잡는 손과 발이 수직으로 바위에 붙어 있거나 구르는 중간에 멈추는 능력으로 진화해 생존에 도움이 되었을 것이라고 추측한다.

알을 묻는 어미와 비열한 뱀

145쪽 : 목무늬이구아나가 알을 숨길 땅을 파고 있다. 대부분 포식자는 알 냄새를 맡을 수 없지만 발달한 후각으로 알을 노리는 포식자가 있다.

아래 : 돼지코뱀은 이구아나를 뒤따라가 알을 묻는 것을 지켜본다. 어미가 알을 다 묻으면 뱀은 코로 땅을 파서 알을 통째로 삼킨다. 이구아나는 그 모습을 그저 지켜보는 것밖에 달리 도리가 없다.

파충류 동물들은 포유류나 조류 같은 포식자의 공격에서 새끼를 안전하게 보호하기 위한 전략을 끊임없이 개발했다. 마다가스카르의 목무늬이구아나는 새끼를 절대적으로 안전하게 보호하는 방법을 알고 있다. 그 방법은 온혈동물을 속이기에는 충분하지만 안타깝게도 같은 냉혈동물인 뱀에게는 통하지 않는다.

목무늬이구아나는 마다가스카르 서쪽 산림에 가장 많이 서식하는 도마뱀이다. 하루의 대부분을 나무 위에서 보내며 가지나 나무 기둥에 수직으로 매달려 쉰다. 곤충이나 다른 무척추동물을 잡아먹을 때 쏜살같이 땅으로 내려왔다가 금세 다시 나무 위로 올라간다. 새와 같은 잠재적인 포식자의 위협을 받으면 나무의 갈라진 틈으로 숨고 뾰족한 꼬리로 입구를 막는다.

우기가 되어 첫 비가 내리면 암컷은 땅으로 내려와 많은 시간을 보낸다. 이때는 일생에서 가장 중요한 시기인 알을 낳는 철이다. 암컷은 천천히 적당한 장소를 물색하는데 보통 모래로 된 토양을 선택한다. 그곳에 구멍을 파고 작은 알 뭉치를 낳은 후, 마치 개가 뼈를 묻듯이 코를 이용해 알을 바닥에 묻고 꼼꼼하게 모래로 덮는다. 그런 다음 주변에 아무것도 없는지 살피고 그 자리를 떠난다.

이 전략은 포유류나 조류의 공격에서 알을 보호하기에는 충분하지만 또 다른 골칫거리인 돼지코뱀을 속일 수는 없다. 파충류의 일종인 이 뱀은 코가 뒤집혀 튀어나와 있다.

뱀이 머리를 양 옆으로 흔들면 코는 아주 효율적인 땅파기 도구가 된다. 이 지역은 이구아나가 알을 자주 낳기 때문에 돼지코뱀은 풀숲에 잠복하며 기다리거나 뻔뻔하게 이구아나가 알을 묻는 것을 노골적으로 지켜보기도 한다.

이구아나가 땅에 알을 묻는 동안, 또는 묻고 나면 돼지코뱀이 나타나 즉시 땅을 파헤친다이구아나가 알을 낳는 것을 보았을 수도 있고, 또한 이 뱀은 후각이 매우 발달했다. 뱀은 빠르게 알을 통째로 삼키며 간혹 여러 개를 한 번에 먹기도 해서 어미 이구아나는 알이 뱀의 몸속으로 들어가 불룩해지는 모습을 속수무책으로 지켜볼 수밖에 없다.

이렇게 이구아나의 번식 실패는 흔하다. 그래서 이들은 숫자로 승부한다. 하지만 알을 숨기는 것은 대부분의 포식자에게 적용되는 훌륭한 전략이고 모든 어미 이구아나가 알을 빼앗기는 것도 아니다. 뱀의 관점에서 상황을 보자면 이구아나의 섬세한 알 숨기기 전략에 대응하는 방법을 발견한 것이다.

적을 먼저 파악하라!

위 : 채찍뱀을 향해 방어 자세를 취하고 있는 왕뿔도마뱀의 모습이다. 암컷 왕뿔도마뱀은 뱀에게서 도망칠 수 없지만 다른 전략이 있다. 뱀이 접근하면 옆으로 서서 뿔을 들어 올리고 몸을 뒤쪽으로 기울여 크게 보이게 한 후, 재빨리 몸을 뒤집어 눕고 흰색 돌기가 나 있는 넓은 복부를 드러낸다. 이렇게 하면 뱀이 도망칠 만큼 충분히 충격적인 모습을 만들 수 있다.

147쪽 : 알을 묻을 장소를 만들고 있다. 알을 낳으면 암컷은 1~2주 동안 알을 지킨다. 이때 방어 방식은 포식자에 따라 달라진다. 코요테나 들개가 공격해 오면 눈에서 불쾌한 물질이 들어 있는 피를 분사한다.

왕뿔도마뱀Regal Horned Lizard은 미국 남서부 사막의 수풀 사이에 산다. 이 도마뱀도 마다가스카르의 목무늬이구아나와 같은 문제를 겪고 있다. 바로 뱀이 알을 노린다는 것이다. 하지만 이구아나와 달리 뿔도마뱀은 그에 대한 대책이 있다. 이 도마뱀은 현대 파충류가 성공한 비결인 빠른 적응력을 갖췄다. 과학자 웨이드 셔브룩Wade Sherbrooke과 클레이턴 메이Clayton May는 최근에 이 도마뱀이 파충류 중에서도 두드러지는 특색이 있다는 점을 발견했다. 첫 번째는 다양한 포식자를 구별해 내는 능력이고, 두 번째는 포식자별로 각기 다른 방어 전략을 펼친다는 점이다.

알을 한 뭉치 낳고 땅에 묻은 다음 내버려두는 것이 목무늬이구아나의 방식이라면, 암컷 왕뿔도마뱀은 약 2주 동안 알 근처에 머문다. 이렇게 해서 알이 포식자에게 먹히는 위험을 줄인다. 각 포식자별로 다른 암컷의 대응 전략은 암컷과 알 모두에게 생존할 최선의 기회를 준다.

뱀이 가장 큰 위협이긴 하지만 코요테나 새끼 여우 같은 야생 견종에게 암컷이 잡아먹히기도 한다. 이런 포식자들로부터 위협을 느끼면 도마뱀은 머리 쪽으로 피가 쏠리게 한 다음 눈 가장자리에 난 구멍을 통해 포식자의 입으로 분사한다. 도마뱀의 피 속에는 불쾌한 물질이 들어 있어서 개과科 동물들은 놀라서 도망친다. 또한 이 도마뱀은 세 종류의 뱀을 각기 다르게 상대한다. 먹이를 쫓기에는 너무 느려 가만히 앉아서 독을 쏘는 방울뱀을 만나면 재빨리 뛰어 달아난다. 반면에 채찍뱀은 독은 없지만 놀랍도록 빠른 속도로 먹이를 쫓기 때문에 방울뱀만큼 위험하다.

채찍뱀은 비단뱀처럼 큰 먹잇감을 한 번에 삼키는 능력이 없어서 먹이가 적당한 크기인지를 먼저 살핀다. 너무 크거나 모양이 이상한 먹이를 삼키면 치명적일 수 있기 때문이다. 그래서 왕뿔도마뱀은 채찍뱀이 다가오면 옆으로 서서 등을 뱀 쪽으로 향하게 기울인다. 이때 한쪽 다리를 세워 키와 덩치가 더 커 보이게 한다. 또 머리 뒤쪽에 난 뿔을 세워서 자신을 삼키면 아플 것이라는 인상을 심어준다. 마지막으로 등이 땅에 닿게 몸을 뒤집어서 가만히 눕는다. 그러면 흰색의 복부가 위로 드러나는데, 암컷은 다리를 빳빳하게 펴서 가장자리에 난 비늘이 돌기처럼 보이게 한다. 이러한 과정을 통해 자신의 이상한 모습을 부각시켜서 뱀의 공격을 막는다.

도마뱀이 다르게 반응하는 또 다른 뱀은 알을 노리는 포식자이다. 얼룩무늬코뱀Western Patch-Nosed Snake은 상대적으로 크기가 작아서 도마뱀이 공격할 수도 있다. 암컷 왕뿔도마뱀이 뱀을 향해 달려가 뿔로 받고 물어뜯으면 뱀은 도마뱀의 사나운 공격에 놀라 도망간다.

변신의 귀재 카멜레온

위 : 나마카멜레온이 모래 언덕에서 딱정벌레를 잡아먹고 있다. 카멜레온의 먹잇감은 뜨거운 모래 위를 빠르게 달린다. 즉, 가만히 앉아서 곤충을 기다리다가는 굶어죽기 십상이라 이곳 카멜레온은 재빨리 먹이를 쫓아간다. 반면에 일반적인 카멜레온은 발포식 혀를 쏘아 먹이를 낚아챈다.

167쪽 : 몸 풀기를 하는 카멜레온의 모습이다. 이른 아침이면 몸의 한쪽을 어둡게 만들어 태양열을 흡수하고 반대쪽은 하얗게 만들어 열이 빠져나가는 것을 막는다. 사막 생활에 적응하는 매우 독특한 방법이다.

카멜레온은 이상한 동물이다. 파충류 전문가들조차 그렇다고 동의한다. 만화 캐릭터 같은 외형과 독특한 습성 덕분에 카멜레온은 파충류 무리에서도 따로 분류된다. 카멜레온은 파충류도 다양한 환경에서 생존할 수 있다는 것을 보여주는 좋은 예다. 나마Nama 또는 Namaqua카멜레온은 그중에서도 예외적인 존재다. 특이한 이 종은 특정 환경에서만 완전히 적응하는 카멜레온의 신체적 제약을 극복하고 전혀 다른 곳에서 번식하는 데 성공했다.

대부분 카멜레온이 아프리카와 마다가스카르에 서식하지만 아시아와 남부 유럽에도 일부가 산다. 그들은 크게 두 부류로 나뉘며, 다시 작은 그룹들로 분류된다. 나뭇잎카멜레온은 마다가스카르에서만 발견되며 낙엽 더미에 산다. 이 밖에 다른 130종의 카멜레온은 모두 이보다 덩치가 크고 더 활발하게 번식한다.

카멜레온은 다른 파충류와 완전히 다른 신체 구조와 행동을 보인다. 천천히 움직이며 나뭇잎의 움직임을 본떠 앞뒤로 흔들거린다. 발은 집게처럼 갈라져 있어서 나뭇가지를 붙잡기에 좋지만 평평한 땅을 걷기에는 불편하다. 카멜레온은 움직임이 너무 느려서 먹이를 쫓을 수 없다. 대신에 근처에 먹잇감이 나타나기를 기다렸다가 긴 혀를 재빠르게 쭉 뻗어 잡아먹는다.

이 파충류는 환경에 매우 잘 적응해서 더 이상 생물학적으로 진화할 수 없을 것 같았기에 다른 곳에서 적응하는 것은 불가능할 줄 알았다. 그러나 나마카멜레온은 완전히 다른 환경인 나미브Namib 사막에 성공적으로 정착했다. 이곳은 자갈로 덮인 초원과 거대한 모래 언덕이 나미비아 대서양 해안까지 뻗어 있는 지역이다.

사막은 카멜레온이 살기에 위험한 곳이다. 카멜레온의 발은 나뭇가지를 붙잡도록 고안되었는데 땅은 평평하다. 카멜레온의 먹잇감인 이곳 딱정벌레는 뜨거운 모래에 발을 데지

않기 위해 엄청난 속도로 달리는데 카멜레온은 느리다. 카멜레온은 숨어서 은둔하는 생활을 즐기지만 이곳에는 열이나 포식자를 피할 피난처가 없다. 카멜레온은 철저히 혼자 생활하지만 보통은 개체수가 매우 많아서 암수가 만나 짝짓기를 하는 일이 흔하다. 그러나 나미브 사막은 매우 넓고 나마카멜레온은 보기 드물다.

카멜레온은 아주 오래전부터 이곳에서 살았던 것으로 보인다. 나미브 사막은 5,500만 년 전부터 존재한 가장 오래된 사막이다. 그 긴 시간은 모든 종류의 동물이 척박한 환경에서 적응하기에 충분하다. 땅속에 있는 개미를 뜨거운 모래사막 표면으로 끌어내 태워 죽이는 거미가 있고, 두 다리로 균형을 잡고 다른 두 다리를 번갈아 들어 올려 뜨거운 모래 위에서 균형을 맞추며 서 있는 도마뱀도 있다. 뱀과 두더지는 모래 사이로 헤엄을 치며, 딱정벌레는 바다에서 불어온 안개를 등에 모아 여기에서 생성된 물방울을 입으로 받아먹고 산다.

나마카멜레온 역시 척박한 환경을 극복했다. 발은 다른 카멜레온처럼 두 갈래로 갈라져 있지만 모래 위를 걸을 때는 넓고 평평한 모양이 된다. 일반적인 카멜레온처럼 가만히 앉아서 지나가는 먹이를 기다릴 수도 있지만 그러지 않고 먹이를 쫓아 전력 질주한다. 가장 위험한 포식자인 새가 잡아먹으려고 나타나면 카멜레온은 등을 활처럼 구부려 모래 속에 몸을 파묻은 다음 어두운 색상을 만들어 마치 작은 조약돌처럼 보이게 위장한다. 가장 놀라운 능력은 몸을 절반씩 각기 다른 색으로 만드는 것이다. 한쪽은 어둡게 해서 햇볕을 흡수하고 다른 쪽은 하얗게 만들어 열기가 빠져나가지 않게 한다.

사막에서 가장 큰 고충은 번식일 것이다. 광활한 공간에서 수컷이 암컷을 만나기란 극히 어려운 일이다. 그래서 섬세하게 상대를 탐색할 시간이 없다. 수컷은 암컷의 옆으로 다가가 자신의 몸을 납작하게 만들어서 더 커보이게 하고, 아주 대조되는 패턴으로 색상을 바꾸면서 자신의 흥분을 강렬하게 표현한다. 암컷이 아무런 관심을 보이지 않으면 암컷에게 달려들어 머리의 뿔로 암컷을 복종하게 하고 몸 위로 올라가 짝짓기를 하기 전에 암컷을 문다. 수컷은 암컷이 완전히 도망갈 때까지 짝짓기를 계속한다. 거친 짝짓기 기술이지만, 세상에서 가장 척박한 환경에 사는 카멜레온에게는 필수적인 선택이다.

위 : 짝짓기를 하려고 달려드는 수컷의 모습이다. 사막의 카멜레온은 매우 넓은 면적에 분포하기 때문에 수컷이 암컷을 만나는 데 몇 달이 걸린다. 그래서 수컷은 암컷을 만나면 암컷의 의사에 관계없이 짝짓기를 한다. 이 과정에는 폭력과 추격이 동반된다.

150쪽 : 모래 위를 걷는 카멜레온의 모습이다. 캘리퍼스처럼 생긴 카멜레온의 발은 나뭇가지를 잡기 위해 고안된 것이지만 사막에 사는 카멜레온의 발은 걸을 때 두 배 더 넓게 평평하게 벌어져서 모래 속으로 가라앉지 않게 해준다. 이것이 사막에 사는 파충류가 단점을 장점으로 극복한 사례다.

잠수에 능한 바다뱀

위 : 니우에 섬의 바다독사가 짝짓기를 하는 모습이다. 암컷이 표면에서 숨을 쉬는 틈을 타 수컷이 암컷의 몸을 휘감아 짝짓기를 하는 동안 도망치지 못하게 한다. 암컷은 좁은 틈으로 헤엄쳐서 수컷에게서 벗어나려고 하며 짝짓기가 끝나면 재빨리 도망친다.

아래 왼쪽 : 새끼 바다독사가 가죽처럼 질긴 알에서 부화하는 모습이다. 알은 절벽의 동굴 속 땅 위에 놓인다. 알이 물속에 있었다면 새끼는 질식사했을 것이다.

아래 오른쪽 : 새끼 바다독사가 굴 입구가 있는 물아래로 내려가고 있다.

153쪽 : 니우에 섬의 바다독사가 자주 모이는 장소인 스네이크 걸리(Snake Gully)에서 쉬고 있다. 뱀들은 15분마다 수면으로 올라가 공기를 마셔야 한다.

154~155쪽 : 몸을 둥글게 말고 쉬고 있는 뱀의 모습이다. 제대로 잠을 자려면 호흡할 수 있는 육지의 안전한 장소를 찾아가야 한다. 이들은 종종 물속으로 입구가 나 있는 동굴을 선택한다.

육지 동물의 생존에 해양 환경은 큰 걸림돌로 작용한다. 헤엄, 포식자, 번식, 먹이, 호흡 등 여러 가지 어려움을 겪기 때문이다. 바다뱀은 이 문제에 몇 가지 멋진 해결책이 있다. 지구상에 서식하는 한 미개한 생물에 지나지 않던 바다뱀은 놀라운 창의력과 단순함으로 어려운 이 문제를 극복했다.

헤엄은 뱀을 다른 육지 동물과의 경쟁에서 벗어나게 해주었다. 사인 곡선 모양으로 움직이는 습성 덕분에 뱀은 수중 생활에 잘 적응할 수 있었고, 점차 더 길고 날렵하게 진화해서 손쉽게 물을 헤치고 나아갈 수 있게 되었다. 꼬리는 노처럼 납작해져서 추진력을 제공한다. 하지만 물고기를 쫓아가기에는 속도나 민첩성이 떨어진다. 그래서 뱀은 자신만의 특징을 활용한다. 많은 바다뱀은 입방해파리, 깔때기그물거미, 쏨뱅이와 같이 세상에서 가장 무서운 독이 있는 생물들처럼 맹독을 보유하고 있다. 하지만 사람을 잘 물지 않으며 죽이는 경우도 극히 드물다. 독은 자신들의 느린 움직임을 보완해 몇 초 안에 먹잇감을 무력화하는 데 사용된다.

물속에서는 호흡이 가장 큰 문제다. 바다뱀은 아가미가 없어서 반드시 수면으로 올라와 숨을 쉬어야 한다. 하지만 폐가 길어서 오랜 시간 잠수할 수 있고, 기관지가 닫히고 콧구멍이 막혀 있어서 숨 쉬러 육지로 올라가는 횟수가 적다. 물론 일부 바다뱀은 아직도 공기에 의존해 호흡을 하고 땅에서 산다. 문제는 번식이다. 바다뱀은 바위 아래나 나무의 갈라진 틈 속에 알을 낳고, 알은 껍데기를 통해 산소를 공급받는다. 그런데 물속에서는 산소를 공급받을 수 없기 때문에 바다뱀은 물속에 알을 낳을 수가 없었다. 이후 바다뱀 예순두 종 중 대부분이 몸속에 알을 품고 새끼를 낳는 방식으로 이 문제를 해결했지만 바다 독사 다섯 종은 그렇게 하지 못했다. 그들은 육지에 알을 낳아 그들 자신과 알, 그리고 막 태어난 새끼들이 육지 포식자에게 노출되었다. 그런데 이중 태평양의 작은 섬 니우에Niue 주변에 사는 한 바다독사는 놀라운 창의력으로 이 문제를 해결했다. 이 뱀은 육지에 알을 낳지만 포식자가 찾을 수 없는 곳인 섬 아래를 선택했다.

니우에 섬은 해저 산맥의 석회암 봉우리가 수면 위로 솟아나온 곳이다. 부드러운 바위들이 벌집처럼 모여 여러 개의 동굴을 이룬다. 뱀은 수중 터널을 통해 공기와 육지가 있는 동굴 끝으로 간다. 이곳에서 뱀은 틈, 벽의 돌출부나 천장에 올라가 알을 낳고 사라진다. 알들은 육지의 포식자로부터 안전하며 밀물이 들어올 때 피어오르는 부드러운 물안개가 가져다주는 습기와 압축된 공기를 마시며 몇 달 동안 자란다. 부화한 어린 뱀은 물속으로 기어들어가 태양이 비치는 바다로 헤엄쳐 나간다. 바다뱀은 육지에 서식하는 동물이 완전히 수중화될 수 있다는 것을 보여주는 예다.

Chapter 6

놀라운 조류

파충류의 특징이 있으나 깃털 흔적이 남아 있다. 비둘기 정도의 크기에 긴 꼬리가 있고 턱에는 치아가 빼곡히 나 있으며 앞발은 세 부분으로 갈라져 휜 발톱이 달려 있다. 이것은 독일 바이에른에서 한 채석공이 발견한 아주 정교한 쥐라기 시대의 석회암 화석이다. 그것은 공룡 시대 때 화석이 되어 지금 시조새라고 불리는 최초의 새다.

1억 년 이상의 세월 동안 조류는 지구에 다양한 색상, 아름다움, 멋진 장관, 노래를 가져다주었다. 현재 우리는 약 1만여 종의 조류를 알고 있다. 벌새는 무게가 1.8g밖에 나가지 않는 가장 작은 새로 1초에 날갯짓을 최대 200회 한다. 이와 비교해 신천옹信天翁, 알바트로스은 날개 폭이 3.5m에 달해 날갯짓을 한 번도 하지 않고도 넓은 바다를 몇 시간 동안 날아다닐 수 있다. 북극제비갈매기는 1년에 최대 3만 5,000km를 날며 평생에 걸쳐 100만km 이상을 날아다닌다. 황제펭귄은 남극의 매우 차가운 바다에서 수심 500m까지 잠수해 숨을 쉬지 않고 최대 20분까지 있을 수 있다. 타조는 날지 못하는 대신 몸 크기를 키웠다. 화려함에서는 극락조의 다채로운 색상과 아름다움을 따라잡을 동물이 없다.

위 : 흰올빼미가 공기역학을 활용하고 있다. 조류는 비행 능력 덕분에 지구상에서 번성할 수 있었다. 각 종은 습성에 따라 깃털의 용도가 바뀌었다. 올빼미의 깃털은 야간 비행 시에 보온 효과를 주며 사냥할 때는 날갯짓 소리를 줄여준다.

159쪽 : 턱끈펭귄의 날개는 물갈퀴로 사용되며 깃털은 추운 바다에서 생활하기에 좋게 변했다. 단열을 위해 공기를 가두는 솜털 위로 깃털이 조밀하게 겹쳐져 방수층을 형성한다.

156~157쪽 : 수컷 흰뺨오리의 모습이다. 아름다운 깃털은 보온과 방수뿐만 아니라 짝짓기 상대에게 자신의 건강함과 용감함을 과시하는 것이기도 하다.

곤충은 조류보다 2억 년 일찍 하늘을 날았지만 외골격의 제약 때문에 몸 크기를 키울 수 없었다. 그래서 조류는 곤충보다 멀리 날 수 있게 되었다. 조류의 날개는 하늘을 배회하고 날아오르고 먹이를 향해 돌진하고 앞뒤와 위아래로 자유자재로 움직일 수 있게 해준다. 또한 계절의 변화에 따라 세계를 돌며 먹이를 얻을 수 있게 한다.

조류와 다른 생물들 간의 두드러지는 차이는 바로 깃털이다. 깃털은 선조 대대로 내려오던 앞발의 길게 뻗친 끝부분에 있던 닳은 비늘이 연장되면서 진화해 활주와 낙하에 사용되었거나, 이 비늘이 깃털처럼 바뀌어 온도 조절장치로 기능하며 체온을 조절해 주어 조류의 조상이 더운 서식지에서도 더 활동적일 수 있게 만들어주었을 것이다. 어떤 경우든 깃털은 비약적인 발전이었다. 털과 발톱에 들어 있는 단백질과 동일한 케라틴이 크게 확장되어 강하고 가볍고 따뜻하며 탄성이 있다. 깃털은 조류의 체온을 40~42℃로 유지해 줄 뿐만 아니라 힘, 비행, 기동성을 부여했고 다양한 색상과 디자인이 의사소통과 위장을 가능하게 해주었다.

날개와 비행 능력은 다른 동물과 조류를 구별 짓는 특징이지만 그들도 먹이를 충분히 확보하고 포식자를 피하고 짝짓기를 위해 상대를 유혹하고 자식을 키우는 것과 같은 동일한 문제에 직면한다. 이제부터 설명할 이야기들은 더 섬세한 방식으로 모든 생물의 공통 과제를 해결해 가는 현재의 조류에 관한 내용이다. 케냐의 호수에 무리지어 정착한 꼬마홍학, 남아프리카 부비새의 둥지를 강제로 약탈한 분홍사다새, 아름다운 깃털 대신 보금자리를 꾸며 짝짓기 상대를 유혹하는 보겔코프Vogelkop 반도의 바우어새Bowerbird, 풍조과에 속하며 공식명이 정해지지 않았다 – 옮긴이 등의 놀라운 이야기를 들여다보자.

탄산 호수를 선택한 꼬마홍학

위 : 조류 중 부리가 가장 세부적으로 발달한 꼬마홍학의 모습이다. 다른 조류에게는 독이 될 탄산 호수에서 꼬마홍학의 부리는 먹잇감인 스피루리나를 입 안에 남기고 물만 싹 걸러내는 용도로 사용된다.

오른쪽 : 꼬마홍학 떼가 케냐 보고리아 호수에 모여 장관을 연출한다. 이 새는 영양분이 풍부한 스피루리나를 먹으러 이곳에 왔다. 스피루리나 속에 들어 있는 색소가 홍학의 몸을 분홍색으로 물들인다.

6,000km 이상 펼쳐져 있는 아프리카의 대지구대Great Rift Valley에는 호수가 많다. 그중 일부는 용출량이 너무 작아서 거대한 가성 소다 냄비로 전락했다. 이곳은 지열이 60~65℃까지 올라가는 데다 물속에 알칼리 미네랄 염이 함유되어 있기 때문이다. 이러한 극한 환경에서도 생존하는 방법을 터득해 놀라운 장관을 연출하는 조류가 있다. 바로 꼬마홍학이다. 그 이름은 '불'이라는 뜻의 라틴어 'flamma'에서 유래했고 간혹 '불꽃 새'로 불리기도 한다.

케냐 보고리아Bogoria 호수의 한쪽은 대지구대의 급경사면에 접해 있고 다른 쪽은 지열로 뜨거운 수증기가 하늘로 치솟아 오르는 환기통이다. 꼬마홍학은 시아노 박테리아의 일종청록색 세균인 스피루리나Spirulina를 먹으러 이 호수에 온다. 스피루리나는 수온이 높고 탄산염과 인산염이 풍부한 물속에서 대량 번식한다. 꼬마홍학은 이 귀중한 자원을 제대로 이용하는 유일한 새로, 특수하게 구부러진 부리를 이용해 표면의 물을 걸러낸다. 부리 속에는 라멜라Lamellae라고 불리는 얇은 거름판 1,000개가 들어 있다. 꼬마홍학은 발로 물을 휘젓고 머리는 좌우로 흔들며 혀는 초당 20회로 피스톤처럼 안팎으로 움직여 하루에 최대 20ℓ의 물을 걸러낸다. 그러면 귀중한 스피루리나 60g을 얻을 수 있다. 이 박테리아가 지닌 합성 색소가 홍학의 몸에 색을 입혀 호수 주변을 분홍색 꼬마홍학 떼로 만발하게 한다.

꼬마홍학 100만 마리 이상전체 개체수의 약 1/3이 케냐 보고리아 호수에 모여 풍족한 박테리아를 섭취한다. 홍학들은 길게 줄지어 늘어서서 갈증을 해소하고 몸을 씻기 위해 얼마 되지 않는 깨끗한 물을 서로 차지하려고 엎치락뒤치락한다. 아직 어려서 색이 뚜렷하지 않은 새끼들은 주변으로 밀려나 종종 물가에서 올리브개코원숭이나 아프리카물수리 같은 포식자들의 공격에 노출된다. 아프리카황새는 호수 주변을 천천히 배회하다가 무리에 덤벼들어서 약하고 부상당한 홍학을 잡

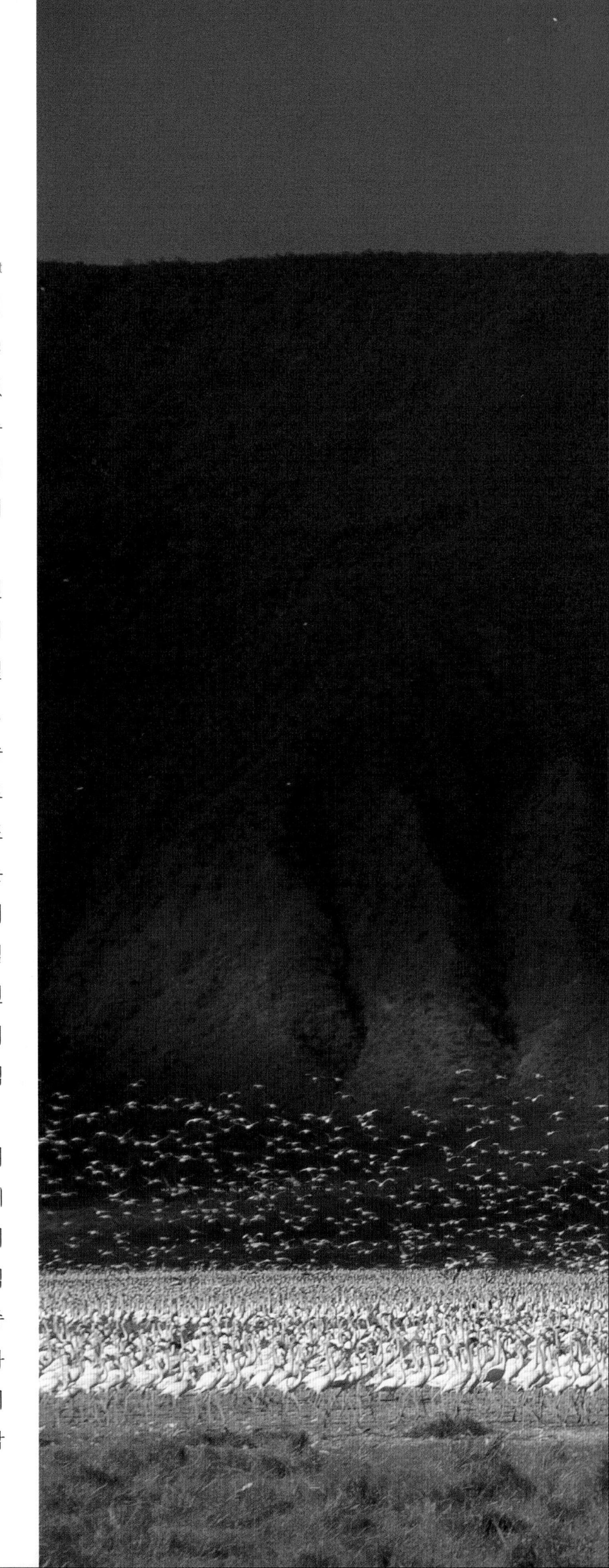

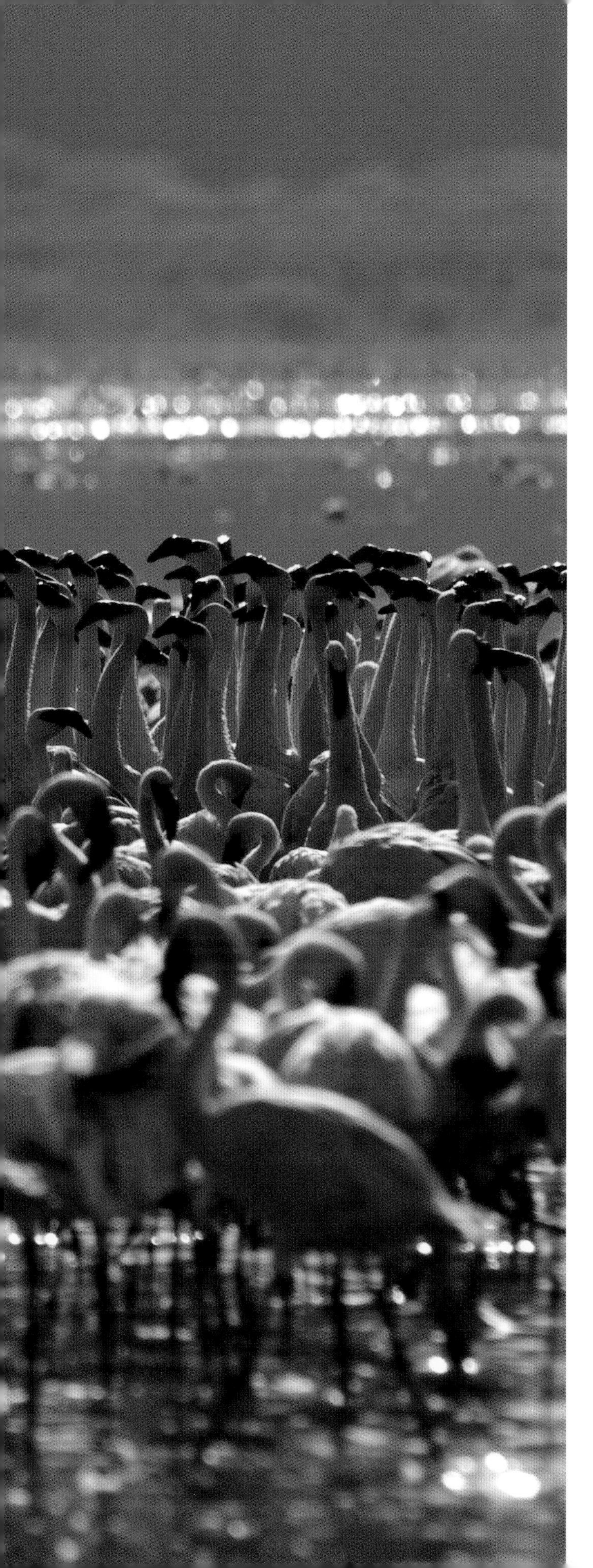

아 강한 부리로 찍어 죽이는 교활한 방법을 쓴다.

호수에 먹이가 풍족하면 꼬마홍학은 세상에서 가장 멋진 장관을 연출한다. 눈부신 구애의 춤을 추는 것이다. 날개를 펄럭이고 고개를 까딱거리며 부리를 삐끔대고 목을 움직이면서 아주 뚜렷한 소리를 낸다. 홍학 떼는 단체로 행진하며 춤을 추고 흥이 오르면 더 많은 홍학이 동참한다. 빠른 발걸음과 부드러운 몸짓이 마치 물 위를 미끄러져 헤엄치는 것 같다. 길게 뺀 목은 평소보다 더 분홍빛이 감돌아 번식기가 다가왔음을 알린다.

꼬마홍학 무리는 열정적이고 멋진 장관을 연출하며 끊임없이 갈라지고 다시 모였다가 방향을 바꾸며 짝을 지을 상대를 찾는다. 이들이 어떤 기준으로 한 쌍이 되고 짝짓기를 하게 되는지는 명확하게 밝혀지지 않았다. 머리 크기, 부르는 노래, 깃털의 색상과 건강 상태, 날개와 목이 움직이는 횟수, 혹은 이런 요소들의 조합으로 결정되는 것일까? 그 조건이 무엇이든 간에 어쨌든 이 거대한 퍼레이드가 번식의 서막이다.

꼬마홍학의 적응력은 장점도 되지만 단점이기도 하다. 스피루리나는 영양소가 매우 풍부한 자원이지만 예측할 수 없는 물질이다. 이 박테리아는 빠르게 번식하는 만큼 빨리 사라지기 때문에 꼬마홍학은 박테리아가 풍부한 호수를 찾아 밤마다 옮겨 다니는 유목생활을 해야 한다. 북쪽인 에티오피아에서 남쪽 나미비아 사막 지대에 이르기까지 적합한 호수를 찾아가는 과정은 아프리카를 횡단하는 것만큼 먼 여정이다. 하지만 꼬마홍학이 좋아하는 호수는 탄자니아에 있는 나트론Natron과 보츠와나의 마그카디카디Magkadikadi 단 두 곳이다. 이 호수들은 외딴 지역이라 포식자가 적어 상대적으로 안전하게 번식할 수 있고 시기가 맞으면 풍부한 스피루리나를 섭취하며 풍족하게 생활할 수 있기 때문이다. 물론 실질적으로 정말 그러한지는 확실하지 않다. 조사한 바로는 이들 호수에서는 번식이 1년에 한 번 정도로 드물게 이루어진다.

위 : 아프리카물수리들이 무리에서 밀려난 꼬마홍학을 사이에 두고 다투고 있다. 물수리와 황새는 어리고 연약한 새끼를 고른다.

왼쪽 : 춤의 향연이 시작되었다. 머리를 높이 들고 깃털을 최대한 분홍색으로 보이게 부풀리고 행진하면서 더 많은 홍학이 쌍을 이룬다.

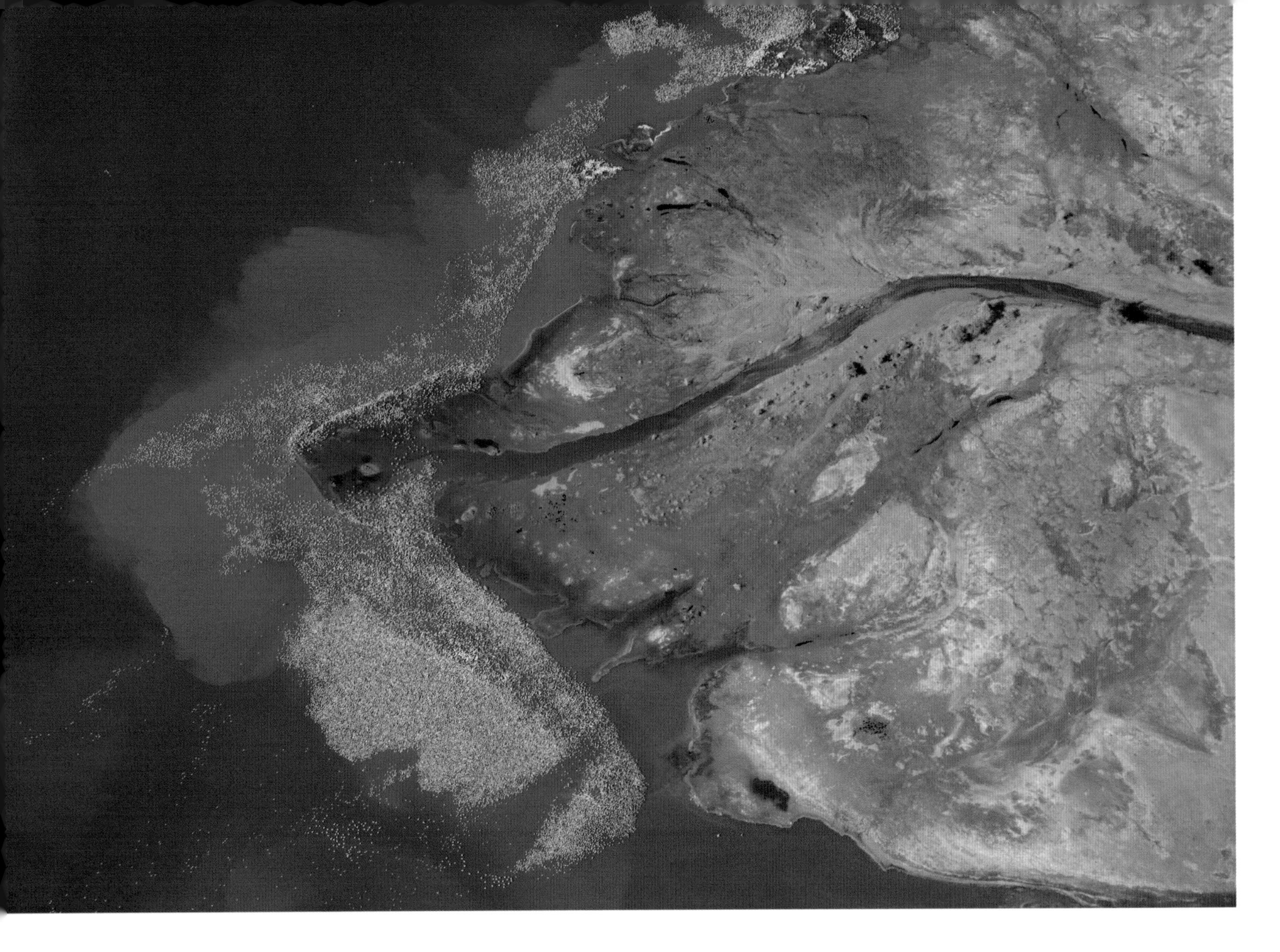

위 : 100만 마리 이상의 꼬마홍학이 먹이를 먹기 위해 보고리아 호수에 밀집해 있다.

165쪽 : 얕은 물에서 먹이를 먹는 거대한 무리의 모습이다. 무리에서 안전을 보장받고 탄산 호수라는 장벽과 비행 능력을 활용해 대부분의 포식자를 피한다.

간혹 번식에 성공하지 못하고 5~6년이 지나기도 한다. 번식이 시작되면 꼬마홍학은 깔때기 모양의 언덕을 세우고 그 주변을 작은 물방울 모양의 진흙덩어리로 다져서 서늘하면서도 물이 범람하지 않는 보금자리를 만든다. 알은 한 번에 한 개씩 낳는다. 새끼가 부화해서 무사히 무리에 입성하더라도 다 자랄 때까지는 안전한 것이 아니다. 호수는 스피루리나처럼 변덕스러운 곳이기 때문이다.

우기에는 범람으로 둥지가 잠겨 익사하고, 건기에는 일사나 기아로 죽는다. 이 위험을 이겨낸 새끼들은 음식과 물을 얻을 수 있지만 뜨겁고 끈적이는 소다 호수 수천 킬로미터를 행진해야 하는 과제가 기다린다. 무리가 안전을 보장해 주고 부모가 밤에 물어다준 음식을 먹으며 완전히 자라면 스스로 싸울 기회를 얻는다. 물론 발목까지 오는 소다 호수라는 족쇄와 주름얼굴대머리수리 같은 포식자의 공격을 피할 수 있다면 말이다. 이 모든 것을 이겨낸다면 기적이다.

최근에 주요 서식처인 호수에 더 크고 새로운 위협이 나타났다. 소다회광산과 나트론 호수의 수력 발전 계획 때문에 포식자 수가 늘어났고 용출량에 변화가 생겼으며 화합물의 성분도 달라졌다. 지구의 다른 곳이 수질 오염과 인간의 파괴로 몸살을 앓듯이 이 특별한 서식처에 생활하는 특별한 생물의 생존도 위협받고 있다.

붉은가슴도요새의 장거리 비행

위 : 참게가 델라웨어 만 해안으로 알을 낳기 위해 올라오고 배고픈 붉은가슴도요새는 풍성한 알 축제를 기다리고 있다. 이곳은 철새의 장거리 비행에서 중요한 정류장이므로 참게 산란기에 맞춰 도착하는 것이 필수다.

167쪽 : 붉은가슴도요새가 조약돌 틈 사이에서 작은 알들을 먹어치우고 있다. 몇 주가 지나면 도요새의 몸무게는 두 배로 늘어나 북극의 번식처로 날아갈 준비가 된다.

조류 왕국에서 붉은가슴도요새는 먼 거리를 이동하는 새로 유명하다. 1년 동안 거의 지구 한 바퀴 거리를 두 번이나 비행한다. 이들은 먹이를 찾아 이동하기 때문에 늘 시기가 중요하다.

3월 중순에서 4월 중순 사이에 남부 지역에 겨울이 찾아오면 이 작은 도요새는 서식지인 칠레와 아르헨티나에 걸쳐 있는 티에라 델 푸에고Tierra del Fuego를 떠나 북쪽으로 날아가서 번식지인 캐나다 북극으로 간다. 이 거리는 편도 1만 7,000km이다. 이 새의 날개폭이 50cm인 것을 고려하면 엄청난 거리로, 비행의 성공은 신중하게 선택한 타이밍과 계절에 따른 적합한 부지 선정에 달렸다.

붉은가슴도요의 장거리 비행에서 첫 번째 정류장은 브라질 남부 해안이다. 최종 목적지이자 가장 중요한 정류장은 북아메리카 대서양 해안에 있는 델라웨어 만Delaware Bay이다. 3월 중순부터 하순까지 조수간만의 차가 가장 높을 때인 보름이 되면 델라웨어 만의 모래 해변에는 특이한 생물인 참게가 왕성하게 모여든다.

이 해양생물은 실제로 게가 아니다. 거의 손상되지 않은 2억 5,000만 년 전의 화석을 증거로 따져보면 거미, 전갈과 함께 고대 절지동물군에 속한다. 참게는 대륙붕을 따라 이동하며 물속 미생물이나 갑각류를 잡아먹는다. 늦은 봄에는 델라웨어 만과 같은 연안의 안전한 모래 해변으로 나와 알을 낳는다.

밤, 황혼 혹은 새벽에 거대한 참게 무리가 해변으로 나온다. 한 마리 이상의 수컷이 암컷을 껴안고 수정하면 암컷은 수천 개의 작은 초록색 알 뭉치를 품는다. 한 철에 암컷 한 마리가 약 8만 개의 알을 낳는데, 암컷은 그 대부분을 도요새가 접근하지 못하는 곳에 묻는다. 하지만 파도와 다른 참게들 때문에 결국 알이 노출되어 붉은가슴도요를 비롯해 대서양으로 날아가는 수많은 다른 도요새들의 먹이가 된다. 철새 중 열한 종꼬까도요, 세발가락도요, 아메리카도요를 포함이 2~3주 정도 머무르는 이 정류장에서 참게의 알은 주요 먹이가 되어 새들에게 영양을 보충해 준다. 참게의 산란 최적기에는 델라웨어 해변이 도요새들로 발 디딜 틈이 없다.

이곳에 도착할 무렵 붉은가슴도요새는 장거리 비행으로 지친 상태라 무게가 90~120g 정도밖에 나가지 않는다. 하지만 6월 초 출발할 때가 되면 지방과 단백질을 축적해 무게가 거의 두 배로 불어나 있다. 축적된 영양분은 북극 번식지까지 2,400km를 날아가는 동안 연료로 사용되며 먹이가 거의 없는 지역에서 살아남을 수 있게 해준다. 통계에 따르면 붉은가슴도요새가 목적지까지 살아서 가려면 틈틈이 정류장에서 잠시 머무는 동안 약 40만 개의 참게 알을 먹어야 한다고 한다.

1990년대 초에 델라웨어 만에서 항공 측량한 결과 붉은가슴도요새 무리는 거의 10만 마리로 집계되었다. 하지만 1999년에는 약 5만 마리, 2008년에는 1만 5,000마리로 집계되는 등 그 수가 급격히 줄어들었다. 일부에서는 향후 10년 안에 붉은가슴도요새의 비행이 중단될 것으로 우려하고 있다.

붉은가슴도요새의 수가 줄어든 데는 아마도 겨울을 나고 이주하는 핵심 지역이 오염되고 관광지화되면서 주요 서식처를 잃어버린 것이 한 원인으로 지목된다. 하지만 조개를 미끼로 한 참게 수확량 급증과 장어 어업 확대로 도요새가 비행에 필요한 주요 영양소를 섭취하지 못한 탓도 있다.

비록 참게 조업량이 제한되고 델라웨어 만의 입구가 보호구역으로 지정되었지만 아직 붉은가슴도요새의 수는 늘어날 기미가 보이지 않는다. 또한 참게들이 열 살 정도가 되어야 번식을 할 수 있기 때문에 상황은 새끼 붉은가슴도요새들에게 달려 있다. 이 새들은 선사 시대 해양생물의 알에 너무 많이 의존하고 있기 때문이다.

타조의 새끼 보호 비법

타조는 세상에서 가장 큰 조류로, 수컷은 최대 2.7m까지 자라고 무게는 약 150kg까지 나간다. 큰 덩치와 무게 때문에 날 수 없게 되었지만 타조는 놀라운 방법으로 육상생활에 적응했다. 비록 날개는 퇴화되어 큰 깃털 장식이자 보온의 용도로 전락했지만 근육질의 긴 다리와 두 개의 발톱이 있는 발은 최대 시속 70km까지 달릴 수 있게 해준다. 또한 눈은 지름이 5cm에 달하며 시력이 뛰어나 육상에서 유리하다.

아프리카 사하라 사막 이남에서는 타조 아종 네 종이 발견된다. 마사이타조, 소말리아타조, 북아프리카타조, 남아프리카타조다. 안정적으로 풀이 공급되고, 사자나 치타 같은 잠재적인 포식자가 잘 보이는 개방된 지형이며 기후는 약간 건조한 지역에 산다. 케냐에서 시행된 연구에 따르면 마사이타조 수컷은 번식할 때가 오면 연한 분홍빛을 띠던 목이 밝은 붉은색으로 바뀐다고 한다. 수컷은 깊게 울리는 목소리로 자신의 영역을 선포한다. 그리고 암컷 여러 마리와 짝짓기를 하며 종종 멋진 켄틀링Kantling을 보여준다. 켄틀링이란 수컷이 웅크리고 앉아서 몸을 좌우로 흔들며 날개를 등 위로 번갈아 퍼덕이는 구애 행위다. 짝짓기는 주로 수컷이 암컷을 안내해 둥지 근처에서 이루어진다. 여러 개의 둥지 가운데 가장 처음 알을 낳은 암컷이 '주요' 암컷이 되어 수컷의 보호를 받으며 새끼를 품는다. 암컷은 이틀 간격으로 8~14개에 이르는 알을 낳는데, 놀랍게도 이 암컷은 다른 암컷들을 자신의 둥지로 들어와서종종 수컷에 의해 알을 낳게 해준다.

타조의 알은 세상에서 가장 큰 알로, 껍데기가 두껍고 무게는 1.9kg에 육박한다. 하지만 타조의 크기와 비교하면 상대적으로 가장 작은 알이 되는 셈이다. 타조 연구에 따르면 '부수' 암컷이 '주요' 암컷의 둥지에 3~20개의 알을 더 추가한다. 하지만 주요 암컷은 알을 20개 정도만 편하게 품을 수 있고 또 자신이 낳은 알과 다른 암컷의 알을 구별할 수 있어서 부수 암컷의 알을 둥지 밖으로 밀어낸다. 아마도 표면의

168쪽 : 짝짓기를 하는 모습이다. 수컷의 목이 붉게 변했다. 수컷은 자신이 선택한 둥지 근처에서 여러 마리의 암컷과 짝짓기를 한다. 가장 처음 알을 낳은 암컷이 주요 암컷이 되어 수컷이 짝짓기를 해서 낳은 모든 알을 품는다.

왼쪽 : 수컷이 밤에 알을 품고 있는 모습이다. 밤에는 수컷의 어두운 색 깃털이 위장하기에 더 적합하며 암컷은 낮에 교대해 알을 품는다. 암컷은 일부 알을 버리는데 이 알들은 암컷이 편하게 품을 수 있는 개수를 벗어난 것으로, 모두 그녀의 둥지에 알을 낳은 다른 암컷의 것이다.

형태나 크기, 모양을 통해 알을 식별하는 것으로 추정된다.

주요 암컷은 날마다 알을 품고, 한 번에 최대 90분까지 앉아 있으며 간혹 알을 뒤집기도 한다. 암컷은 알을 품는 것 외에도 알이 너무 뜨거운 열을 받지 않도록 그늘을 만들어주는 역할도 한다. 건조한 사막에서는 암컷의 갈색 몸이 위장하기에 편리하며, 밤에는 색이 더 진한 수컷이 알을 품는다.

사자와 얼룩하이에나, 자칼이 타조를 위협하는 가장 무서운 포식자이다. 자칼은 알들을 서로 부딪쳐 깨뜨릴 수 있고, 사자와 하이에나는 알을 깰 수 있는 강인한 턱이 있다. 이집트독수리는 뾰족한 모서리가 난 돌을 던져서 타조 알을 깬다.

6주 동안의 배양이 끝나고 알이 부화하면 부모는 포식자로부터 빈틈없이 새끼를 보호한다. 놀라운 점은 간혹 다른 타조 무리의 새끼들을 자신의 가족으로 받아들이거나 유인해 거대한 탁아소를 형성한다는 점이다. 이 틈에 새끼를 넣어두면 자신의 새끼를 포식자에게 잃을 확률이 줄어든다고 생각하는 듯하다. 소그룹에서 살아남은 새끼들은 성장 속도가 빨라서 1년 안에 완전히 다 자란다.

딱정벌레를 미끼로 활용하는 굴올빼미

위 : 먹이를 기다리는 새끼 굴올빼미의 모습이다.

아래 : 아빠 굴올빼미가 마른 쇠똥을 굴 입구에 놓고 있다.

171쪽 : 수컷 굴올빼미의 모습이다. 수컷이 사냥을 나간 사이 가족들은 쇠똥구리를 간식으로 먹으며 기다린다.

칼레도니아까마귀, 이집트독수리, 딱따구리는 조류 가운데 도구를 가장 잘 사용하는 새들인데 최근 과학자들은 도구 사용에 남다른 재능을 보이는 또 다른 조류를 발견했다.

굴올빼미는 북아메리카, 중앙아메리카, 남아메리카의 넓은 초원과 농지에 서식한다. 북극 툰드라에 사는 덩치 큰 흰올빼미와 달리 굴올빼미는 땅에 둥지를 트는 것을 좋아하는 유일한 미국 종이다. 북아메리카 대초원 지대에 사는 검은꼬리의 프레리도그Prairie Dog, 개와 비슷한 울음소리를 내는 북미 대초원의 마못의 일종 – 옮긴이가 굴올빼미의 이웃사촌이다. 프레리도그의 서식지에는 표면에서 2m 아래로 많은 굴 입구와 터널이 파여 있으며 길이가 최장 4.5m에 달한다. 버려진 터널은 시원하고 굴올빼미가 둥지를 틀기에 더없이 안전하다.

크고 개방된 위험한 지대에서 상대적으로 작은 생물로 살아가는 굴올빼미와 프레리도그는 굴 입구에서 검은발족제비와 붉은매 같은 포식자를 경계해야 한다. 그래서 프레리도그는 주변의 풀을 잘 다듬어놓고 올빼미는 풀이 너무 높게 자라지 않은 빈 터널에 사는 것을 좋아한다. 위험이 임박한 순간에 그들은 재빨리 서로에게 연락을 한다. 프레리도그는 짖고 올빼미는 '칵칵칵칵' 하는 소리를 내며 환상의 팀워크를 보여준다.

굴올빼미는 사우스다코타South Dakota 주 배드랜드Badlands 국립공원 경계에 있는 코나타 분지Conata Basin에 서식한다. 남쪽에서 겨울을 나고 5월 초에 이곳에 도착해서 구애를 시작한다. 구애할 때는 눈빛을 교환하고 흰색 무늬를 반짝이며 구구 소리를 내고 절을 하며 긁고 꼬집고 비행을 반복한다. 수컷이 30m 상공으로 재빨리 날아올라 5~10초 동안 비행하다가 순간적으로 땅으로 내리꽂힌다. 짝짓기를 하고 나면 지난해에 머물렀던 마른 풀이 깔린 굴속에 둥지를 튼다. 그리고 암컷이 알 6~9개를 낳아 약 한 달 동안 품는다. 수컷은 암컷을 위해 새벽과 황혼녘에 사냥을 해서 쥐, 메뚜기, 전갈, 개구리, 작은 새와 같은 다양한 음식을 물어다준다. 여기에는 뛰어난 사냥 전략이 발휘된다.

수컷은 들소의 퇴비나 다른 동물들의 배설물을 찾아 발톱으로 잡고 가져온 다음, 둥지 주변과 굴 터널 아래에 쌓아둔다. 이 배설물들은 미끼 역할을 하는 것이다. 그 냄새가 쇠똥구리와 같은 곤충들을 끌어들이고 이들은 배설물을 먹으려다 둥지 안으로 굴러 떨어진다. 바로 문 앞까지 식사가 스스로 찾아오는 셈이다. 노스플로리다에서의 연구에 따르면 이 전략은 배설물이 많을수록 성공적이며, 이렇게 하면 굴올빼미 가족이 일반적으로 섭취하는 딱정벌레의 양보다 열 배 더 많이 잡아먹을 수 있다고 한다. 일부에서는 배설물을 모아놓는 것이 자신들이 굴에 살고 있다는 것을 이웃에 알리는 표시라고 주장하기도 한다. 하지만 이 가설은 아직 증명되지 않았다.

6월 말이 되면 일반적으로 솜털이 난 새끼들이 4~5마리 부화한다수가 더 많을 때도 있다. 얼마 지나지 않아 뛰기 시작하고 굴을 왔다 갔다 하며 프레리도그 위로 날아다닌다. 새끼들이 자라면서 부모는 차츰 음식을 달라는 새끼의 절규를 무시한다. 태어난 지 약 6주 정도 되면 새끼는 둥지를 떠나 스스로 곤충을 잡아먹는다. 짝짓기 상대를 만나면 일부는 아빠에게서 배운 쇠똥 미끼 전략을 활용하기도 한다.

닥치는 대로 잡아먹는 분홍사다새

이 놀라운 조류는 바로 사다새다.
사다새의 부리는 자신의 위장보다 더 큰 먹이를 삼킨다.
먹이를 부리 속에 넣으면
일주일은 거뜬하다.
하지만 그 광경을 본다면 지옥 같을 것이다.

딕슨 라니어 메리트(Dixon Lanier Merritt), 1910년

위 : 분홍사다새가 부비새의 새끼를 삼키려는 모습이다. 부리로 삼킨 먹이는 어린 새끼들에게 공급된다. 다센 섬의 사다새는 또한 갈매기, 제비갈매기, 가마우지 떼를 약탈한다. 이런 습성은 해안에 서식하는 물고기 수가 줄어들면서 생겨났다.

오른쪽 : 또 다른 먹잇감에 눈독을 들이는 사다새의 모습이다. 부비새의 새끼는 한입에 삼키기 좋으며 때마침 어미 새도 보이지 않는다.

분홍사다새는 날개폭이 약 3m에 이르며 날 수 있는 조류 중에서 가장 큰 부류에 속한다. 이 새는 떼 지어 살면서 단체로 번식한다. 전체 개체수 중 80%가 아프리카에 서식하며, 대부분이 육지의 호수에 모여 살지만 남아프리카의 웨스턴 케이프Western Cape에서 9km 떨어진 작은 섬 다센Dassen에 잠시 머무르기도 한다.

1955년에 처음으로 분홍사다새 20~30쌍이 이 섬에 찾아와 정착하고 새끼를 낳기 시작했다. 그들은 폴스 만False Bay 물개 섬Seal Island의 물개 수가 증가하는 바람에, 그리고 구아노해조의 똥이 퇴적되고 경화하여 생긴 천연 비료 – 옮긴이를 수확하려는 사람들에게 떠밀려 이곳으로 왔다. 오늘날 다센 섬에 서식하는 사다새의 수는 배로 증가해 약 700쌍에 달한다.

위 : 더운 곳에 무리지어 있는 분홍사다새 가운데 있는 새끼의 모습이다. 검은 털은 열을 순환하는 데 도움을 준다. 열을 빨리 흡수하지만 흰 털처럼 빨리 방출하지는 않는다.

오른쪽 : 평범하고 협동적인 분홍사다새의 사냥법이다. 물고기를 말굽 대형으로 감싸서 얕은 곳으로 유인한 후 부리로 떠올린다.

분홍사다새는 최대 30년까지 살 수 있으며 3~4년이 지나면 번식이 가능하다. 8월경에 둥지를 틀기 시작하고 보통 알을 두 개 낳아 한 달 정도 품는다. 1970년대까지 다센 섬의 사다새들은 본섬으로 날아가 담수 습지대와 하구에서 물고기를 잡았고 가끔은 8~12마리가 협력해 말굽 모양으로 대형을 이루고 얕은 곳으로 물고기를 몰아 사냥했다. 하지만 최근 서식지가 파괴되면서 먹이가 줄어들자 사다새들은 케이프타운의 돼지와 닭 사육 농가에서 나오는 찌꺼기 고기를 먹고 산다. 또한 다른 바다새들의 먹이가 되기 시작했다.

다센 섬에 사다새가 둥지를 틀 무렵 케이프 부비새 수천 마리가 근처의 말가스Malgas 섬에서 번식을 한다. 이때는 바다도 수확량이 가장 많을 시기라 부비새는 굶주린 새끼들에게 멸치와 정어리를 물어다 먹인다. 가볍게 잠수를 하기도 하고 간혹 멀리서 뛰어들기도 한다. 수많은 부비새가 날개를 펄럭이며 화살처럼 바다에 내리꽂히는 광경이 멋지다.

전에는 부모 중 한쪽이 먹이를 사냥하러 가면 다른 한쪽이 둥지에 남아 새끼를 돌봤다. 하지만 최근에는 물고기 수가 급감하면서 부모가 모두 바다로 나가고 새끼들만 무방비 상태로 남는다. 이 점을 분홍사다새가 놓칠 리 없다. 사다새들은 매일 부비새 무리를 돌아다니며 부리로 새끼를 찍어 입주머니에 넣고 몸부림치는 먹이를 통째로 삼킨다. 덩치가 크거나 부모가 지키는 새끼들만이 살아남을 수 있다.

새끼 부비새 외에도 분홍사다새는 자신들이 번식하는 다센 섬에서 사는 다른 동물의 새끼를 잡아먹기도 한다. 무리지어 번식하는 케이프가마우지, 남방큰재갈매기, 큰제비갈매기, 심지어 아프리카펭귄까지 공격한다. 사다새들은 개체수가 점점 증가하고 있기 때문에 먹이 경쟁은 더 치열해지고 배고픈 새끼를 부양하려면 쉽게 먹이를 삼킬 수 있는 거대한 부리를 십분 활용해야 한다.

턱끈펭귄이 겪는 부모의 고통

위 : 턱끈펭귄이 가장 빨리 자란 새끼 한 마리에게 크릴새우를 먹이고 있다. 새끼가 어른이 되어 추운 남극으로 돌아갈 때까지 두 부모에게는 모두 큰 노력이 요구된다.

177쪽 : 디셉션 섬 베일리 헤드의 칼데라 가장자리에 모여 있는 턱끈펭귄 무리다. 화산이 내뿜는 열기 덕분에 눈이 없어서 이곳은 일찍 번식을 시작하기에 더없이 좋은 장소이다. 하지만 꼭대기까지 오르는 일은 인내를 시험하는 여정이다.

양쪽 귀 사이로 헬멧 끈 모양의 검은색 털이 나 있는 턱끈펭귄은 펭귄 중에서도 새끼 양육에 가장 열성적이다. 이들 펭귄은 차가운 빙수가 온수를 만나는 경계인 남극 반도와 남극 수렴선남반구에서 따졌을 때 위도 50~60도에서 바닷물이 수렴하는 불연속적인 구간-옮긴이 남쪽의 아亞남극 지방에 산다. 사우스셰틀랜드South Shetland 제도에서 화산 활동이 가장 활발한 디셉션 섬Deception Island은 14~19만여 마리의 보금자리이다. 가장 큰 무리는 섬의 남서쪽 가장자리에 있는 베일리 헤드Baily Head에 서식하는데 대략 10만 마리가 모여 사는 것으로 추정된다.

봄이 오는 10월이 되면 둥지를 틀기에 가장 좋은 섬 꼭대기를 차지하려는 수컷들의 경쟁이 시작된다. 이곳은 땅이 지열에 데워지고 날씨도 따뜻해 눈이 없다. 수컷은 안전한 곳에 자리를 잡고 작년에 짝짓기를 했던 암컷을 기다린다. 약 5일이 지나면 수컷은 다른 암컷에게 눈을 돌리기도 하는데 원래의 짝이 나타나면 두 암컷 사이에 싸움이 일어나 패자는 언덕 비탈로 내쳐진다. 11월 말이 되면 작은 돌을 쌓아 만든 둥지 위에 알을 두 개 낳고 한 달 동안 부화시킨다.

턱끈펭귄은 번갈아가며 아남극 지방 도둑갈매기들의 공중 공격으로부터 새끼를 보호한다. 한쪽은 매일 사냥을 나간다. 사냥은 인내가 필요한 노동이다. 이곳에서는 단순히 바다로 나가는 것조차 힘들다. 용암이 분출하는 가파른 절벽은 얼음으로 덮여 있어서 미끄러지고 넘어지기 일쑤다. 그곳을 지나면 빙하에서 녹아 흘러내리는 거센 물줄기를 건너 눈보라를 헤치며 가파르고 불안정한 절벽을 걸어가야 한다.

턱끈펭귄은 크릴새우를 주로 사냥하며 먹이를 찾아 80km까지 수영하고 수심 100m까지 잠수할 수 있다. 펭귄처럼 날지 못하는 조류의 날개는 물속에서 프로펠러 역할을 해 초당 2m의 속도로 전진할 수 있게 해준다. 몇 시간을 바다에서 보내면 펭귄은 새끼에게 줄 크릴새우를 한가득 배에 넣고 돌아온다. 이때 포식자인 레오퍼드바다표범이 숨어 있다가 지친 펭귄을 잡아먹을 수도 있다. 이러한 고비를 무사히 넘기더라도 번식지까지 고단한 등반을 해야 한다. 마침내 둥지에 도착하면 새끼를 찾아 먹이를 먹인다. 이때 먹이를 뺏으려는 이웃 펭귄들의 행패와 삼킨 먹이를 뱉어내게 유인하는 도둑갈매기의 괴롭힘도 이겨내야 한다.

또한 어떤 새끼를 먹일 것인지 어려운 결정을 내려야 한다. 새끼들은 3~4주가 지나면 다른 무리와 빼곡하게 모여 탁아소를 이룬다. 이때 부모는 먹이를 들고 도망치면서 새끼들의 요구를 시험한다. 이것은 부모가 새끼에게 탁아소를 벗어나 세상을 탐험하도록 독려하는 것일 수도 있고 다른 가족의 새끼들과 경쟁하지 않아도 되게끔 유인하는 것일 수도 있다. 아니면 새끼의 달리기 능력을 시험하고 계속 쫓아오는 새끼가 가장 배고프다는 것을 발견하려는 의도일지도 모른다. 어떤 경우든 가장 멀리까지 쫓아간 새끼가 먹이를 얻는다. 이것이 바로 이들 앞에 펼쳐진 험난한 인생을 지속할 수 있게 하는 부모의 가르침이다.

빙하에서의 궁극적인 도전

위 : 입수를 준비하는 펭귄의 모습이다. 턱끈펭귄은 신중할 필요가 있다. 먹이가 있는 앞바다로 가려면 반드시 레오퍼드바다표범으로부터 도망치는 혹독한 시련을 겪어야 한다. 어른 펭귄들은 살아남을 기회가 그나마 있지만 경험이 부족한 새끼들에게는 커다란 위험이다.

오른쪽 : 드디어 입수! 물속에서 수영하는 것이 깨진 얼음 사이로 기어오르는 것보다 포식자를 피할 확률이 더 높다. 경험이 풍부한 어른 펭귄들은 레오퍼드바다표범을 피해 헤엄칠 수 있다.

턱끈펭귄은 남극에서 그 수가 가장 많지만 둥지를 틀기 위해 눈이 없는 장소를 선호하기 때문에 번식 범위는 제한된다. 이것이 가장 거대한 무리가 디셉션 섬처럼 화산 활동이 계속되는 곳에 머무는 이유를 설명해 준다. 사우스샌드위치 제도South Sandwich Island의 자바도브스키Zavadovsky 같은 화산섬에는 늦은 봄이 되면 둥지를 찾으려는 턱끈펭귄 200만 마리가 모여든다. 하지만 10월 말에도 눈이 남아 있는 남쪽 지역은 모여드는 무리가 적고 이들은 번식을 서둘러서 가을 폭풍이 몰려오기 전에 바다로 새끼들을 데리고 나가야 한다. 로젠탈 군도Rosenthal Archipelago의 바위섬에 번식하는 턱끈펭귄은 앙베르 섬Anvers Island의 눈 덮인 빙하 위에서 한 무리를 형성한다.

늦은 여름이 되면 레오퍼드바다표범은 펭귄 주변에 떠다니는 총빙叢氷, 부빙浮氷이 한 곳에 몰려 얼어붙은 상태 – 옮긴이을 따라 사냥을 한다. 이때는 빠르게 성장하는 새끼를 먹여 살리기 위해 부모 펭귄이 매일 사냥을 나가는 시기다. 다 자란 펭귄은 치명적인 시련에서 벗어난 경험이 있어서 공격을 피할 기회가 있지만 새끼들은 그렇지 못하다.

새끼들이 약 9주 정도 자란 2월이 되면 두 달 동안 몸을 따뜻하게 해주던 부드러운 회색 솜털이 빠지고 짧고 거친 깃털이 나와 차가운 물과 살을 에는 바람을 막아주는 방패 역할을 한다. 그리고 2월 말이 되면 부모는 새끼를 버린다. 새끼는 부모가 해안가에 나타날 것이라는 헛된 바람을 안고 계속해서 기다린다. 그러다 며칠이 지나 배고픔에 지치면 결국 먹이를 찾으러 스스로 바다에 뛰어든다. 물가에는 지치고 배고픈 새끼들이 모여 날개를 펄럭이다가 바위 주변으로 미끄러지기도 한다. 이들은 우왕좌왕하면서 서로를 따라 한동안 육지를 어슬렁거리다가 차츰 물속으로 들어가려는 욕망이 강해져 다시 해안가로 돌아온다.

첫 번째 헤엄은 새끼들에게 큰 충격을 준다. 영하 2℃ 가까이 되는 물속은 얼음처럼 차갑고 새끼들은 한 번도 수영을

위 : 레오퍼드바다표범이 턱끈펭귄의 새끼를 가지고 장난치고 있다. 무리의 가장자리에 있는 새끼를 사냥하는 것이 가장 쉽다.

오른쪽 : 어린 턱끈펭귄이 입수하려는 모습이다.

더 오른쪽 : 어린 펭귄들이 물속에 들어가지 않고 유빙 조각 위에 서 있으려 애쓰는 모습이다. 근처에 레오퍼드바다표범이 있다면 한 번만 발을 헛디뎌도 치명적이다.

해본 적이 없다. 잘못 입수하거나 가까운 바위로 다시 기어 올라가기도 하지만 섬에서 벗어나는 데는 그리 오랜 시간이 걸리지 않는다. 이때 새끼 펭귄을 사냥하는 레오퍼드바다표범은 고개를 숙여 먹이를 찾을 필요가 없다. 수면으로 끊임없이 새끼 펭귄의 머리가 떠오르고 부질없이 날개를 펄럭이며 어떻게 헤엄쳐야 하는지 몰라 버둥댄다.

앙베르 섬과 가까운 로젠탈 섬은 앙베르 섬에서 미끄러져 내려온 빙하가 해안을 따라 얼음 절벽을 형성하고 있으며 지속적으로 크고 작은 얼음 조각이 떨어지는 곳이다. 테니스공만 한 크기의 유빙 조각은 물속에 떨어져 바람과 조수에 의해 하나의 덩어리를 이룬다. 이 파편 덩어리는 예측할 수 없게 군도를 돌아다니며 얼지 않은 바다로 나가 새끼들에게 큰 재앙이 된다.

아직 헤엄을 칠 줄 모르는 새끼 턱끈펭귄은 되돌아가기보다는 유빙 덩어리로 들어가 날개로 얼음을 헤치고 나가려 한다. 새끼 펭귄이 고생하는 모습은 앞바다를 헤엄치던 레오퍼드바다표범의 주의를 끈다. 새끼 펭귄은 열심히 유빙의 수면을 스치며 나가려고 애쓰는 동안 뒤에서 접근하는 거대한 물체를 감지하지 못한다. 큰 머리가 새끼 펭귄의 바로 뒤쪽 수면으로 올라왔다가 표적을 확인하고 얼음 아래로 사라진다. 레오퍼드바다표범은 천천히 때를 기다린다. 서두를 필요가 없다. 새끼는 유빙 속에 갇혀 있다. 새끼는 물개에게 끌어내려져 갑자기 수면에서 사라진다. 레오퍼드바다표범은 움직이지는 않지만 숨이 붙어 있는 새끼를 유빙이 없는 곳으로 데려간다. 그곳에 내려놓으면 새끼가 도망치기 시작하지만 해방의 순간은 잠시뿐이다. 물개는 새끼를 앞니로 물고 얼음 위로 이리저리 크게 내리친다. 몇 분 지나지 않아 새끼 펭귄의 가죽이 벗겨지고 바다 위에는 그 잔해만 남는다.

해변에서 처음 물속으로 뛰어들 때 일부 새끼들은 잡아먹히지만 대부분은 안전하게 넓은 바다로 나간다. 그곳에서 새끼 펭귄들은 수영하고 잠수하며 먹이를 잡는 법을 배우고 새로운 철이 돌아오면 번식을 위해 다시 모여든다.

왼쪽 : 레오퍼드바다표범이 먹이를 죽이기 전에 잠시 장난치고 있다.

물까치라켓벌새의 신비롭고 아름다운 꼬리

183쪽 : 일명 '나비에게 쫓긴 벌새'의 모습이다. 수컷이 꿀을 마실 때마다 뒤에 있는 아름다운 꼬리 깃털이 보인다.

아래 : 무지갯빛 깃털의 반짝임이 충분히 드러날 덤불 위에서 수컷의 쇼가 시작되었다. 마지막 공연은 '비상'으로, 나뭇가지 위로 급회전하면서 날개를 윙윙대며 퍼덕이고 꼬리 깃털은 하늘 높이 치켜든다.

미국에서 발견되는 벌새 320종 가운데 가장 진귀하고 특이한 생김을 자랑하는 것은 물까치라켓벌새이다. 페루에만 서식하는 이 특이한 새는 꼬리 깃털이 네 개이다. 바깥쪽으로 난 꼬리 한 쌍은 테니스 라켓 모양으로, 수컷의 경우 몸길이의 두 배나 되며 끝이 원반 모양의 주걱처럼 생겼고 보랏빛을 띠는 파란색으로 반짝인다. 꼬리 깃털은 각각 움직일 수 있고 번식기에 수컷이 이 꼬리를 멋지게 펄럭이며 과시해 '나비에게 쫓기는 벌새'라고도 부른다.

물까치라켓벌새는 코르딜레라스 산맥의 우트쿠밤바 계곡 Rio Utcubamba Valley 동쪽의 높은 숲 일부에서만 서식한다. 번식기인 10월에서 5월 사이에 수컷은 땅에서 몇 미터 높이의 나뭇가지에 모여 지나가는 암컷을 유혹한다. 나뭇가지 위에 자리 잡은 수컷의 꼬리털은 작은 탁구공처럼 아래로 내려져 있다. 하지만 암컷이 나타나면 수컷은 보랏빛이 도는 푸른 꼬리를 세워 머리 위로 흔든다. 간혹 나뭇가지 위에 몸을 꼰 채로 목덜미에 반짝이는 청록색을 띠기도 한다. 행동이 끝나면 하늘로 날아오른다. 이리저리 날다가 나뭇가지 주변으로 7~8회 급회전을 하는데 가지를 칠 때마다 높은 음성으로 탁하는 소리를 낸다. 반짝이는 목과 흐릿한 깃털의 움직임은 암컷에게 최면을 거는 동시에 자신의 건강함을 드러내는 행위다. 이런 모습은 15~20초 동안 지속되며, 경쟁자가 나타나면 한쪽이 후퇴할 때까지 구혼 경쟁이 벌어진다. 구혼이 끝나면 수컷은 힘든 노력에 대해 자신에게 보상을 해주듯이 나무 위에 앉아 부리를 다듬는다.

암컷의 주의를 끌기 위한 행동은 그 후로 계속 반복된다. 수컷은 매 시간 이곳으로 돌아와 또 다른 춤을 춘다. 암컷을 자신의 나뭇가지로 유혹했다 하더라도 암컷이 수컷과 짝짓기를 할지는 알 수 없다. 최근 조사에 따르면 수컷은 번식기를 준비하면서 털갈이를 하고 꼬리 깃털도 새롭게 자란다고 한다. 털갈이 습성이 있는 벌새는 물까치라켓벌새가 유일하다. 이것은 짝짓기 상대를 유혹할 때 꼬리의 역할이 얼마나 중요한지 보여주는 예로, 암컷의 선택을 받기 위해 더 멋진 꼬리를 만들게 된 이유이기도 하다.

농업으로 산림이 황폐해지면서 현재 물까치라켓벌새의 수는 1,000마리도 채 남지 않아 귀중한 존재로 대접받고 있다. 하지만 그들의 특별한 꼬리가 앞으로 이 새의 생존을 보장해 줄지도 모른다. 물까치라켓벌새의 아름다운 꼬리에 대한 소문이 퍼지면서 지역 주민들은 이 새에 대해 좀 더 알고 자랑스럽게 여기게 되었다. 그리고 벌새를 보려는 관광객도 늘어났다.

노래와 춤에 몰두하는 극락조

185쪽 : 파푸아뉴기니에서 가장 화려한 깃털을 자랑하는 수컷 골디극락조의 모습이다. 경쟁자와 함께 노래를 부를 때 수컷은 날개를 위아래로 흔들고 꼬리를 치켜세워서 깃털을 아래로 향하게 해 구경하는 암컷에게 강한 인상을 주려고 한다.

무역 거래를 통해 극락조 표본이 유럽에 들어왔을 때는 날개도, 다리도 없었다. 유럽인들은 이 새가 원주민의 전통적인 방식에 따라 날개와 다리가 잘려 장식된다는 사실을 알지 못했다. 그들은 이 새가 한 번도 땅에 내리지 않고 화려한 날개를 펼치고 영혼처럼 숲속을 떠다닌다고 여겨 '극락조'라고 이름 지었다.

인도네시아, 토러스 해협 제도Torres Strait Islands, 파푸아뉴기니, 호주 동부 지역의 열대우림은 말 그대로 천국이다. 새끼에게 먹일 음식이 아주 풍부해 양육 시간이 상대적으로 짧으므로 극락조는 구애에 많은 시간을 할애한다. 식량이 많은 지역에 무리가 집중되어 짝짓기 경쟁이 치열하다. 너무나 많은 선택 기회가 있는 암컷을 감동시키기 위해 수컷의 깃털은 두드러지는 모습으로 진화했다.

골디극락조Goldie's Bird of Paradise는 파푸아뉴기니 남서쪽 퍼거슨Fergusson 산등성이와 노르만비 제도Normanby Islands에서 발견되었다. 이 이름은 1882년에 이 새를 처음 발견한 앤드루 골디Andrew Goldie의 성을 따서 붙인 것이다. 수컷은 최대 열 마리가 무리를 지어 공동 지역이나 구애 장소에 모인다. 그들은 밝은 색 깃털로 암컷을 현혹시킨다. 암컷이 나타나지 않으면 수컷들은 웍웍 혹은 낮게 휙휙 소리를 내며 상대를 부른다. 암컷이 날아오면 휙휙 소리는 더 크게 울려 퍼진다. 깃털이 멋진 수컷 두 마리가 암컷을 사이에 두고 구애를 시작한다. 한 마리가 먼저 노래를 시작하고 다른 한 마리가 이어 불러 금속이 부딪히는 것 같은 소리로 울려 퍼진다. 점차 서로 더 빨리 소리를 내면서 드릴 뚫는 소리가 숲 전체로 퍼진다.

수컷 두 마리는 듀엣으로 노래를 할 때 마주보고 나뭇가지 위에 앉아 몸을 수평으로 하고 고개는 살짝 기울인다. 날개는 노를 젓는 것처럼 위아래로 펄럭인다. 이때 깃대를 수직으로 세우고 긴 깃털 조각이 아래로 향하게 한다. 또 노래를 부르면서 나뭇가지 위아래로 왔다 갔다 하기도 한다. 이 강렬한 구애는 수컷 한 마리가 노래를 중단하고 자리에서 나와 승리자의 구애를 조용히 감상할 때까지 계속된다. 승리한 수컷은 움직이는 것을 멈추고 펄럭임을 줄인 다음 노래를 멈춘다. 상대적으로 무딘 암컷은 한동안 수컷 근처에 가만히 서 있다가 날개를 흔들기 시작한다. 화려한 깃털이 없는 새끼 수컷은 주변을 서성이며 기회를 보다가 슬쩍 암컷에게 올라타기도 하지만 구애 경쟁에서 이긴 수컷에게 무시당한다. 긴 구애 후 수컷은 암컷에게 접근해 목과 가슴을 암컷의 등에 대고 앞뒤로 비빈다. 그런 다음 암컷에게 올라타 날개로 암컷을 감싸고 짝짓기를 한다.

몸길이가 16cm밖에 되지 않아 극락조 중에서도 가장 작은 왕극락조King Bird of Paradise는 특별한 구애 장소가 따로 있다. 아루 제도Aru Islands, 뉴기니, 웨스트 파푸아West Papua, 공식적으로 이리안자야Irian Jaya의 저지대 숲속이다. 수컷의 배는 심홍색과 흰색이 섞여 마치 보석 같다. 꼬리는 두 개의 긴 꼬리선 위에 에메랄드 빛 원반이 달려 있는 것 같은 모습이다.

왕극락조 수컷은 덩치는 작지만 엄청난 레퍼토리를 보유하고 있으며 대부분 자신의 영역을 자랑하는 데 활용한다. 가장 특색 있는 노래는 점차 소리가 줄어드는 '워웨이와wher-whei-wha'이다. 간혹 연달아 열다섯 곡을 부르기도 하며 대부분 큰소리로 빠르게 부르지만 천천히 조절해 부르기도 한다. 실제로 고음과 연속되는 음역의 폭이 매우 다양하다. 점차 커지는 노래도 있는데 상대적으로 쉰 소리가 나며, 또 다른 연속되는 노래는 마치 화난 고양이가 가르릉거리는 것 같다. 이 모든 노래는 자신의 존재를 알리기 위한 것이므로 왕극락조 암컷은 거의 노래를 부르지 않는다. 진지한 구애가 시작되면 수컷의 노래는 끊임없는 지저귐이 된다.

왕극락조 수컷은 거의 모든 시간을 자신의 영역을 과시하며 보낸다. 아침 일찍부터 오후 5시까지 매일 나타나 머무른

다. 수컷들은 영역 안에 있는 나뭇가지나 잎사귀에서 굶주림을 달래줄 곤충과 과일을 충분히 찾을 수 있어서 하루의 대부분을 자신의 영토에 관한 노래와 춤을 만드는 데 투자한다. 수컷은 암컷이 있을 때뿐만 아니라 하루에도 여러 번 자발적으로 공연을 한다. 수컷이 공연을 시작하려고 할 때 보이는 움직임 중 하나는 자신이 노래를 부르는 가지 근처에서 잎사귀를 한두 개 집어 뜯는 것이다. 공연은 여섯 단계이며, 매번 모든 단계를 다 하는 것은 아니다. 첫 번째 공연은 가지 위에 꼿꼿하게 앉아 날개를 부분적으로 아주 빠르게 펄럭이는 것이다. 그 다음은 춤으로, 날개를 머리 주변으로 완전히 두르고 꼬리를 수직으로 세워 꼬리선 두 개가 머리 위로 흔들리게 한 후 몸을 흔든다. 암컷이 보고 있다면 수컷은 뒷모습을 보이며 춤을 춘다. 그러고 나면 이제 머리 위 양쪽으로 꼬리를 힘차게 흔드는 단계로 접어든다. 이것으로 공연을 마무리하거나 수평으로 날개를 활짝 펼치는 다음 단계를 선보이기도 한다. 날개를 옆으로 쭉 펴고 펄럭여서 나뭇가지가 흔들리게 한다. 그리고 가지 아래로 내려가 이 모든 동작을 반복한다날개를 활짝 펴는 단계부터 반대 순서로 진행한다. 마지막으로 수컷은 날개를 접고 가지에 시계추처럼 거꾸로 매달려 흔들린다.

암컷이 이 광경을 보고 마음에 들면 수컷의 나뭇가지로 날아와 동참한다. 수컷은 부리를 약간 벌린 상태로 앞뒤로 움직이면서 암컷에게 비빈다. 그런 다음 암컷이 수컷에게 등을 보이고 수컷이 암컷 위에 올라타 간략하게 짝짓기를 한다. 짝짓기가 끝나면 암컷은 숲속으로 날아가 버린다.

이것이 동물의 왕국에서 가장 길게 이루어지는 구애가 아닌가 싶다. 극락조의 구애는 열대 낙원 지역이 먹이 걱정에서 자유롭다는 것을 보여주며 수컷들이 더 멋진 깃털과 춤에 에너지를 투자하도록 도와준다. 또한 암컷들에게는 어떤 수컷을 선택할지 고르는 시간을 제공한다.

왼쪽 : 왕극락조가 포도나무에 앉아 공연 준비를 하고 있다. 수컷은 암컷이 보지 않아도 하루에도 여러 번 춤을 춘다. 시작에 앞서 근처에 있는 나뭇잎 한두 개를 물어뜯으며 공연 준비가 되었음을 알린다. 수컷은 하루의 대부분을 자신의 기량을 자랑하며 보내는데 서식지인 열대우림에 과일과 곤충이 풍부해서 먹이를 찾는 데 시간이 거의 들지 않기 때문이다.

집을 짓고 장식해 암컷을 유혹하는 바우어새

오른쪽 : 수컷 보겔코프 바우어새가 자신이 꾸민 집을 자랑하고 있다. 이 새는 주황과 빨강색을 좋아하며 곰팡이를 즐겨 사용한다. 옆집에 사는 경쟁자는 다른 색상을 선호한다. 보금자리 입구에는 이끼가 잘 깔려 있고 오랜 시간 공들여 지은 집은 수컷이 열대우림에 사는 다른 조류의 아름다운 목소리를 흉내 내어 유혹적인 레퍼토리를 상연하는 원형 경기장이 된다.

보겔코프 바우어새Vogelkop Bowerbird 수컷은 멋진 깃털을 만들어 암컷을 유혹하는 대신 근사한 지붕이 있는 보금자리를 만들고 유지하는 데 노력을 쏟는다. 이 새의 보금자리는 조류 세계에서 가장 복잡한 구조물이다. 치장된 예술적인 공간은 수컷의 건강함과 짝짓기 상대로서 적합함을 보여준다. 바우어새는 휘파람, 긁히는 소리, 울리는 소리, 헛기침, 으르렁거림, 서서히 커지는 소리를 골고루 낸다. 또한 수컷은 앵무새를 비롯해 근처에 서식하는 모든 새의 목소리를 흉내 낸다.

웨스트 파푸아의 아르팍Arfak, 탐라우Tamrau, 완다맨Wandamen 산맥 기슭과 산지에 서식하는 보겔코프 바우어새는 지붕이 있는 보금자리를 만드는 유일한 조류다. 어린 나무둥치 주변에 삐죽 나온 기둥을 세우고 1m 높이에 160cm 너비의 원뿔형 오두막을 짓고 입구에 아치를 세운다. 지붕은 일반적으로 난초 줄기로 만들며 간혹 나뭇가지나 양치류로 짓기도 한다. 수컷은 기둥의 아랫부분을 이끼로 덮어 거대한 녹색 매트를 깐다. 그리고 형형색색의 과일, 꽃, 딱정벌레, 나비 날개, 도토리, 사슴 배설물로 장식한다. 이러한 장식물은 지역마다, 보금자리마다 차이가 있다.

바우어새의 보금자리는 끊임없는 보수와 새로운 장식물로 단장하는 일이 필요하며 다른 수컷들로부터 방어해야 한다. 1km 반경에 다른 바우어새가 적어도 여섯 마리는 살고 있기 때문에 장식물을 훔쳐가지 않을까 망을 본다. 짝짓기 기간이 길기 때문에 몇 달 동안 집중적으로 일을 하며, 수컷들은 하루의 절반 이상을 집 근처에서 보낸다. 암컷들은 날아다니면서 수컷이 수집한 보물들을 살펴보며 가치를 평가한다. 수컷은 암컷이 오면 재빨리 노래를 부르며 둥지로 들어가 숨는다. 암컷을 유혹하는 데 성공하면 짝짓기는 보통 멋진 보금자리의 가장자리나 집 안에서 이루어진다. 어린 수컷은 얼마 되지 않은 장식물로 초라한 보금자리를 짓기 때문에 크고 아름다운 집을 지은 경험 많은 건축가만이 짝을 얻는다.

Chapter 7

승리자 포유류

한 동물 집단이 6,500만 년 이상 성공적으로 번식해 그들만의 지질학적 시대를 열었다. 바로 '포유류의 시대'라고 불리는 현재의 신생대다. 포유류는 개체수가 조류의 절반밖에 되지 않지만 현재까지 약 5,000여 종이 서식하며 지구를 지배하고 있다. 우리 인간도 포유류에 속한다는 사실을 다시금 떠올려보자. 지구상에는 현재 60억 명 이상의 인간이 살고 있으며 그들이 키우는 가축, 애완동물을 비롯해 수십억 마리의 포유류가 서식한다. 인류가 지구의 생태계를 완전히 바꿔놓으면서 지구 생산량의 절반이 곧바로 인류에게 소비된다. 그렇다면 인류가 속한 포유류가 어떻게 다른 동물들보다 높은 위치에 서게 되었을까? 이 엄청난 성공의 비밀은 무엇일까?

생물학적으로 중요한 위치에 서기까지 아주 긴 시간이 걸렸기 때문에 포유류의 성공은 사실 예상치 못한 것이었다. 기나긴 진화의 시간 대부분을 작은 덩치로 은둔하며 살아 눈에 잘 띄지 않았다. 3억 500만 년 전 '포유류처럼 보이는' 원시 파충류에서 출발해 1억 년 전부터 본격적으로 놀라운 진화를 거듭하며 현재 포유류의 특색을 갖추었다.

초창기 포유류가 이룩한 가장 혁명적인 진화는 독특한 이빨의 발달이다. 척추가 있는 다른 동물과 달리 포유류의 낮은 턱은 하나의 뼈로 이루어져 여기에 다양한 모양의 이빨이 배열되어 있다. 이 새로운 턱과 특별한 이빨송곳니, 앞니, 어금니 등은 초기 포유류가 더욱 강하고 예리하게 먹이를 물어뜯고 씹을 수 있게 해주었고 사냥하고 음식을 소화하는 능력을 향상시켜 주었다.

그 다음에 일어난 중요한 진화는 민첩성과 관련 있다. 파충류의 발은 옆으로 부자연스럽게 뻗어서 몸 앞뒤로 움직여 지면과 마찰하며 달리도록 되어 있다. 이 방식은 파충류의 크기가 작을 때만 효과적이어서 포유류는 몸 아래쪽에 다리가 생기도록 진화했다. 이렇게 하면 안정성은 줄어들지만 먹이를 쫓거나 도망칠 때 빠르게 방향을 바꿀 수 있다.

약 2억 500만 년 전에 최초의 '진짜 포유류'가 나타났다. 그들은 크기나 행동이 두더지와 비슷해서 야행성이고 곤충을 잡아먹었으며 눈이 작고 후각과 청각이 뛰어났다. 포유류는 수백 년 동안 덩치가 크고 낮에 활동하는 파충류와 경쟁해야 했기 때문에 상대적으로 작은 몸집으로 밤에 움직여야 했다. 역설적이게도, 바로 이 점이 공룡과 다른 파충류 사이에서 하나의 경쟁력이 되어 포유류의 성공에 좋은 밑거름이 되어주었다.

야행성 동물이 되면서 포유류는 청각과 후각이 매우 발달했고 감각을 관장하는 뇌의 부분이 커졌다. 덕분에 새끼와 섬세한 의사소통을 할 수 있게 되었고 뇌는 점점 발달해서 포유류만의 독특한 신피질이 구성되었다. 이로써 감각 지각, 운동신경 명령 체계 및 공간 추론, 의식적 사고, 언어 능력이 생겨났다.

왼쪽 : 현재의 포유류인 어린 수컷 호랑이의 모습이다. 호랑이는 포유류의 성공 요인을 모두 갖추었다. 먹이를 뜯고 잘게 부수어 먹기 쉽게 도와주는 이빨을 비롯해 섬세한 의사소통이 가능한 정확한 감각, 체온을 보호하고 열을 식혀주는 신체 구조 덕분에 날씨에 상관없이 활동할 수 있다.

위 : 새끼 사자가 어미의 젖을 먹으려고 하는 모습이다. 포유류라는 명칭은 변형된 땀샘이 젖을 분비해서 붙여진 이름이다.

195쪽 : 마운틴고릴라 가족의 모습이다. 오랜 기간에 걸친 부모의 보호와 사회적 상호 작용이 새끼들에게 학습 기회를 제공한다.

야행성 동물로 산다는 것은 초기 포유류가 밤에 활동하기에 적합한 체온을 유지하는 방법을 개발했다는 뜻이기도 하다. 이들은 조류와 마찬가지로 온혈동물의 신체 구조로 진화했다. 먹이를 통해 열을 얻고 털이나 지방으로 열이 발산되지 않도록 막아 체온을 유지했다. 하지만 온혈동물이 되기 위해서는 신진대사율을 파충류의 열 배로 늘려야 해 식사량도 열 배는 더 늘려야 했다. 이것이 포유류가 항상 굶주려 있는 이유다.

지속적으로 먹이를 찾는 데 소모되는 에너지는 파충류보다 유산소 지구력이 열 배 증가하는 것으로 일부 벌충되었고 사냥 범위도 더욱 넓어졌다. 또 일정한 체온을 유지하면서 땀샘과 같은 체온 조절기관이 생겨났다. 이 점은 역으로 새끼에게 모유와 같은 식량을 제공할 수 있게 해주었다. 변형된 땀샘이 젖을 분비한 것이다.

파충류와의 경쟁은 포유류가 독특한 능력을 갖추게 해주었지만 6,550만 년 전까지 포유류는 밤을 지배하는 주요 생물이 아니었다. 그러던 중 포유류의 운명을 바꾼 사건이 발생했다. 멕시코 유카탄Yucatan 반도 근처에 거대한 소행성이 떨어져 지구에 암흑의 빙하기가 시작된 것이다. 계속되는 재앙으로 그동안 낮을 지배하던 덩치 큰 동물인 공룡이 멸종하고, 따뜻한 피와 큰 뇌를 가진 야행성 포유류가 패배자에서 지구의 새로운 통치자로 거듭났다.

이 놀라운 사건 이후 포유류는 더 이상 공룡과의 경쟁에 따른 제약을 받을 필요가 없어졌고, 오늘날 우리가 알고 있는 다양하고 놀라운 형태로 발전했다. 한편 악어, 도마뱀, 뱀, 온혈동물인 시조새, 조류도 생존해 종종 포유류의 가장 큰 경쟁자로 대두되었다.

현대 포유류를 관찰해 보면 포유류의 성공을 뒷받침해 주는 여러 흔적을 발견할 수 있다. 북극곰은 매우 추운 환경에서도 살아남는 놀라운 생존력을 보여주는데, 포유류의 초라한 시작을 생각하면 그야말로 비약적인 발전이다. 특이한 마다가스카르 손가락원숭이는 야행성 동물의 감각 능력이 포유류의 진화에 어떤 도움을 주는지, 새끼가 부모의 행동 습성을 익히는 능력이 어떠한지를 잘 보여준다. 이것은 다른 동물군에서는 찾아볼 수 없는 특성으로, 포유류의 성공적인 진화를 이룩한 핵심 요인이다.

파충류와 비교해 볼 때 코끼리땃쥐Sengis, Elephant-Shrews로 통용는 포유류의 신체적 민첩성과 지구력을 보여주며 어떻게 포유류가 지구를 정복하게 되었는지를 알려준다. 큰박쥐Fruit Bat, 혹은 과일먹이박쥐는 비행술의 장점과 협동의 시초가 된 집단 이주라는 위대한 업적을 보여주었다. 얼룩점박이하이에나는 전쟁을 준비하는 복잡한 사회로의 발달에 대한 통찰을 제공하고, 수컷 혹등고래의 짝짓기 경쟁은 포유류가 어떤 생활방식으로 지구상에서 가장 크고 멋진 생물이 되었는지 알려준다. 이들 이야기와 더불어 다음에 소개하는 내용들은 포유류의 아름다움과 특질뿐만 아니라 포유류가 지구를 정복하게 된 적응력에 대해 설명하고 있다.

북극곰과 북극고래

아래 : 북극곰이 북극고래의 시체를 먹고 있다. 뭍으로 밀려와 오도 가도 못하는 고래와 에스키모에게 붙잡힌 고래들은 알래스카 북쪽 해안에 사는 굶주린 곰에게 중요한 가을 먹잇감이다.

세상에서 가장 큰 육지 포식자인 북극곰은 포유류의 성공담을 극적으로 들려주는 대표적인 동물이다. 북극곰은 포유류의 강인함과 나약함을 모두 갖추고 있다. 오늘날 북극곰의 행동을 이해하려면 그들의 과거부터 살펴보아야 한다.

약 20만 년 전에 빙하의 흐름으로 남동부 알래스카 지역 애드미럴티 제도Admiralty Island의 작은 섬에 불곰들이 일부 고립되었다. 이들을 불곰이라고 추정하는 근거는 현재의 북극곰이 이 지역에 서식했던 불곰과 긴밀한 연관이 있기 때문이다. 사실 혹자는 북극곰이 흰색 '불곰'의 한 종이라고 주장할 수도 있다. 바다가 얼어붙으면서 고립된 불곰들은 추운 해양 환경에 적응해야 했다. 털과 지방으로 체온을 유지하고 휴대용 식량인 젖을 분비해 새끼를 먹였다. 바로 이런 능력이 파충류는 생존할 수 없는 극한의 북극 지역에서 포유류가 살아남도록 도와주었다.

얼음 위에서 살았던 초창기의 불곰은 얼음 위에서 물개를 잡기 시작했고 그 밖에 몇 가지 신체적, 행동적 변화가 일어났다. 우선 이빨이 초식을 하는 다른 불곰과 달리 고기를 뜯어먹기에 편리하도록 바뀌었다. 얼음 위에서 위장하고 사냥하기에 편하도록 흰 털이 났고, 목이 더 길어져서 먼 거리를 헤엄치고 물개에 접근하는 데 더욱 편리해졌다. 얼음을 붙잡기 위해 발톱은 더 짧고 강해졌으며 발바닥에는 미끄럼을 막아주는 둥근 모양의 마찰 면이 생겼다. 가장 중요한 변화는 겨울에도 사냥할 수 있게 되어 곰의 전통적 특색인 동면을 하지 않게 되었다는 점이다. 이 새로운 북극곰은 곰 중에 가장 최근에 진화한 종으로, 아주 성공적으로 번식해 애드미럴티 제도 전역으로 확산되었다. 그 과정에서 반달무늬물범이나 턱수염물범을 주식으로 삼으면서 해빙에 의존하게 되었다.

위 : 해빙이 녹아 북극곰이 먹잇감인 턱수염물범을 잡기 어려워졌다. 북극곰은 대부분 물개를 주식으로 한다. 물개는 지방이 풍부해서 추운 북극 생활을 견디는 데 필요한 연료를 제공하기 때문이다.

199쪽 : 야생의 힘과 거대한 발톱으로 얼음을 오르는 북극곰의 모습이다.

현 알래스카 북동쪽 보퍼트 해Beaufort Sea에 있는 바터 섬Barter Island은 북극곰을 관찰하기에 최적의 장소다. 이 잘 알려지지 않은 섬은 미국과 마주보는 외딴 곳으로 기후가 아주 혹독한 지역이다. 보퍼트 해에서 바라보면 미 서부 산맥은 그저 완만한 해안 평야에 지나지 않는다. 암컷 북극곰은 매년 1월이 되면 눈 덮인 동굴에 새끼를 낳는다. 북극곰 가족은 3월이나 4월경에 모습을 드러내며, 어미는 주로 새끼 두 마리를 데리고 물개가 살 만한즉, 먹을거리가 많은 얕은 대륙붕 위에 떠 있는 해빙을 찾아다닌다.

여름이 지나면서 점차 해빙이 해안에서 사라지므로 어미 북극곰은 중대한 결정을 내려야 한다. 새끼를 데리고 육지에서 멀리 떨어져 점점 녹고 있는 해빙 위에 계속 남을 것인가, 아니면 새끼와 함께 먹이가 없는 해안가로 헤엄쳐 돌아갈 것인가?

과학자들은 보퍼트 해에 서식하는 북극곰의 생활을 수십 년 동안 추적 연구해 오면서 곰의 놀랍도록 복잡한 의사결정 과정과 최근에 직면한 어려움에 대해 기록하고 있다. 지난 수십 년 동안 어미 북극곰은 물개들이 사는 대륙붕을 낀 해빙에 의존해 살 수 있었다. 하지만 최근에는 지구 온난화가 가속화되면서 가을철에 얼음이 해안에서 150km 이상 떠내려가는 일이 종종 발생한다. 이것은 북극곰 가족이 먹이를 찾을 수 없는 심해 위의 총빙을 따라가는 대신 에너지를 보존할 수 있는 육지로 먼 거리를 헤엄쳐 돌아오는 위험을 감수해야 한다는 것을 뜻한다.

2004년에 실시된 항공 측량에서 폭풍우가 칠 때 바다를 헤엄쳐 건너려던 다 자란 북극곰 네 마리가 익사한 채로 발견되었다. 새끼들은 헤엄을 치는 데 더 미숙하기 때문에 최근 수십 년간 새끼들의 생존율이 50% 이상 떨어졌다. 북극곰은 일생에 새끼를 다섯 번밖에 낳지 못할 만큼 포유류 중에서도 가장 번식이 느리므로 이것은 매우 심각한 일이다.

무사히 육지로 헤엄쳐 오면 북극곰은 한동안 쉬면서 에너지를 비축하고 체내에 축적된 지방에 의지해 생활한다. 보퍼트 해변이 턱수염물범들이 이주하는 주요 관문이라는 점은 북알래스카에 서식하는 북극곰들에게 다행스러운 일이다. 턱수염물범은 얼음에 갇혀 꼼짝달싹 못하게 되어 붙잡힌다. 그래서 바다가 다시 얼기만 기다리는 배고픈 북극곰 가족의 생명을 이어주는 주요 에너지원이 된다.

북극곰은 동물의 왕국에서 가장 후각이 발달한 종이며, 경험 많은 어미는 해안이 자신들의 생명을 유지하고 새끼를 보살필 수 있게 해주는 터전이라는 것을 안다. 곰은 일반적으로 혼자 활동하지만 바터 섬에서는 이들이 사회적으로 움직이는 드문 광경을 볼 수 있다. 또한 세계 최대의 북극곰 서식지여서 최대 65마리가 모여서 고래 시체를 뜯어먹는 모습도 관찰할 수 있다. 북풍이 불면 이곳은 불곰과 북극곰을 함께 볼 수 있는 유일한 장소가 된다. 북극곰들이 대거 모인 장관은 포유류의 놀라운 적응력과 한편으로는 그 연약함을 다시금 일깨워준다.

오른쪽 : 어미 북극곰과 새끼가 꽁꽁 얼어붙은 먹이를 뜯어먹고 있다. 이 턱수염물범은 경험이 풍부한 어미곰과 새끼들의 생명줄로, 많은 곰의 공격 대상이 된다.

201쪽 : 한 수컷 곰이 주요 식량 공급처로 들어서고 있다. 먹이를 두고 덩치 큰 수컷과 새끼를 데리고 온 암컷 사이에 약간의 충돌이 발생했다.

살기 위해 손가락 사냥법을 배우는 원숭이

위 : 아직 청각이 발달하지 않은 새끼 손가락원숭이가 손가락 두드리는 기술을 연습하고 있다. 새끼는 몇 년 동안 어미의 기술을 보며 익힌다.

203쪽 : 다 자란 손가락원숭이가 가늘고 유연한 기다란 중지를 이용해 나무 둥치에서 어떻게 구더기를 꺼내는지 보여주고 있다.

마다가스카르 손가락원숭이는 가장 신비로운 포유동물이다. 1780년에 처음 발견되었을 때 과학자들은 덥수룩한 꼬리와 계속 자라는 설치류의 이빨을 가진 이 원숭이를 새로운 다람쥐 종이라고 생각했다. 하지만 나중에 원숭이와 골격이 비슷하다는 점이 밝혀지면서 여우원숭이와 가까운 종이며 마다가스카르에서 진화한 세상에서 가장 큰 야행성 영장류라는 것이 판명되었다. 덥수룩한 털과 가죽 느낌의 큰 귀, 번쩍이는 눈과 길고 얇은 손가락 덕분에 세상에서 가장 희한한 동물로 알려졌다.이 지역에 서식하는 고양이와 크기가 비슷한 마다가스카르 손가락원숭이는 밤이 되면 먹이를 찾아 열대우림의 수풀 속을 돌아다닌다. 마다가스카르에는 딱따구리가 없어서 나무에 사는 곤충을 잡아먹는 동물이 없는데 손가락원숭이가 그 역할을 하고 있다. 손가락원숭이는 긴 손가락으로 나뭇가지나 줄기를 1분에 최대 40회까지 두드리면서 곤충이 있는지 확인한다. 청각이 매우 발달해서 단단한 나무와 애벌레가 살고 있는 나무의 미묘한 소리 차이를 감지할 수 있고, 심지어 애벌레가 기어가는 소리까지 들을 수 있다.

나무에 틈이 보이거나 속에 곤충이 있는 것을 발견하면 날카로운 앞니로 가지나 나무껍질을 통째로 뜯어낸다. 그리고 기괴할 정도로 길고 가느다란 중지를 집어넣어 벌레를 끄집어낸다. 중지는 몇 가지 특이한 점이 있다. 다른 손가락보다 세 배 더 길고 구부러졌으며 매우 유연해서 관절에서부터 양쪽으로 30도 이상 꺾어진다.

'손가락 사냥'은 새끼 마다가스카르 손가락원숭이가 배워야 하는 복잡한 기술이다. 막 태어난 손가락원숭이는 귀가 들리지 않으며 6주 정도 지나야 청각이 제 기능을 한다. 새끼들은 한두 달 정도 둥지에서 시간을 보낸 후 곧 나뭇가지에 오르고 위아래로 매달리는 기술을 익힌다. 새끼들은 점차 부모처럼 나무에서 민첩하게 움직이게 되고, 둥지를 벗어나기도 전에 어미의 손가락 사냥 기술을 따라 하기 시작한다. 어미를 지켜보면서 세심한 손가락 움직임을 모방하고, 노는 시간의 1/4을 그 연습에 투자한다.

어미가 먹이를 물어다주면 새끼들은 어미를 밀쳐내고 그 위로 덤벼든다. 제일 탐욕스러운 새끼가 먹이를 얻는다. 새끼 손가락원숭이는 마치 어린아이가 아이스크림콘을 먹듯 큰 애벌레를 먹는다. 제일 먼저 머리를 베어 물고 소화시키기 어려운 입 부분은 뱉어낸다. 그러면 애벌레의 속살이 새끼의 손가락 위로 뚝뚝 흘러내리는데 이때 혀를 사용해서 손에 묻은 맛있는 부분을 핥아먹는다. 새끼는 입맛이 까다로워서 새로운 먹이가 있으면 어미가 먼저 맛볼 때까지 기다린다.

새끼들은 약 15~17개월이 되기 전까지는 손가락 사냥을 하러 나갈 수 없으며, 이 기술을 완전히 익히는 데는 대략 2년 정도가 걸린다. 어린 손가락원숭이는 네 살이 되면 독립하고 먹이의 10~50%를 손가락 사냥으로 획득한다. 흥미로운 점은 역할 모델이 없으면 새끼들이 손가락 사냥 기술을 익히지 못한다는 것이다. 여기에서 손가락 사냥이 선천적인 능력이 아니라 습득하는 것임을 알 수 있다.

여우원숭이와 비교할 때 야행성인 손가락원숭이는 몸 크기에 비해 뇌가 매우 크다. 손가락 사냥이라는 복잡한 기술과 후각, 청각을 발달시키려는 노력의 산물인 것으로 보인다.

이상하게 생긴 야행성 마가가스카르 손가락원숭이는 그 외모 때문에 종종 마다가스카르 지역 주민에게 악마의 사신으로 여겨지기도 한다. 일부 지역 주민들은 손가락원숭이가 중지로 누군가를 가리키면 그 사람이 죽는다고 믿는다. 또 마을에 이 원숭이가 나타나면 마을 사람 중 누군가가 죽을 징조라고 여겨 이를 막기 위해 원숭이를 죽여야 한다고 믿는다. 이런 미신이 손가락원숭이의 생존을 위태롭게 해서 한때 멸종된 것으로 알려지기도 했으나 다시 발견되었다. 하지만 오늘날에는 이러한 미신보다 손가락원숭이의 서식처인 열대우림이 점점 줄어들고 있다는 점이 더 큰 위협이다.

달려야 사는 코끼리땃쥐

위 : 붉은코끼리땃쥐 한 마리가 빠른 속도로 자신의 탈출로를 달리고 있다. 이 쥐에게는 활동성을 유지할 수 있을 만큼 먹이를 찾는 것이 가장 중요한 문제다.

과학자들을 가장 당혹하게 한 포유류 종은 코끼리땃쥐Sengi, Elephant Shrew다. 19세기 중반에 처음 발견되었을 때 동물학자들은 이 민첩하고 이상하게 생긴 생물이 두더지쥐와 연관이 있다고 생각했다. 코끼리와 비슷한 길고 유연한 코와 곤충을 좋아하는 습성 때문에 코끼리땃쥐라는 이름이 붙었다. 과학자들은 계속해서 이 생물의 기원을 찾으려 노력했고 그 결과 영양, 영장류, 심지어 토끼의 먼 친척뻘이 되는 동물이라고 결론지었다. 하지만 최근 분자 연구를 통해 이들이 아프리카 포유류의 일종이며 바위너구리, 땅돼지Aardvark, 남아프리카에 사는 개미핥기의 일종 – 옮긴이, 바다코끼리, 텐렉Tenrec, 고슴도치와 비슷한 마다가스카르의 식충 동물 – 옮긴이, 코끼리와 조상이 같다고 판명되었다. 재미있는 점은 이 같은 사실이 알려지기 전에 이미 코끼리땃쥐라는 적합한 이름이 붙여졌다는 것이다.

포유류의 크기 변천사는 잘 알려져 있다. 현재 생존하는 육상 포유류 중에 가장 큰 동물인 코끼리는 서서히 덩치를 키우며 살아남았다. 하지만 상대적으로 작은 코끼리땃쥐 15종은 약육강식의 세계에서 어렵게 살아남아야 했다. 동아프리카의 건조한 관목 숲에 서식하는 붉은코끼리땃쥐Rufous Shrew는 다 자라도 무게가 겨우 50g밖에 나가지 않는다. 큰 눈을 빠르게 움직이고, 마치 영양과 개미핥기를 합쳐놓은 것 같은 특이한 생김새다. 이 쥐는 흰개미와 일반 개미 같은 열악한 먹이를 주로 섭취하며, 작은 크기 때문에 신진대사율이 높아서 굶주림을 채우는 것이 가장 큰 문제다. 그래서 타협과 영리한 수단을 개발해 문제를 해결했다.

코끼리땃쥐는 배가 고파 온종일 돌아다니는데, 이때 몽구스Mongoose, 사향고양잇과의 육식동물, 새, 파충류 같은 포식자들의 눈에 띌 가능성이 크므로 그만큼 위험하다. 그래서 붉은코끼리땃쥐는 적을 속이기 위해 정교하고 장애물 없이 잘 치워진 탈출로를 여러 개 만들어둔다. 이 길을 기억하기 위해 발이나 꼬리의 체취를 이용한다. 매우 빠른 속도로 이 길을 다니면서 앞발을 이용해 잔해를 가장자리로 치워둔다. 나뭇가지 하나라도 통로에 남아 있으면 위급한 상황에서 도망칠 때 큰 일이 나기 때문에 활동하는 시간의 20~40%를 탈출로를 다니며 장애물을 치우는 데 보낸다. 이 탈출 시스템의 또 다른 장점은 마치 두더지 터널처럼 쉽게 곤충을 찾을 수 있다는 것이다.

붉은코끼리땃쥐는 둥지나 굴을 만드는 대신 작은 영양처럼 땅에 난 덤불숲에 숨어 산다. 만일 포식자에게 발견되면 도망치기 전에 뒷발로 땅을 두드려서 가족이나 새끼에게 알린다.

코끼리땃쥐는 포유류가 파충류보다 많은 장점을 갖추고 있다는 것을 증명해 준다. 긴 발이 몸통 옆이 아닌 아래에 달려 있어서 땃쥐를 비롯한 대부분 포유류는 같은 크기의 파충류보다 더 잘 달릴 수 있다. 또한 온혈동물이어서 파충류보다 지구력이 열 배나 뛰어나 도망가는 데 유리하다. 하지만 파충류도 그들만의 장점이 있기 때문에 덩치가 작은 일부 코끼리땃쥐 종은 파충류의 전략을 모방하기도 한다. 밤이 되면 몸의 온도를 최대 5도까지 낮춰 휴면하면서 몸을 따뜻하게 유지하는 데 소비되는 에너지의 98%를 비축하는 것이다. 다음 날 해가 뜨면 신체 리듬이 회복된다.

붉은코끼리땃쥐는 일자일웅이며, 1,600~4,500㎡에 이르는 상당히 넓은 영역을 보유한다. 동성의 땃쥐로부터 자신의 영역을 지키는데 이때 놀라운 행위를 보여준다.

영역의 경계에서 경쟁자와 마주치면 땃쥐는 긴 다리를 들고 상대의 주변을 천천히 걸으면서 강해 보이려 한다. 이 의식은 갑작스러운 싸움으로 바뀔 수도 있으며 싸움은 몇 초만에 끝난다. 땃쥐 한 쌍은 조숙한 새끼를 한두 마리 낳는데 털, 시야, 움직임이 완전히 성장한 땃쥐와 대등한 소형 복제판이다. 새끼는 탈출로 속에 숨겨놓고 키운다. 수컷은 부모 역할을 하지 않지만 탈출로를 깨끗하게 유지하고 영역을 지키며 포식자가 나타나면 신호를 보내 알려준다.

작고 야행성이며 곤충을 잡아먹는 이 쥐는 밤에 사냥을 하지만 낮에도 활동한다. 빠른 속도로 달리는 코끼리땃쥐는 초기 포유류들이 어떻게 낮을 점령했는지에 관한 통찰을 제공한다.

아래 : 흰개미와 개미를 주로 잡아먹는 붉은코끼리땃쥐가 사냥에 나섰다. 땃쥐는 자신의 탈출로를 잘 인지하고 있어서 빠른 속도로 도망칠 수 있다. 또한 미리 탈출로의 장애물을 치워두어 빨리 도망치거나 곤충을 잡아먹을 때 유용하게 활용한다.

거대한 외침, 거대한 무리

207쪽 : 아프리카에는 가장 거대한 포유류 집단이 살고 있는 신비로운 지역이 있다. 새벽이 되면 큰박쥐 떼가 넓은 보금자리로 되돌아온다. 이들은 잘 익은 과일을 찾아 밤새 숲속을 수 킬로미터 날아다녔다.

1986년에 화려한 경력을 자랑하는 영국인 탐험가 데이비드 로이드David Lloyd가 위험한 콩고 국경에서 몇 킬로미터 떨어지지 않은 잠비아 북쪽의 외딴 늪지대를 탐험했다. 지역 토착민들에게서 늪지 중심의 깊숙한 곳에 거대한 박쥐 무리가 숨어 산다는 소리를 들은 그는 나무둥치와 덩굴이 얽혀 있는 숲속을 뚫고 들어갔다. 한참 걸어갔을 때 멀리서 큰 울음소리가 들려왔다. 날카롭게 울려 퍼지는 소리의 주인공은 바로 수백만 마리의 담황색 큰박쥐 떼였다. 이날 로이드는 지구상에서 가장 거대한 무리를 이룬 동물 종을 발견했다.

카산카Kasanka는 습한 평지에 빛이 들지 않는 사철 푸른 늪지대로, 로이드는 처음에 이곳에 사는 큰박쥐의 수가 어느 정도인지 파악하지 못했다. 실제로 과학자들은 그 후로 몇 년이 지나서야 로이드가 세상에서 가장 넓은 큰박쥐의 서식처를 발견했다는 사실을 알게 되었다. 매일 저녁 6시가 지나면 800만~1,100만 마리의 거대한 큰박쥐 떼가 뉴욕 센트럴파크보다 좁은 지역0.5㎢에서 쏟아져 나온다.

박쥐는 약 5,000만 년 전에 나타난 신생 포유류로, 나무 위에 서식하던 야행성 포유류의 조상에서 진화했다. 날개는 손가락뼈가 연장된 것으로 연약하지만 상처가 잘 아무는 피부로 덮여 있다. 날개가 연결되지 않은 양손의 엄지손가락에는 손톱이 있어서 박쥐가 나무를 기어오를 때 편리하다. 박쥐는 나는 데 많은 제약이 있다. 직사광선 아래에서는 몸이 과열되기 때문에 주로 밤에 비행하며, 한편으로는 이렇게 해서 새들과의 경쟁을 피한다. 박쥐의 무릎은 사람과 반대 방향으로 구부러져 마치 방향타처럼 공중에서 꼬리막을 조절할 수 있게 해준다. 하지만 거꾸로 구부러지는 무릎 때문에 새처럼 나뭇가지 위에 앉지 못해서 특별한 힘줄을 이용해 다리를 고정시키고 거꾸로 매달려 휴식을 취한다.

박쥐는 두 종류로 나뉜다. 작은박쥐아목Microchiropteran은 덩치가 작고 흔히 볼 수 있는 종으로 주로 곤충을 먹고 살며 눈이 작아서 음파 탐지로 길을 찾는다. 덩치가 큰 열대 큰박쥐나 큰박쥐가 속한 큰박쥐아목Megachiropteran은 과일과 과즙을 주로 먹고, 눈이 크고 시력이 좋아 어두운 곳에서도 길을 잘 찾는다. 이 두 그룹은 전체 포유류 종 개체수의 20% 이상을 차지하는 크게 성공한 포유류다. 조류와 마찬가지로 비행 능력이 있어 큰 에너지 소모 없이 빠르게 이동할 수 있고 계절에 따라 먹이를 찾아다니거나 기후에 따라 여행할 수 있어서 가장 종류가 다양한 포유류로 진화했다.

담황색 큰박쥐는 아프리카에서 가장 넓게 분포하는 포유류로, 북쪽으로 모리타니Mauritania에서 남쪽으로는 케이프Cape까지 서식한다. 10월에는 수백만 마리의 이 큰박쥐 떼가 중앙아프리카에서 잠비아 북쪽의 카산카로 이주해 세상에서 가장 거대한 큰박쥐 군락을 형성한다. 그들의 이주 과정과 왜 이 작은 숲에 모이는지에 대해서는 아직도 풀리지 않는 의문이 많다. 암컷들은 임신한 상태로 카산카에 도착하지만 이곳에서 새끼를 낳는 일은 거의 없다. 이 말은 카산카가 번식지가 아니라는 뜻이기도 하다.

잠비아 언어로 카산카는 '수확하러 오는 곳'이라는 뜻이다. 이로 미루어 박쥐들이 왜 우기가 시작될 때 이곳으로 오는지 알 수 있다. 10월부터 12월 말까지 카산카에는 다양한 과일이 놀라울 정도로 풍부하게 열린다.

매일 밤, 분당 15만 마리의 박쥐 떼가 긴 날개를 펴고 서식지를 나선다. 이들은 음식을 찾아 주변 숲을 최대 59km까지 날아간다. 박쥐들은 시끄럽게 먹이를 먹고 덩치가 크기 때문에 높은 나뭇가지 근처에서만 사냥할 수 있다. 그래서 경작하는 농부들과 마찰이 발생하지 않는다. 또 먹이를 먹을 때 수분을 하고 널리 씨앗을 뿌려주어 나무들에게 생태학적으로 중요한 매개이기도 하다.

새벽이 되면 박쥐 무리가 보금자리로 돌아오는데, 이때 떠오르는 태양빛을 받아 마치 반짝이는 주황색 나비 수백만 마

위 : 한 나뭇가지에 큰박쥐 수천 마리가 매달려 낮 시간의 보금자리를 이룬 모습이다. 이들은 현재까지 발견된 것 중 가장 거대한 무리다. 매달리는 박쥐의 무게 때문에 종종 나무가 쓰러지기도 한다.

리가 하늘을 수놓은 것처럼 보인다. 1㎢ 안에 사는 박쥐의 수는 아프리카에 사는 전체 누큰 영양의 일종-옮긴이의 수보다 다섯 배는 더 많아 박쥐 떼는 생명의 위대한 장관을 연출한다. 큰박쥐는 나무속이나 동굴에 서식하기에는 덩치가 너무 크고 수가 많아서 개방된 곳에 있는 나무에 매달린다. 잎사귀와 가지들은 수백만 마리의 무게를 감당하고 그들의 발톱에 긁혀 헐벗는다. 박쥐의 수가 가장 많아지는 11월이면 서식지의 범위가 뚜렷해진다. 지구상에 이곳만큼 거대한 또 다른 박쥐 왕국은 오직 한 곳이 있는데 바로 잘 알려진 텍사스 주 브래큰 동굴Bracken Cave이다. 이곳에는 작은 멕시코큰귀박쥐Mexican Free-Tailed Bat 약 2,000만 마리가 모여 산다. 이곳 박쥐들은 카산카에 사는 큰박쥐와 비교하면 난쟁이에 가깝다. 날개폭이 80cm인 큰박쥐는 세상에서 가장 조밀한 포유류 생물량특정 지역에 서식하는 생물의 수-옮긴이을 보여준다. 모두 합쳐서 약 2,500톤에 이르는 박쥐들이 작은 숲속에 둥지를 트는데 이 무게는 환산하면 코끼리 약 500마리에 버금간다.

이 비좁은 보금자리에서도 박쥐들은 끊임없이 움직인다. 몸을 단장하고 잠을 자고 날개를 펄럭이며 간혹 다투기도 한다. 하지만 전체적으로 조화로운 모습이 인상적이다. 담황색의 큰박쥐들이 쉴 새 없이 재잘거리는 것은 그들의 많은 신비로움 중 하나다. 우리는 이들이 왜 그렇게 자주 의사소통하는지 알지 못하며, 뭐라고 하는지도 알 수 없다. 박쥐로 뒤덮인 나뭇가지나 나무 전체가 그 무게를 지탱하지 못하고 땅으로 쓰러지고, 죽거나 죽어가는 박쥐의 잔해가 숲에 쌓이는 것은 늘 있는 일이다. 다친 박쥐는 근처의 나무 위로 오르지만 그래봐야 결국에는 미라가 되고 만다. 이 지역에 사는 악어는 나뭇가지가 부러지는 소리를 들으면 불행을 피하기 위해 얼른 자리를 피한다.

맹금류는 포유류의 가장 가까운 조상이자 치명적인 적이다. 마셜독수리, 왕관독수리, 아프리카물수리는 늪에 높게 솟아 있는 나무에서 먹잇감을 찾는다. 그렇지만 덩치가 큰 박쥐를 잡는 일은 생각만큼 쉽지 않다. 맹금류는 거대한 박쥐 무리를 보고 놀라서 어떤 박쥐를 공격해야 할지 결정하지 못한다. 간혹 무리 지어 쉬고 있는 박쥐를 나무 아래로 떨어뜨리려고 잡아당기거나 무리로 돌진하며 공중에서 공격하기도 한다. 하지만 박쥐들은 능숙하게 땅으로 떨어지며 공격을 피한다. 일부는 잡히지만 그 수는 전체에 비하면 미미한 편이다. 즉, 대부분의 박쥐는 안전하게 살아남는다. 상대적으로 맹금류의 영향력이 적다는 것은 거대 보금자리의 또 다른 장점을 설명해 준다. 바로 포식자가 늪에 빠질 수 있는 위험을 안기는 것이다.

10주 동안 박쥐들은 매일 밤 자기 몸무게의 두 배 이상 되는 양의 과일을 먹는데, 이는 그들이 머무는 동안 5억kg의 과일을 소비한다는 뜻이다. 환산해 보면 바나나 수십억 개에 해당되는 양이다. 그리고 크리스마스가 다가올 때쯤 전체 무리가 카산카를 떠난다. 절대적인 숫자로 볼 때 이것은 세상에서 가장 거대한 포유류 무리의 이주다. 이 장관이 최근까지도 과학계에 알려지지 않았다는 사실이 놀랍다. 하지만 더 큰 미스터리가 남아 있다. 이들은 정확히 어디에서 날아와 어디로 가는 것일까?

최근 하이디 릭터Heidi Richter와 그의 동료들이 카산카 큰박쥐 네 마리의 몸에 위성 송신기를 부착해서 의문을 풀고자 시도했는데 그 결과는 놀라웠다. 박쥐 네 마리는 카산카를 떠나 각자 다른 길로 북쪽으로 향했다. 한 마리는 하루에 370km를 비행했다. 다른 한 마리는 몇 주 동안 1,900km 이상 이주했고 콩고 열대우림 깊은 곳으로 사라졌다. 이 조사는 카산카로의 왕복 비행 거리가 적어도 3,800km는 된다는 것을 입증해 세상에서 가장 긴 육지 포유류의 이주를 밝혀냈다. 카산카에 도착하기 전에 박쥐들이 어디서 나타나는지는 밝혀지지 않았다. 카산카에서의 집단 서식이 그보다 더 중요한 문제일 수도 있다. 아프리카 사람들이 키운 과일, 땅콩, 나무의 70%가 큰박쥐에 의해 수분을 하고 씨앗을 살포한다. 어떻게 보면 중앙아프리카 사람들과 열대우림이 박쥐들의 생존에 크게 의존하고 있는 것은 아닐까?

위 : 담황색 큰박쥐 한 마리가 저녁식사를 위해 보금자리를 나서고 있다. 이들은 약 10주 이상 매일 밤 자기 무게의 두 배가 넘는 양의 과일을 먹어치운다. 이 박쥐들이 정확히 어디서 나타나 어디로 돌아가는지는 아직 풀리지 않는 수수께끼로 남아 있다.

오른쪽 : 거대한 무리의 출현. 이 큰 박쥐들은 열대우림과 그곳에 사는 인간들의 생존에 꼭 필요하다. 박쥐들은 수분 매개가 되고 씨앗을 널리 옮겨준다. 아프리카에서 나는 과일, 견과류, 나무들의 70%가 큰박쥐에 의존하고 있다.

혹등고래의 육탄전

놀라운 광경을 연출하는 포유류가 있다. 지느러미를 내리치고 아래턱을 수면에 부딪치며 물 밖으로 뛰어오르고 공기 방울을 내뿜으며 싸움을 벌이는 수컷 혹등고래다. 생물학자들이 '뜨거운 질주' 라고 부르는 이 장관은 수컷 고래 40마리가 모여 암컷을 차지하기 위해 서로 싸우는 모습이다.

혹등고래는 암컷을 두고 대결하는 동물 중 가장 덩치가 크

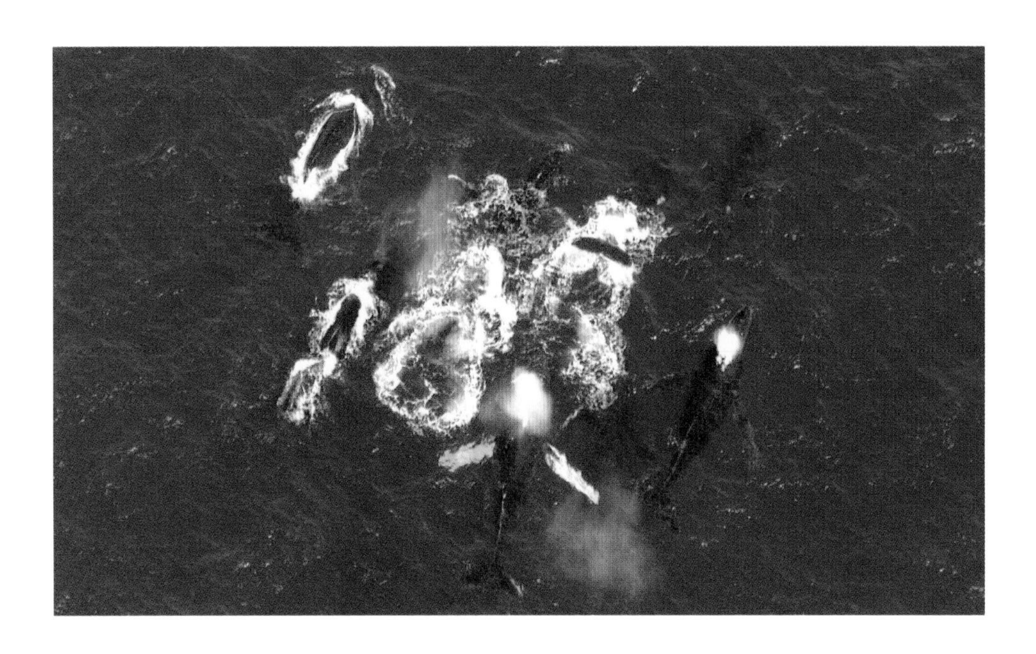

위 : 최대 40마리의 수컷 혹등고래가 참여한 치열한 수중 짝짓기 결투가 수면 위로 드러났다.

오른쪽 : 싸움이 고조되고 있다. 경쟁자들은 몇 시간 동안 싸우기도 하며 종종 부상을 입거나 죽기도 한다.

다. 다 자란 수컷은 몸길이가 평균 15.5m, 무게가 최대 40톤까지 나간다. 암컷은 수컷보다 덩치가 더 커서 무게가 44톤 이상이다. 매해 겨울이면 혹등고래는 북극에서 열대 해양으로 4,000km를 헤엄쳐 가 짝짓기 결투를 벌인다. 이곳은 식량이 부족해서 고래는 몸에 비축해 둔 지방으로 목숨을 잇는다. 왜 북극에서는 짝짓기를 하지 않을까? 아마도 암컷들이 막 태어난 새끼가 지내기에는 온도가 높은 지역이 낫고 또 암컷을 따라온 수컷과 그곳에서 짝짓기를 해서 새끼를 낳는 것이 더 적합하다고 판단한 것으로 보인다.

수컷 혹등고래의 가장 큰 어려움은 넓은 바다에서 짝짓기 상대인 암컷을 찾는 것이다. 그러기 위한 방법 중 하나는 노

위 : 수컷이 짝짓기를 할 암컷을 따라가고 있다. 암컷이 임신을 할 수 있는 기간은 아주 짧아서 수컷은 짝짓기를 할 암컷을 차지하기 위해 사력을 다해야 한다.

래를 부르는 것이다. 노래는 강력한 저주파로 물속에서 수백 킬로미터까지 전달된다. 깊은 물속에는 수컷들이 만들어낸 불협화음이 요동친다. 10~20분가량의 노래는 몇 시간 동안 계속되고 종종 밤에도 들린다.

수컷이 넘어야 할 두 번째 과제는 수태할 수 있는 암컷을 찾는 일이다. 암컷은 하루나 이틀 동안만 번식할 수 있다. 아마도 번식 가능한 암컷이 화학 분비물을 통해 수컷에게 알리는 것 같다. 흥미롭게도 수컷은 입을 벌리고 바닷물을 맛보며 이 분비물이 함유되었는지를 살핀다.

수컷들이 한 암컷 주위로 모여들면 암컷은 헤엄치기 시작하고 수컷 무리가 빠른 속도로 그 뒤를 따른다. 가장 큰 수컷이 암컷 바로 뒤의 가장 좋은 장소에서 암컷을 보호하고 덩치가 작거나 어린 수컷들은 주변에 머무르며 경쟁하는 법을 배운다. 덩치가 비슷하다면 수컷 간에 자리싸움이 벌어진다. 지느러미를 펄럭이고 물 위로 뛰어오르며 공기 방울을 내뿜는 것이 경고다. 긴장이 고조되면 수컷들은 서로 응시하며

물 밖으로 솟아올라 턱 아랫부분을 수면에 강하게 내리친다. 싸움이 격렬해지면 수컷들은 물속에서 서로 덤비고 밀친다. 서로 엉켜서 수면 위로 도약하는데, 이런 폭력적인 싸움으로 부상을 입거나 간혹 목숨을 잃기도 한다.

잠수부들은 트럭 크기의 고래들이 떼를 지어서 암컷을 쫓아 재빠른 속도로 헤엄치는 모습을 촬영해 연구하려고 시도했다. 하지만 이 질주는 오로지 공중에서만 온전히 관찰할 수 있다. 짝짓기 경쟁은 수면을 넘나들며 몇 시간 동안 계속된다. 뒤쫓아 가는 동안 승패가 갈라져 마지막에는 승리자가 암컷과 함께 헤엄친다. 그 다음 단계는 아직 미스터리로 남아 있다. 과학자들이 수천 시간 동안 고래를 관찰했지만 어디서 짝짓기를 하는지는 알아내지 못했다. 그래서 짝짓기가 심해에서 이루어진다는 주장에 무게가 실리고 있다.

왜 이 거대한 고래들이 힘들고 위험하기까지 한 대결을 벌이는 것일까? 이 대결이 암컷으로 하여금 훌륭한 짝짓기 상대를 찾게 해주는 효율적인 방법이기 때문이다.

위 : 경쟁 중인 수컷이 공기 방울을 만들어 암컷이 다른 상대를 보지 못하게 막거나 다른 수컷들의 시야를 흐리게 한다. 고래의 짝짓기 장소는 아직 밝혀지지 않았다.

216~217쪽 : 솟아오르는 거대한 고래들이 엄청난 파도를 일으키며 덩치와 힘을 뽐낸다.

얼룩점박이하이에나의 암컷 공화국

아래 : 새끼를 돌보는 어미의 가짜 음경과 음낭이 보인다.

219쪽 : 하품하는 얼룩점박이하이에나의 모습에서 고기를 자르고 찢고 가는 데 완벽한 이빨이 드러난다.

220~221쪽 : 어미 하이에나와 암컷 새끼의 모습이다. 새끼는 어미의 지위를 물려받는다. 이 암컷은 쌍둥이 자매가 있었으나 태어난 지 몇 주 되지 않아서 잡아먹혔다. 하이에나의 일생에서 공격은 빈번하게 일어나지만 한편으로 그들 사회는 매우 세심하고 협력적이다.

수천 년 동안 인간 사회에는 얼룩점박이하이에나의 기괴하고 악마적인 행동에 대한 이야기가 전해 내려왔다. 사람들은 이 하이에나와 오랜 세월 교류해 왔고 그 시초는 아프리카였다. 이후 빙하 시대에 영국과 유럽 지역으로 전파되었지만 그 지역에서는 멸종되었다.

개처럼 생겼지만 하이에나는 고양이, 몽구스, 사향고양이와 더 가까운 종이다. 현재 네 종이 있으며 얼룩점박이하이에나는 그중 가장 크고 특이한 종이다. 암컷이 수컷의 생김새와 습성을 보이고 심지어 생식기도 수컷과 비슷하다. 번식도 포유류 중 가장 독창적이다. 암컷의 클리토리스에 긴 튜브 모양의 가짜 음경이 수컷의 음경과 동일한 크기와 모양으로 생성되어 있고 가짜 음낭도 있다. 암컷은 수컷을 모방한 이러한 생식기로 소변을 보고, 가짜 음경으로 짝짓기를 하고 새끼도 낳는다. 이 이상한 신체 구조 때문에 출산은 매우 위험하다. 처음 태어나는 새끼가 암컷의 가짜 음경을 찢고 나와야 하기 때문이다. 처음 태어나는 새끼의 3/4이 출산 중에 죽으며 첫 출산하는 어미의 10%가 사망한다. 포유류의 1/4이 암컷이 수컷보다 덩치가 크고 여러 종의 암컷이 수컷의 것을 모방한 생식기를 가지고 있으나거미원숭이, 여우원숭이, 유럽두더지 등 얼룩점박이하이에나처럼 그 형태가 유사한 종은 없다.

그렇다면 수컷의 생식기를 흉내 낸 외관의 장점은 무엇일까? 첫 번째 가설은 얼룩점박이하이에나 공동체 내의 치열한 경쟁의 결과라는 주장이다. 암컷은 근육질에 수컷보다 덩치가 크고 더 공격적이며 지배하는 존재이다. 가장 아둔한 암컷과 그 새끼들이 제일 먼저 잡아먹히기 때문에 공격성이 커지고 수컷 호르몬의 분비가 많아진 것이다. 하지만 식량을 얻기 위한 경쟁이 암컷 하이에나가 수컷과 같은 특성을 갖추게 된 유일한 이유가 될 수는 없다. 다른 많은 육식 동물 암컷도 먹이를 얻기 위해 경쟁하기 때문이다.

하이에나 사회는 태어날 때부터 공격과 협동이 조화를 이룬다. 암컷들은 일반적으로 쌍둥이를 낳지만 몇 주가 지나면 절반은 한 마리만 남는다. 얼룩점박이하이에나의 새끼들은 태어나면서부터 송곳니가 있고, 얼마 지나지 않아서 폭력적으로 싸우기 시작해 상대를 죽인다. 어미 하이에나는 협소한

아래 : 고독한 얼룩점박이하이에나 한 마리가 치명적인 적수인 사자에 맞서 불리한 싸움을 하고 있다. 하이에나는 수가 많아야 사자를 이길 수 있다.

땅돼지의 굴에 새끼를 낳는데, 입구가 좁아서 붙어 있는 새끼 두 마리의 싸움을 말릴 수 없다.

암컷 하이에나는 훌륭한 어미지만 많은 시련을 겪는다. 먹이를 찾기 위해 종종 먼 거리까지 사냥을 가야 해서 새끼들은 다른 포유류 새끼보다 더 긴 시간을 홀로 남겨지는데 간혹 일주일이 걸리기도 한다. 어미는 젖을 풍족하게 먹이기 위해 1년에 3,600km를 돌아다니며 50회 정도 사냥을 한다. 또 새끼들이 빨리 사회성을 익히도록 3~80마리의 구성원이 속한 복잡한 일가로 빨리 합류하게 한다. 얼룩점박이하이에나는 고도로 지능이 발달했고 놀랍도록 정교한 사회 체제를 갖추고 있다.

어미의 사회적 지위를 암컷 새끼가 계승하고, 성공한 어미의 새끼가 무리 속에서 먹이를 먼저 얻는다. 이 복잡한 사회의 장점 한 가지는 협동 사냥이다. 청소부라는 별명도 있는 얼룩점박이하이에나는 아프리카에서 가장 솜씨 좋은 포식자로, 식량의 70%를 사냥으로 얻는다. 무리는 작은 사냥 그룹으로 나누어 얼룩말, 누, 심지어 케이프물소, 기린, 어린 코끼리와 같은 덩치 큰 동물도 목표로 삼는다. 하이에나는 심장이 커서 먼 거리도 지치지 않고 시속 10km로 빠르게 걸을 수 있고 시속 50km의 속도로 3km 이상 사냥감을 쫓아갈 수 있을 만큼 지구력이 강한 짐승이다. 간혹 24km를 끈질기게 쫓아갈 때도 있다.

하이에나 무리는 다른 무리와의 경쟁뿐만 아니라 숙적인 사자의 위협을 방어하는 데도 효율적이다. 일반적으로 서로 다른 종 사이에는 경계 영역이 없지만 하이에나와 사자는 자기 경계를 지키기 위해 서로 싸운다. 사자는 언제든 하이에나를 죽이려고 한다. 하이에나는 새끼 사자의 주요 포식자이며 수적으로 우세할 경우 다 자란 사자를 사냥하기도 한다.

하이에나 일가가 사자나 다른 상대로부터 자신들의 영역을 성공적으로 보호할 수 있을지 여부는 공격하는 수컷 사자의 수와 거기에 대적하는 하이에나 무리 구성원의 수에 달려 있다. 서로 간의 충돌은 치명적인 싸움이 될 수 있다. 한 예를 들면, 에티오피아의 고벨 사막Gobele Desert에서 벌어진 사자와 하이에나의 싸움은 2주 동안이나 계속되었다. 결국 사자가 승리해 하이에나를 몰아냈지만 하이에나 서른다섯 마리를 죽이는 과정에서 사자도 가족 여섯 마리를 잃었다. 그렇지만 얼룩점박이하이에나는 아프리카에서 가장 흔하게 볼 수 있는 동물이자 성공적인 포식자로 남아 있다. 그들의 복잡한 사회적 행동은 환경에 적응하는 포유류 사회가 어떻게 진화해 왔고 성공했는지를 보여주며, 사회와 복지의 기원에 대해서도 이해할 수 있게 도와준다.

위 : 큰 사자 무리가 자기들이 잡은 먹잇감을 건드리지 못하게 경계하면서 먹고 있다. 하이에나는 사자에 대응할 만큼 충분한 수의 구성원을 모으면 그 먹이를 빼앗으려고 덤빌 것이다.

오른쪽 : 한 무리의 하이에나가 자신들의 영역에서 사자를 몰아내고 있다. 두 사회 간에는 수적 우세와 협동이 싸움의 중요한 요소로 작용한다.

Chapter 8

사냥꾼 포유류

포유류가 지구에 성공적으로 정착할 수 있었던 이유 중 하나는 학습 능력이다. 성공과 실패에서 교훈을 얻으면 특정한 서식처나 열악한 환경에서의 문제를 극복할 수 있다. 그리고 오래 사는 대부분의 포유류는 새끼를 양육하는 데 긴 시간을 투자한다. 새끼들은 부모가 평생 살아오면서 얻은 많은 지혜를 배우고 이 위대한 유산은 경쟁자를 이기게 해준다. 학습으로 길러진 적응력은 포유류가 지구상에서 가장 척박한 환경에서도 살아남을 수 있게 도와주었다.

이 장에서는 먹잇감을 사냥하거나 포식자를 피하는 개별 혹은 집단 포유류의 놀라운 행동에 대해 다룬다. 그 와중에 상황이나 지역적 특색에 맞게 전략을 세우는 포유류도 있다. 레와 다운스Lewa Downs에 사는 치타 형제를 살펴보자. 그들은 정기적으로 타조를 사냥하는 유일한 치타이다. 이런 행동은 그들의 환경에서 비롯된 것이 아니라 이들이 사냥 방법을 터득했기 때문이다. 협동 사냥으로 잠재적 위협이 되는 동물을 잡는 전략은 이 형제가 같은 지역에 서식하는 다른 치타들보다 우위에 서게 해주었고, 그들의 영역을 10년 가까이 지킬 수 있게 했다.

하지만 전략이 있다 해도 성패는 사냥할 때의 환경에 따라 갈린다. 다시 말하면 최적의 기후가 필요하다는 뜻이기도 하다. 비가 오면 박쥐는 사냥 기회를 방해받는데, 벨리즈에 서식하며 물고기를 잡아먹는 불도그박쥐Bulldog Bat, 낚시꾼박쥐, 어부박쥐라고도 함 – 옮긴이는 바람이 불어 수면에 잔물결이 일면 사냥하기가 어려워진다. 그래서 사냥꾼은 반드시 모든 기회를 포착할 준비가 되어 있어야 한다. 일부 동물은 영역에 대한 세밀한 지식을 쌓을 필요가 있다. 예를 들어, 포클랜드Falkland 제도 주변에서 사냥하는 암컷 범고래는 사냥할 기회가 1년에 며칠밖에 되지 않기 때문이다. 이때 새끼 범고래들도 어미를 따라 사냥터에 나가서 어미의 영리한 전략을 배운다.

하지만 학습 능력은 환경에 적응하는 사냥꾼에게만 국한된 것은 아니다. 먹잇감들도 잡히지 않기 위해 수많은 전략을 세운다. 사냥할 때 포식자가 먹잇감의 행동에 집중하듯 잡아먹히는 동물도 항상 경계를 늦춰서는 안 된다. 사냥꾼은 경계가 가장 허술한 때를 노리기 때문이다. 이처럼 포식자와 먹잇감의 인생은 한데 얽혀 있다. 포식자가 한 종류의 먹이만 잡아먹는다면 그 종의 개체수는 먹잇감과 밀접하게 연관된다. 본능은 개별 개체의 생존에 큰 영향을 미치고, 경험은 다음 세대로 계속해서 이어진다. 눈덧신토끼는 호르몬 분비가 포식자와 먹잇감 모두의 수적 균형을 조절하는 놀라운 역할을 한다.

자연에는 다양한 드라마와 놀라운 이야기가 많이 숨어 있다. 그중 환경에 완벽하게 적응한 포식자가 그만큼 고도로 발달한 먹잇감을 덮치는 장면은 우리에게 매혹적인 광경을 선사한다.

왼쪽 : 암사자 한 마리가 오카방고(Okavango) 강을 건너고 있다. 암컷은 무리에 속해 있으며, 들소 떼를 추격하는 무리의 부름을 받고 쫓아가는 중이다. 사냥의 승패는 사자 무리의 모든 구성원이 한 팀으로서 각자의 역할을 해내는 데 달려 있다.

226~227쪽 : 범고래가 캘리포니아 해안가에서 쇠고래의 새끼를 공격하고 있다. 이 고래는 환경에 빠르게 적응해 해양 포유류를 공격하는 무리 중 하나이다. 범고래는 쇠고래와 그 새끼들이 해안가로 이주하는 시기가 언제이며 어느 장소로 가는지 알고 있다. 어미 쇠고래가 새끼를 보호하려고 애쓰지만 협동으로 사냥하는 기술을 습득한 범고래를 당해낼 수 없다.

빠른 치타와 덩치 큰 타조의 대결

위 : 레와 다운스에 사는 치타 형제의 모습이다. 이렇게 모여 살면 큰 동물도 공격할 수 있다. 그래서 치타 한 마리로는 어림없는 타조에게도 덤벼든다.

오른쪽 : 형제 중 한 마리가 먹잇감에 몰래 접근하고 있다. 치타의 사냥 전략은 힘보다는 순간의 속도에 의존한다. 하지만 팀으로 활동하면 형제가 번갈아 가며 먹이를 쫓아갈 수가 있어서 속도가 떨어져도 걱정 없다.

많은 포유류 사냥꾼이 무리를 지어서 산다. 늑대도 무리가 있고 사자도 무리를 이루며 범고래도 작은 떼를 이룬다. 이렇게 무리 지어 생활하면 영역을 지키고 사냥 성공률을 높이며 새끼를 돌볼 수 있는 이점이 있다. 무리는 보통 혼성으로 이루어지지만 치타는 수컷들의 연합이 흔하고 주로 한배에서 난 새끼들이 무리를 짓는다.

7~8년 전에 케냐 북쪽 레와 다운스에 다 자란 수컷 치타 세 마리가 나타났다. 두 마리는 덩치가 비슷하고 한 마리는 조금 작았지만 한배의 새끼로 보였다. 처음 나타났을 때 그들은 불안해 보였고 비보호 지역에서 나와 북쪽으로 가고 있어서 관찰하기가 어려웠다. 시간이 지나면서 그들은 차츰 주변에 나타나는 사람에게 적응하기 시작했고, 관찰이 편해지면서 그들의 놀라운 사냥 기술이 세상에 알려졌다.

이 지역은 건조한 곳이다. 북쪽 지평선에 닿은 산맥까지 바위산과 계절에 따라 모습을 바꾸는 넓은 평원이 이어진다. 이곳에는 다양한 종이 서식하며 많은 동물이 예측할 수 없는 강우에 적응하며 살고 있다.

치타는 사자나 표범처럼 무리 지어 생활하지 않고, 보통은 큰 먹이를 공격하거나 진압하지 않는다. 그들은 먹이를 쫓을 때 빠른 속도로 승부한다. 그래서 부상을 당하면 속도가 줄어들기 때문에 치명적이다. 하지만 이 치타 형제는 종종 아주 크고 위험한 동물에게도 덤벼들었다.

얼룩말은 흔히 잘 싸우지 못할 것으로 생각되지만 사실은 다르다. 얼룩말의 입과 뒷발은 상대를 물어서 심각한 부상을 입히거나 강력한 발차기를 하는 매우 위험한 무기다. 다 자란 얼룩말은 사자를 죽일 수도 있으며, 치타도 마찬가지다. 이러한 위험에도 치타 형제는 종종 얼룩말을 사냥한다. 그들의 전략은 직접적이다. 쫓아가서 잡을 수 있을 정도의 거리까지 다가간 다음 새끼나 어린 얼룩말을 고립시키고, 뒷다리와 엉덩이를 공격하거나 아래에서 다리를 물어 넘어

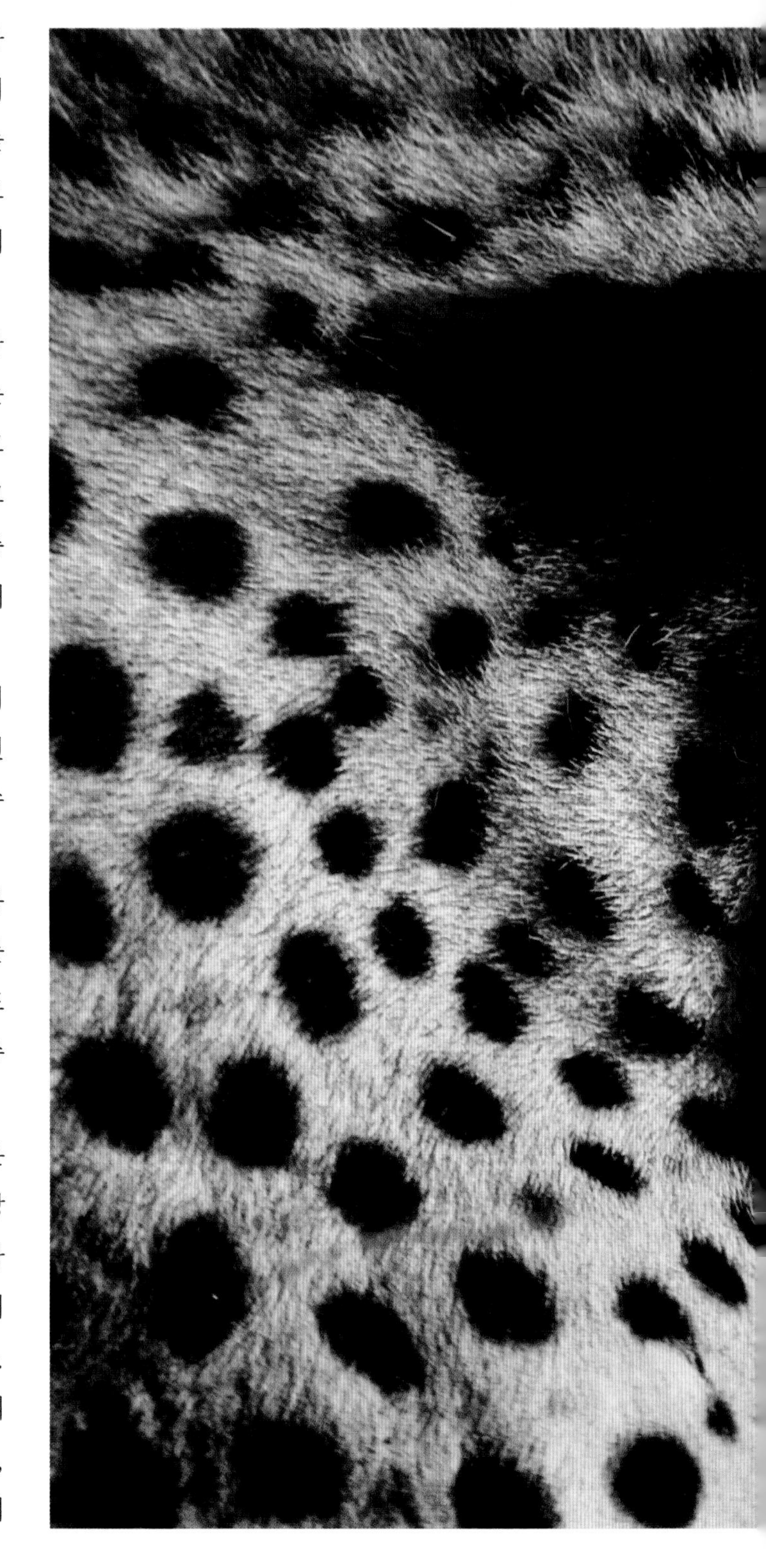

위(왼쪽에서 오른쪽 순서로) : 사냥이 시작되었다. 쉬고 있던 치타 형제의 눈에 걸어가는 수컷 타조가 들어왔다. 첫째 치타가 먹잇감에게 다가가 달리기 시작한다. 암컷 타조가 도망가는 수컷을 따라가다가 목표물로 전락한다. 둘째 치타가 이어서 달리며 암컷 타조에게 덤빈다. 곧 셋째까지 합류해 세 마리가 무게와 힘으로 큰 타조를 쓰러뜨린다.

233쪽 : 성대한 만찬이 벌어졌다. 형제는 사자나 하이에나가 접근할까 봐 경계하면서 허겁지겁 먹이를 먹는다. 그들이 오면 먹이를 내줘야 하기 때문이다.

234~235쪽 : 형제가 먹잇감을 물색하고 있다. 치타는 일반적으로 혼자서 사냥하지만 이 형제는 한 팀으로 사냥하는 법을 터득했다.

뜨린다. 하지만 얼룩말에게 이 전략을 실행하는 것은 말을 공격하는 것보다 위험하다. 암컷 얼룩말은 새끼를 끈질기게 보호하고, 간혹 무리가 합류해서 맹렬한 치타의 공격에 맞설 수도 있다.

종종 형제가 힘을 합쳐야만 먹잇감을 제압할 수 있고, 사냥의 대부분이 릴레이 형태를 띤다. 한 마리가 먼저 달리면 다른 한 마리가 그 뒤를 잇고 마지막 한 마리가 최종적으로 얼룩말을 발로 쓰러뜨린 후 모두 달려들어 사냥을 끝낸다.

그들은 더 강한 먹잇감에도 동일한 전략을 사용한다. 하지만 형제의 힘만으로는 부족할 때가 많다. 앞발을 다친 오릭스Oryx, 아프리카 큰 영양의 일종 – 옮긴이는 날카로운 뿔로 두 시간 동안 치타 형제에 맞섰고, 결국 형제가 포기하고 말았다. 공격하기 쉬울 것이라고 생각했던 새끼 일런드Eland도 호락호락하지 않고, 아프리카에서 가장 큰 영양인 다 자란 일런드의 공격적인 대응에 치타 형제는 도망쳤다.

치타 형제는 보통의 치타보다 덩치가 크고 수적으로 우세하다는 것에 대한 자신감을 바탕으로 다 자란 타조와 같은 부적합한 먹잇감에게도 덤빈다. 치타 형제는 한 달에 한 번 꼴로 타조를 사냥한다. 사냥 방법은 매번 다르다. 형제가 타조의 영역을 어슬렁거리다가 기회를 포착하기도 하고 적극적으로 사냥에 나설 때도 있다. 하지만 대개는 타조가 무의식중에 치타 형제가 숨어 있는 나무로 접근한다.

형제는 타조를 관찰하면서 눈에 띄지 않으려고 천천히, 아주 조심스럽게 접근한다. 한 마리가 덤벼들면 두 마리는 대기하면서 자신의 때를 기다린다. 첫째는 목표물에 시선을 고정한 채 머리를 어깨 아래로 낮추고 살며시 접근한다. 한 발 한 발 신중하게 다가가면서 어깨를 들썩이며 숨을 고른다.

잔뜩 신경을 곤두세운 채 다가가다가 잠시 멈춰 숨으면서 치타는 차츰 타조와의 거리를 좁혀나간다. 타조가 고개를 들 때마다 치타는 동작을 멈춘다. 그러는 동안 다른 두 마리는 30m 뒤에서 쫓아온다. 레와의 풀은 높이 자라서 타조가 치타 세 마리를 모두 파악하기란 불가능하다. 특히 치타는 몸을 웅크리고 땅에 바짝 붙어서 접근한다. 이 교묘한 걸음 덕분에 긴 목과 날카로운 눈을 활용한 타조의 감시망을 피할 수 있다.

이제 첫째 치타는 타조와 불과 40m밖에 떨어져 있지 않으며 풀숲에 몸을 숨긴다. 갑자기 타조가 크게 비틀거리다가 전속력으로 뛰기 시작한다. 그 순간 몇 미터 뒤에 숨어 있던 치타가 모습을 드러내고 추격전을 펼친다. 타조는 긴 발을 앞으로 뻗어 엄청난 속도로 달리며 치타가 이를 따라잡기란 거의 불가능해 보인다.

하지만 치타는 목표물에 시선을 고정한 채 경주를 계속한

다. 그리고 갑자기 속도를 내면서 타조와의 거리를 점점 좁힌다. 치타가 지구상에서 가장 빠른 동물임을 증명하는 순간이다. 이제 치타는 거의 발이 땅에 닿지 않을 정도로 무서운 속력을 내며 타조를 추격한다. 이윽고 몸 전체로 타조를 덮치면서 앞발로 단단히 쥐고 전력을 다해서 타조를 넘어뜨리려고 하지만 타조가 너무 빨리 달려서 질질 끌려간다. 그러면 치타는 땅에 닿은 뒷발에 무게를 실어 타조의 속도를 줄인다. 이제 둘째가 나타나 타조의 한쪽 날개를 물고 발로 타조를 넘어뜨린다. 그러면 셋째가 나와서 혹시라도 발버둥 치는 타조의 발에 맞아 내장이 터지는 일이 없도록 뒤에서 타조의 목을 물어 죽인다.

순식간에 모든 상황이 끝나고 치타 형제는 재빨리 먹이를 먹기 시작한다. 레와에는 사자와 하이에나가 많아서 치타 형제를 손쉽게 쫓아버릴 수 있기 때문이다. 형제는 절대 먹이를 두고 싸우지 않는다. 항상 한 마리가 고개를 들어 위험이 다가오는지 확인한다. 한쪽을 다 먹고 반대쪽을 먹으려고 할 때는 죽은 타조의 몸 형태상 뒤집을 수가 없어서 고개를 파묻을 수밖에 없다. 치타의 위는 놀라울 정도로 커지고 먹은 것을 다 소화하려면 며칠 동안 나무에 누워 있어야 한다.

산토끼의 힘든 삶

오른쪽 : 눈덧신토끼가 꽃봉오리를 먹고 있다. 한때 토끼 수의 주기적인 감소는 지나친 방목으로 부족해진 식량 때문이라고 알려졌으나 나중에 넘쳐나는 토끼를 잡아먹으려는 포식자의 증가가 원인인 것으로 밝혀졌다.

237쪽 : 눈덧신토끼만 잡아먹는 포식자인 캐나다시라소니의 모습이다. 시라소니의 번식 여부는 토끼의 개체수에 달려 있다.

유콘 준주처럼 동물이 살기 힘든 지역은 찾아보기 어렵다. 이곳은 겨울이 길고 춥다. 온도는 종종 영하 40℃ 이하로 떨어지고 바람이라도 불면 몇 초 안에 피부가 꽁꽁 얼어버린다. 또 폭설이 내리고 지형이 험난해서 걸어 다니기도 매우 힘들다. 하지만 겨울은 동시에 위대한 아름다움을 드러내는 시기이기도 하다. 눈이 풍광을 부드럽게 바꾸어 산과 숲을 마치 동화 속 세상처럼 꾸며준다. 더불어 오로라가 밤하늘을 아름답게 수놓는다.

상쾌한 아침이 오면 동물들의 행동이 속속 드러난다. 눈 위에 찍힌 발자국이 늑대 무리가 먼 거리를 이동하고 있다는 것을 알려주고, 눈덧신토끼는 버드나무 가지를 이리저리 옮겨 다니며 오소리는 먹이를 찾아 숲속 곳곳을 살핀다는 것을 알려준다. 이곳에 사는 많은 포유류는 풍성한 모피가 있어서 300년 전부터 그 가죽을 팔아 돈을 벌려는 사냥꾼들이 모여들었다. 금광 열풍 때처럼 모피 무역 역시 이 멋진 자연보호 지역을 개방하게 만들었다. 허드슨 베이 컴퍼니Hudson Bay Company는 캐나다 주요 모피 무역 업체로, 매해 모피 거래량을 면밀하게 기록해 왔다. 그런데 1930년대 초에 이 기록들을 분석한 결과 흥미로운 사실이 드러났다.

8~11년의 기간을 두고 시라소니와 눈덧신토끼의 개체수가 동시에 증가하거나 감소한 것이다. 눈덧신토끼의 수가 급증했다가 갑자기 곤두박질쳤고, 이 감소세는 시라소니의 수에 영향을 미쳤다. 그리고 몇 년 동안 두 동물의 개체수는 지속적으로 감소했다. 수치가 바닥까지 떨어지고 몇 년 동안 그대로 유지되다가 조금씩 증가하기 시작해 다시 정점을 찍을 때까지 10년이 걸렸다. 과학자들은 시라소니와 눈덧신토끼의 개체수가 직접적인 상호 연관이 있으며 눈덧신토끼 수의 감소가 시라소니의 감소로 이어졌다고 말한다. 무엇이 토끼의 개체수에 이 같은 영향을 준 것일까?

눈덧신토끼의 수가 너무 많아지면 이들이 서로 잡아먹을 것이라고 생각할 수 있다. 가장 많을 때는 1ha1만㎡당 눈덧신토끼 네 마리가 서식한 적도 있다. 토끼 수가 감소한 주요 원인은 포식 관계에 있었다. 먹잇감이 많아지자 여러 포식자가 눈덧신토끼만 잡아먹은 것이다. 시라소니, 여우, 늑대, 코요테, 오소리를 비롯해 올빼미와 다른 맹금류도 모두 눈덧신토끼를 사냥했고, 토끼 수가 최대치에 달했을 때는 평소 이 토끼를 사냥하지 않던 다른 포식자들도 가세했다. 황조롱이와 붉은다람쥐도 새끼 눈덧신토끼를 잡아먹었다. 이런 집중 포식의 결과, 잡아먹히는 토끼의 수가 번식을 통해 보충되는 수를 능가하게 되었다.

눈덧신토끼의 개체수가 급격히 줄어들면 많은 포식자가 굶주리게 되고, 살아남은 포식자들은 다른 먹잇감을 찾을 것이다. 하지만 시라소니는 토끼를 대체할 먹잇감이 없다. 시라소니는 눈덧신토끼만 사냥하도록 진화해 그 운명이 전적으로

오른쪽 : 포식자와 먹잇감 모두 살기 위해 달린다. 눈덧신토끼만 잡아먹는 포식자의 수가 증가하면서 받게 되는 스트레스는 암컷이 새끼를 더 적게 낳는 요인으로 작용한다. 또 스트레스 호르몬은 유전되어 더 경계심 많은 새끼가 태어난다.

먹잇감의 손에 달리게 되었고, 토끼와 함께 수가 급감했다. 그런데 어째서 눈덧신토끼의 개체수가 그렇게 적은 상태로 오랫동안 유지되었는지는 아직 의문이 풀리지 않았다. 일각에서는 그렇게 놀라운 수로 번식할 수 있는 동물은 포식자의 압박이 사라지면 그 수를 회복한다는 설이 있었다. 최근에 있었던 조사에서 이 문제에 대해 놀라운 해답이 제시되었다.

눈덧신토끼의 개체수가 정점에 다다르면 더불어 포식자의 수도 많아져 토끼의 스트레스가 커진다. 암컷은 그 영향으로 새끼를 적게 낳고, 자연히 어린 새끼의 수도 적어진다. 그래서 새끼의 개체수가 한창 적을 무렵 다 자란 토끼가 많이 잡아먹히게 되어 전체 개체수가 급감한다. 눈덧신토끼를 조사한 학자들은 스트레스를 받은 암컷이 낳은 새끼 암컷은 스트레스를 받은 상태로 태어난다고 한다. 즉, 어미의 몸속 스트레스 호르몬이 뱃속 새끼에게 전달되어 나중에 이 새끼가 자랐을 때 새끼를 적게 낳도록 영향을 미친다는 것이다. 이것은 세대를 거듭하며 전해지는 현상으로, 초창기의 집중적인 포식 관계가 원인이다. 집중적인 포식이 이루어진 지 3~5년은 지나야 토끼들이 정상적인 번식을 시작하고 이때 개체수가 다시 증가한다.

이렇게 전해지는 스트레스에도 이점이 있을까? 개별적으로 보면 토끼들에게 이것은 큰 보너스다. 스트레스를 받은 암컷의 새끼는 포식자를 더 잘 알아보기 때문에 조심성이 많고 안전에 더욱 신경을 기울이게 된다. 눈덧신토끼를 노리는 포식자가 많은 곳에서는 순진한 새끼를 많이 거느린 것보다 수가 적더라도 조심성 많은 새끼를 데리고 있는 것이 훨씬 낫다. 포식자의 수가 줄어들면 새끼들의 조심성도 줄어드는 것이 이와 같은 이치다.

포식자와 먹잇감의 일생은 상호 관련되지만 시라소니와 눈덧신토끼만큼 밀접한 관계는 생태계에서 찾아보기 어려울 것이다.

야간 낚시를 즐기는 불도그박쥐

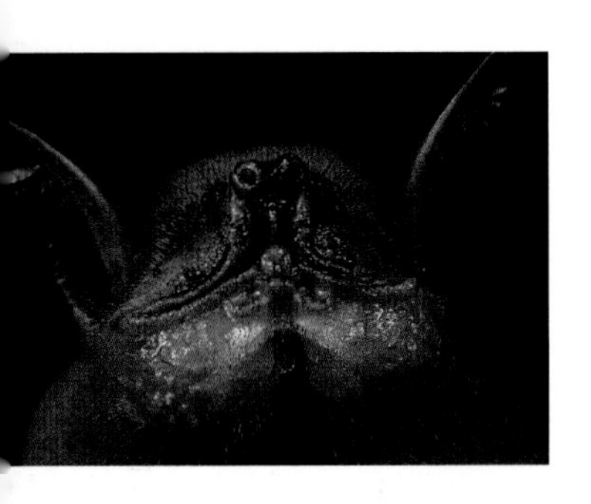

위 : 불도그박쥐의 거대한 주둥이. 잡아먹은 물고기로 볼주머니가 불룩해졌다.

241쪽 : 불도그박쥐가 열대우림 나무둥치에 있는 낮 보금자리를 떠나 강으로 향하고 있다. 이 비행 포유류는 어둠 속에서도 물고기를 낚는 재주가 있다.

모든 포유류 사냥꾼은 자신의 한계를 시험한다. 독특한 행동을 개발하고 세밀한 감각을 발달시켜서 적응이 느린 다른 동물이 접근하지 못하는 먹이 분야를 개척한다. 하지만 올바른 도구 사용뿐만이 아니라 기회를 포착하는 정확한 타이밍이 성공의 관건이다.

벨리즈Belize는 강으로 이루어진 나라다. 수천 년 동안 석회암 언덕이 침식되고 쪼개져 담수가 흐르는 강이 여러 줄기 생겼다. 비가 자주 내려서 열대우림에 다양한 생물이 번식한다. 그중 박쥐가 특히 유명하다. 많은 박쥐가 먹이를 찾기 위해 음파 탐지 기술을 이용한다. 그들은 어둠속에서 음파를 전송한 다음 그 메아리를 통해 전방의 모습을 파악한다. 불도그박쥐는 어둠속 전방의 형태를 감지하는 것 외에도 중요한 문제가 있다. 바로 물속에 서식하는 먹잇감을 잡아먹어야 하는 것이다.

불도그박쥐는 덩치가 크고 튀어나온 주둥이 덕분에 유명해졌다. 박쥐들은 매일 밤 둥지를 나와 강에서 사냥을 한다. 수면과 아주 가까운 거리까지 조용히 접근해서 뻣뻣한 날개를 불안하게 앞뒤로 펄럭이며 잔물결이 이는 곳을 찾는다. 그런 곳에는 작은 물고기 떼가 수면 가까이로 지나가고 있다. 박쥐는 약간의 움직임만 감지해도 곧장 아래로 내려가 물고기가 있다고 생각되는 지점을 스치면서 물속에 발을 넣어 먹잇감을 낚는다.

불도그박쥐는 발이 바로 사냥 전략의 핵심이다. 발은 가늘지만 갈고리 모양인 긴 발톱은 비교적 폭이 넓다. 발바닥을 앞쪽으로 향하게 해서 발을 수면에 끌면 발톱이 갈고리처럼 물을 훑고 지나간다. 수면 근처에 물고기가 있다면 이 무서운 무기에 꼼짝없이 걸리고 만다. 발톱 한 개가 아가미 속으로 들어가 물고기를 단단하게 옭아매고 힘으로 물속에서 끌어낸다. 불도그박쥐는 계속 비행하지만 이제 발톱에는 발버둥치는 물고기가 매달려 있다. 박쥐는 날개를 강하게 펄럭이면서 위로 솟아오르고 물고기를 앞으로 흔드는 동시에 고개를 아래로 구부려 몸을 웅크린다. 그러면 물고기가 박쥐의 입으로 들어와 머리부터 떨어져나간다. 박쥐는 맛있게 물고기를 먹으면서 날갯짓을 계속한다.

박쥐의 독특한 사냥법은 영리함과 조화를 바탕으로 한다. 박쥐는 비행 시 속도를 낼 수 있어서 날면서 물고기를 낚아챌 때 시속 64km가 넘는다. 수면 가까이에서 이 같은 속도로 비행하려면 엄청난 기술이 필요하다. 하지만 박쥐는 이 밖에 다른 사냥 전략도 있다.

수면 가까이에 물고기가 없으면 박쥐는 뛰어난 공간 기억력으로 전에 물고기를 낚았던 곳을 찾아간다. 수면 가까이에서 물속에 발을 집어넣고 최대 1m까지 활강한다. 박쥐는 수면 바로 위에서 마치 빙판 위의 스케이트 선수처럼 사각사각 소리를 내며 비행한다. 이 위험한 갈고리질이 사냥 성공의 비결이다. 박쥐는 매우 빠른 속도로 내려오기 때문에 물고기들은 박쥐의 접근을 결코 알아챌 수 없다.

밤새도록 물고기를 사냥하는 박쥐들 사이에는 가장 좋은 낚시터를 차지하려는 경쟁도 일어난다. 물고기들은 수면 가까이에는 아주 잠시만 머무르기 때문에 시간을 잘 맞춰야 한다. 작은 웅덩이에서는 박쥐끼리 충돌할 위험이 있는데 이때 음파 탐지가 도움이 된다. 만약 다른 박쥐와 부딪히려고 하면 높은 음파 '경적'을 울려 경고한다. 그러면 다른 박쥐는 이 소리를 듣고 먹이를 포기한다.

어떻게 이런 놀라운 전략을 사용할 수 있을까? 아마도 박쥐는 처음에는 수면에 있는 곤충을 잡아먹다가 물고기를 잡아먹는 단계로 진화한 것 같다. 아무튼 박쥐가 낚시꾼이 된 것은 독특한 기술과 능력이 조합되어 가능해진 일이다.

위 : 물고기를 잡은 박쥐의 거대한 발톱이다. 비율로 따지면 호랑이 발톱보다 크다. 발톱으로 수면 가까이에 있는 물고기를 낚는다.

왼쪽 : 사냥을 시작한 박쥐의 모습이다. 불도그박쥐는 음파를 쏘며 물 위를 비행하고 메아리를 통해 수면의 움직임을 감지한다. 물고기가 있으면 발로 먹이를 움켜쥐고 비행하는 힘으로 물 밖으로 끌어낸다.

웅덩이를 노리는 범고래의 영리한 사냥 전략

남부 대서양에서는 거대한 물의 힘을 느낄 수 있다. 해안으로 밀려드는 큰 회색 파도는 마치 에너지를 억누르고 있는 것처럼 보인다. 이곳은 물이 지배하는 세상이다. 하지만 1년 중 특정 시기에는 일부 섬이 폭풍우처럼 몰아치는 파도 위로 솟아올라 남대서양에 서식하는 야생동물들을 유혹한다.

포클랜드 제도에 있는 바다사자 섬Sea Lion Island도 그중 한 곳이다. 이 섬은 가늘고 긴 형태로 섬의 북쪽에 바람에 쓸려 온 모래와 오래된 석탄층이 퇴적되어 형성된 봉우리가 안장 모양으로 배열되어 있다. 섬의 넓은 구릉에는 젠투펭귄Gentoo Penguin이 서식하며, 이 펭귄 무리는 섬과 아름다운 조화를 이룬다. 바람이 강하게 몰아칠 때 펭귄들은 마치 풍향계처럼 움직인다. 바람이 불어오는 쪽을 등지고 마치 하나의 대형으로 비행하는 날개처럼 보인다.

매일 아침과 밤에는 일정한 펭귄 무리가 해변으로 나가 파도를 타고 넓은 바다에서 먹이를 찾는다. 그동안 부모 펭귄들은 새끼를 보호한다. 밤마다 해안으로 최대한 빨리 돌아오기 위해 파도를 타는 펭귄들의 놀라운 비행을 볼 수 있다.

펭귄들이 왜 이렇게 서둘러 돌아오는지는 곧 알게 된다. 그들의 뒤로 파도를 뚫고 쫓아오는 거대한 검은색 지느러미가 보인다. 돌고래 중에서도 가장 크고 수가 많은 포식자 범

아래 : 포클랜드 제도 바다사자 섬의 물웅덩이 주변에 누워 있는 새끼 코끼리바다표범. 새끼들은 이곳에서 수영하는 법을 배워 바다로 나갈 준비를 한다. 조수가 높을 때는 바닷물이 웅덩이까지 밀려드는데 이때 포식자도 함께 찾아올 수 있다.

고래다. 바다사자 섬 주변에는 범고래 한두 무리가 배회하며, 11월과 12월이 되면 범고래는 작은 펭귄이 아닌 더 큰 먹이를 노린다. 남부 코끼리바다표범의 새끼가 곳곳에 널려 있기 때문이다.

9월과 10월에 수컷 코끼리바다표범이 이곳에서 짝짓기를 하기 위해 싸움을 하고, 암컷들은 물가로 내려와 새끼를 낳고 번식을 계속한다. 새끼 코끼리바다표범들은 곧 혼자 남겨진다. 어미 젖을 얼마 먹지도 못하고 버려진 새끼들은 생후 3주로, 12월이나 1월까지 이곳에 머물다가 다 자라면 배고픔을 느껴 스스로 바다로 나간다.

새끼 코끼리바다표범은 해안가에 누워 잠을 자거나 장난을 치고 얕은 웅덩이에서 수영하며 지낸다. 아침에 가장 활동적이어서 섬의 남쪽 끝에 있는 물웅덩이들을 탐험한다. 하지만 좋아하는 웅덩이는 한 곳뿐이다. 그곳에는 켈프Kelp가 자라고 있어서 새끼들이 성장하고 학습하기에 더없이 좋은 장소다.

이 웅덩이의 배치를 알아두는 것이 다음 상황을 이해하는 데 중요하다. 웅덩이는 대략 소도시 크기다. 암반이 침식된 곳으로, 내륙 쪽은 상당히 얕은 편이고 바다 쪽으로 경사져 있다. 바다 쪽 가장자리는 바위 산등성이가 경계를 이루고 있다.

위 : 조수가 높을 때 새끼 코끼리바다표범들이 물장구를 치며 놀고 있다. 암컷 범고래가 새끼를 데리고 수로를 따라 웅덩이로 몰래 들어오고 있는 것을 눈치 채지 못했다.

하지만 바다를 막아주는 봉우리 중간에 수로가 있어서 바다와 웅덩이를 연결한다. 수로는 35~45m 길이로, 조수간만의 차가 작을 때는 깊지도 넓지도 않다. 때때로 새끼들이 수로 입구로 나가지만 그곳에서 놀기보다는 웅덩이의 얕은 물속에 머무는 것을 선호한다. 이들 해양 포유류는 깊은 물에 대한 공포가 있다. 그리고 새끼들이 불안해하는 것은 당연하다. 포식자인 범고래가 이 웅덩이를 잘 알고 있으며 어떻게 들어오는지도 알고 있기 때문이다.

무엇이 범고래를 이 작은 웅덩이로 불러들이는지는 알 수 없다. 새끼 코끼리바다표범들의 재잘거리는 소리가 지속적으로 멀리 퍼져서 범고래를 이 좁은 수로의 입구까지 끌어들이는 것인지도 모른다. 아니면 범고래가 자신의 어미에게서 대대로 이곳에서 사냥을 해온 것에 대해 배운 것일 수도 있다.

범고래는 새벽이 되기 전에 바위봉우리의 바깥쪽까지 도착한다. 그리고 해안을 따라 조용히 불길하게 헤엄친다. 보통은 범고래가 숨을 쉬러 수면으로 올라올 때 분수공에서 나오는 물방울을 보고 멀리서도 이들을 파악할 수 있다. 하지만 이때는 호흡을 멈추고 수면으로 올라오는 횟수를 줄인다. 무리 대부분이 해안 바로 바깥에서 둥글게 헤엄치는 동안 암컷 한 마리가 새끼를 데리고 수로 입구로 헤엄쳐 간다. 범고래는 곧 수로 안으로 들어간다. 암컷 범고래는 파도의 움직임에 몸을 맡기고 천천히 헤엄치면서 자신과 새끼들이 안전한지를 살핀다.

암컷은 수로 가장자리로 조심스럽게 이동해 웅덩이로 들

위 : 호기심 많은 새끼 코끼리바다표범이 웅덩이에 있는 촬영 팀을 보고 헤엄쳐 왔다. 새끼는 범고래가 접근해도 이렇게 행동하기 때문에 치명적인 운명을 맞는다.

어간다. 그러고는 정지해서 물속에 가만히 머무른다. 아마 암컷은 수중 음파 탐지로 새끼 코끼리바다표범이 물속에 있는지 판단하려는 것 같다. 하지만 파도가 끊임없이 조류를 휘저어 물속은 거의 암흑에 가깝다. 약 1분 정도 그대로 멈춰 있다가 암컷은 다시 바다로 나가고 새끼들도 뒤따른다. 아마도 파도에 밀려 암컷이 웅덩이에 너무 오래 있지 못하기 때문인 것 같다. 시간이 지나면 이 과정은 다시 반복된다. 웅덩이로 들어와서 때를 기다리다가 다시 돌아가는 것이다. 이때 매번 새끼들이 어미를 따라온다. 이런 과정을 통해 코끼리바다표범 사냥에 대한 지식을 얻고 나중에 다 자랐을 때 스스로 이 전략을 사용하도록 하기 위함인 것 같다.

마침내 암컷 범고래에게 기회가 찾아왔다. 암컷이 웅덩이로 들어왔을 때 얕은 곳에서 놀고 있던 새끼 코끼리바다표범 한 마리가 웅덩이를 가로질러 헤엄치기 시작했다. 새끼는 머리를 밖으로 내밀고 헤엄치다가 갑자기 이상한 검은 물체와 맞닥뜨렸다. 경계하면서도 호기심이 생긴 새끼 코끼리바다표범은 더 가까이 다가간 다음 멈춘다.

범고래는 새끼 코끼리바다표범에 대해 잘 알고 있고, 새끼가 머뭇거리는 것을 감지했다. 암컷 범고래는 천천히 수면으로 올라와 조심스럽게 숨을 내쉰다. 이 단순하면서도 친숙한 소리가 새끼 코끼리바다표범을 안심하게 한다. 새끼 코끼리바다표범은 다시 헤엄치기 시작해 범고래와의 거리가 3~4m로 좁혀졌다. 새끼가 보이지 않는 경계 지점을 통과하는 순간, 범고래는 새끼에게 덤벼든다. 새끼 코끼리바다표범

위 : 새끼 코끼리바다표범이 붙잡혔다. 암컷 범고래는 일단 바다로 나가면 새끼를 놓아준다. 그런 다음 범고래 무리가 달려들어 새끼를 수면 위로 내던져 치명적인 상처를 입힌다.

249쪽 : 새끼 코끼리바다표범들이 모여 있는 웅덩이로 들어가려고 탐색 중인 범고래의 모습이다. 기회는 1년에 한 번 뿐이다. 범고래는 시간과 장소를 기억해야 할 뿐만 아니라 완벽한 사냥 기술도 익혀야 한다.

은 대응할 시간이 없다. 마치 파리가 송어에게 잡아먹히듯 새끼 코끼리바다표범은 붙잡히고, 이제 꼬리를 치며 해안으로 나가려고 하는 범고래의 몸부림에 웅덩이는 온통 출렁인다. 앞으로 헤엄치면서 120kg이나 나가는 새끼 코끼리바다표범을 물고 가는 것은 쉬운 일이 아니다. 범고래가 앞으로 나가며 끌어낼 때마다 새끼는 벗어나려고 발버둥친다. 결국 범고래는 수로에 도달하고 바다로 나간다.

암컷 범고래가 바다로 나오면 나머지 무리가 암컷을 반긴다. 물속에서 범고래 무리가 요동치며 흰색과 검은색이 마구 뒤섞여 대혼잡을 연출한다. 그런데 기적적으로 새끼 코끼리바다표범이 탈출해 물 위로 머리를 까닥이며 해안 쪽으로 다시 헤엄쳐 간다.

이것은 물론 우연이 아니다. 범고래가 새끼를 놓아주었기 때문이다. 새끼 코끼리바다표범은 덩치가 큰 동물이다. 날카로운 발톱이 있고 입 안 가득 이빨이 나 있다. 범고래의 얼굴에 난 상처가 그들의 먹잇감이 사냥꾼에게 상처를 입힐 수도 있음을 대변해 준다. 따라서 위험을 최소화하기 위해 범고래는 일단 새끼를 놓아주어 되돌아가게 한다. 그런 다음 범고래 한 마리가 엄청난 속도로 새끼의 측면으로 헤엄쳐 가 엄청난 힘으로 몸을 부딪쳐 새끼를 수면 위로 튕겨나가게 한다. 이렇게 하면 새끼 코끼리바다표범은 치명적인 부상을 입는다.

이렇게 해서 새끼 코끼리바다표범을 잡아먹은 암컷 범고래는 웅덩이로 돌아와 다시 사냥을 계속한다. 4일 동안 새끼 코끼리바다표범 여덟 마리가 잡아먹혔고, 범고래 무리는 단백질을 충분히 섭취했다.

암컷 범고래는 새끼 코끼리바다표범이 헤엄쳐 오기만 기다리지 않는다. 새끼가 해안의 바다 쪽 끝에 있으면 암컷 범고래는 물살을 앞뒤로 움직여 파도를 만들어서 새끼 코끼리바다표범이 바위에서 떨어지게 만든다. 실패하면 곧장 바위 쪽으로 헤엄쳐서 새끼가 누워 있는 곳까지 다가간 다음 등지느러미를 사용해서 바위에서 떨어지게 한다.

기회가 크게 제약된 상황에서 범고래가 이런 기술을 터득한 점이 놀랍다. 이렇게 사냥하려면 시기가 완벽해야 한다. 잔잔한 바다와 이른 아침의 높은 조수, 그리고 가장 중요한 것은 새끼가 웅덩이에 출현하는 것이다. 범고래가 실제로 사냥할 수 있는 날은 1년에 단 5일밖에 되지 않는다. 하지만 범고래는 매년 이곳을 방문하면서 짧은 기회를 포착하는 법을 배웠다. 포유류가 사냥꾼으로서 성공하게 된 비결은 근본적으로 짧은 사냥 기회를 놓치지 않고, 또 사냥터를 다시 방문해 언제 어디에서 어떻게 처음 성공적으로 사냥했는지를 기억하기 때문이다.

남극에 사는 범고래의 부빙 치기 기술

위 : 쉬고 있는 게잡이물범의 모습이다. 이 물범은 남극의 특정 지역에 사는 범고래가 가장 좋아하는 먹이다.

오른쪽 : 물개를 잡아먹는 고래가 헤엄치고 있다. 피부는 다른 범고래보다 흑회색에 가깝고, 흰 부분은 이 지역에 서식하는 규조류 때문에 노란빛을 띤다.

252~253쪽 : 부빙 위에 있는 게잡이물범의 모습이다. 남극으로 한정되지만 이들은 세상에서 가장 수가 많은 물개로, 봄이 되면 최소 1,400만 마리가 번식한다. 새끼는 얼룩무늬물범과 범고래의 먹잇감이 된다.

범고래는 세계적인 포유류다. 전 세계 해양에 범고래만큼 많이 분포하는 포유류는 없기 때문이다. 범고래는 또 가장 지능적이고 섬세한 사냥꾼이기도 하다. 사냥터를 선택하고 거기에 맞는 기술을 강구한다.

남극에 겨울이 오면 어떤 동물도 머물지 못한다. 남극 대륙에는 번쩍이는 빙하가 얼음 산맥을 이루어 얼어붙은 바다까지 퍼져 있고, 9월에도 바다 얼음이 대륙의 후미나 만 입구에 남아 있다. 하지만 봄이 오면 태양의 효과가 나타나기 시작한다. 작은 조각으로 갈라진 부빙이 바다에 떠다닌다. 점차 길이 열리면서 평온한 바다를 통해 펭귄, 고래, 물개들이 이곳으로 돌아와 먹이와 쉼터를 찾는다. 아름답고 추운 이 지역에서 최대 포식자는 범고래다. 이곳에는 세 종류의 범고래가 서식한다. 한 종은 주로 밍크고래를 먹고 살고 다른 종은 물고기를 먹는다. 또 다른 종은 물개를 잡아먹는다. 마지막 종은 몸 색깔이 검정보다 회색에 가깝고 녹색의 규조류를 먹어서 엷은 노란색을 띠는 흰색 점무늬가 있다. 이 범고래들은 또한 몸에 비정상적으로 큰 눈동자 무늬가 일직선으로 나 있다.

남극 대륙에는 물개가 많다. 북방물개, 웨들해물범, 얼룩무늬물범도 있고 가장 많은 수를 차지하는 것은 게잡이물범이다. 이들은 혼자 혹은 무리와 함께 부빙 위에서 졸기도 한다. 물론 이곳이 안전하지 못하다는 것을 알기 때문에 졸음은 간헐적이다. 봄에서 여름으로 넘어가면서 부빙이 점차 작고 얇아져 약해지기 때문에 위험은 더 커진다.

수면을 뚫고 올라오는 거대한 검은 지느러미와 폭발적인 호흡이 범고래 무리가 얼음이 없는 해협을 따라 들어오고 있다는 것을 알려준다. 매번 범고래 한 마리가 쉬고 있는 물개를 찾기 위해 정찰을 나온다. 물개가 작은 부빙 위에 있는 것을 포착하면 부빙 치기가 시작된다.

부빙이 직경 20m로, 뒤집기에 너무 크다면 고래는 연속

위 : 범고래 두 마리가 쉽게 물개에게 접근할 수 있는 길과 부빙 위의 물개를 물속으로 떨어뜨릴 방법을 결정하기 위해 상황을 살피고 있다.

으로 덤벼서 부빙을 깨뜨린다. 두 마리 이상이 부빙을 향해 빠른 속도로 헤엄쳐 가서 바로 앞에서 잠수해 파도를 일으키고 그 힘으로 부빙이 쪼개지게 한다. 이것이 물개를 바다로 떨어뜨리려는 기술인지는 알 수 없지만, 어쨌든 그 목적은 부빙을 쪼개고 작게 만들어서 물개를 노출시키고 접근하기 편하게 하려는 것이다. 범고래는 물방울을 내뿜어 작은 얼음 조각을 치우고, 잠수해서 다른 잔해들을 처리한다. 그래도 주변에 얼음 조각들이 물개를 감싸고 있다면 주둥이로 부빙

을 밀어서 얼음이 없는 곳으로 몰고 간다.

이쯤 되면 물개는 심한 스트레스를 받아 거칠게 호흡하며 턱을 휘두른다. 하지만 물개가 할 수 있는 일은 없다. 물속으로 뛰어드는 것은 자살 행위나 다름없기 때문에 얼음에 꼭 붙어 있는 수밖에 없다.

사냥꾼의 마지막 행동은 부빙이나 바다의 상태에 따라 무리별로 다양하다. 만약 부빙이 지름 5m 정도여서 뒤집을 수 있을 만큼 작다면 일부 범고래는 옆으로 헤엄치는 공격을 감행한다. 부빙에 일정한 거리만큼 다가가면 갑자기 몸을 옆으로 틀어서 잠수해 수면 아래에서 기다린다. 옆으로 헤엄쳐서 부빙에 다가가 아래로 통과하면 등지느러미에 상처를 입지 않기 때문인 것으로 보인다.

이 상황에서 물개는 탈출할 기회가 거의 없다. 우선 고래가 접근하면서 생긴 파도로 부빙이 위태롭게 앞으로 기울어진다. 그 다음 파도가 칠 때 다시 솟아올랐다가 다른 방향으로 기울어진다. 마침내 파도가 부빙을 깨뜨리면 물개는 곧장 범고래가 기다리는 물속으로 떨어진다.

물개는 빨리, 쉽게 죽지 못한다. 대부분 범고래는 물개를 잡아서 입에 물고 한동안 헤엄친 다음 몇 차례 놓아주었다가 죽인다. 심지어 고래가 물개를 부빙 위에 올려놓았다가 다시 떨어뜨리기도 한다. 이것은 완벽한 사냥 기술을 익힘과 동시에 무리의 어린 고래들에게 사냥하는 방법을 가르쳐주기 위한 것으로 보인다.

가끔 물개가 위기를 탈출해 다시 부빙 위로 올라가지만 상처가 깊어 생존하지 못한다. 또 물개는 겹겹이 쌓인 얼음 덩어리로 자신을 보호하기도 한다. 범고래 무리가 얼음 덩어리에 둘러싸여 있는 물개를 잡지 못했다는 기록이 있다. 40분 동안 온갖 노력을 하며 접근하려고 했지만 결국 얼음 덩어리를 뚫지 못하자 범고래는 포기하고 크기가 줄어든 얼음 위에 지친 물개를 남겨두고 떠났다.

이렇게 협동하여 사냥하는 기술은 동물의 왕국에서는 드문 일이다. 돌고래 중에서 가장 큰 범고래는 가장 섬세한 사냥 기술을 갖추고 있으며, 이 기술은 지역별로 세대를 이어가며 전해지고 있다. 범고래의 '문화적으로 전달된 사냥법'은 우수한 지능의 포유류가 있다는 것을 증명한다.

왼쪽 : 먹이를 잡기 위한 공격이 시작되었다. 범고래는 일단 부빙의 크기를 측정한 후 해당 상황에 적합한 기술을 사용한다. 진영을 이루어 측면으로 헤엄쳐 온 다음 부빙 아래로 내려가서 파도를 일으켜 부빙을 흔들어 물개가 떨어지게 한다.

고지대에 사는 아프리카 늑대의 사냥법

위 : 이른 아침에 에티오피아 늑대가 집을 나섰다. 이들은 혼자 사냥하지만 무리의 모든 구성원이 함께 영역을 지키고 날카롭게 울부짖거나 포효해서 영역을 침범한 다른 무리를 쫓아낸다.

257쪽 : 유모 늑대가 굴에 남아 새끼들을 돌본다. 우수한 암컷만이 새끼를 낳을 수 있지만 무리의 모든 구성원이 함께 새끼를 돌본다. 늑대들은 간격을 두고 돌아와서 자신들이 잡은 설치류를 뱉어 새끼를 먹인다.

아프리카는 흔히 드넓은 초원과 우거진 정글, 그리고 거대한 사막으로 이루어져 있는 곳이라 생각된다. 하지만 이 아름다운 대륙에는 그런 예상을 깨는 매우 색다른 곳이 있다. 에티오피아의 야생 지역은 산악 지대로, 이 높은 고도에 사는 동물들 중에는 결코 예상치 못한 포식자도 있다. 바로 에티오피아 늑대다.

과거에 서구 과학자들이 에티오피아 늑대를 발견한 적이 있지만또한 여러 차례 잘못된 이름을 붙인 적이 있지만 이 종은 상당히 희귀하다. 현재 전체 개체수가 채 500마리가 되지 않으며 갯과 동물 가운데 가장 드문 종이다. 초기의 다양한 늑대 종이 산꼭대기에 개체별로 갇히면서 고립되었고, 나중에 인간의 침입으로 위험이 증가하고 이 지역의 갯과 동물 사이에 전염병이 돌면서 수가 많이 줄어들었다.

회색이리와 조상이 같은 에티오피아 늑대는 약 10만 년 전 빙하 시대에 아프리카로 이주해 왔다. 이후 빙하가 녹으면서 고원 지대에 남겨진 그들은 조상 때부터 무리 지어 살던 습성을 그대로 유지했다. 우월한 수컷과 암컷만이 새끼를 낳고, 무리의 다른 구성원들은 새끼 양육을 돕는다. 아이러니한 점은 모든 새끼가 우월한 수컷 아버지를 두는 것은 아니라는 사실이다. 우월한 암컷이 무리 밖의 수컷과 짝짓기를 할 수도 있기 때문이다.

무리 지어 사는 것은 여러 면에서 장점이 있다. 새끼 양육이 수월할 뿐만 아니라 최고 13㎢나 되는 거대한 영역을 지키고 관리하기도 편리하다. 영역을 지키는 것은 늑대들이 하루 일과 중 가장 먼저 시작하는 일이기도 하다. 추위를 피하기 위해 밀짚꽃 덤불 사이에 누워 꼬리를 코에 감고 웅크린 채 추운 밤을 보낸 늑대들은 아프리카의 아침 서리를 맞으며 깨어난다. 몸을 세워 기지개를 켠 다음 서로 인사하고 쾌활하게 모여 무리를 형성한다. 이제 정찰 나갈 준비가 되었다.

편한 대형으로 정찰을 돌며 늑대들은 자신들의 영역에 침입자가 없는지 확인한다. 이웃 무리가 들어와 있는 것을 발견하면 주로 고함과 울부짖음으로 경고를 하고 몸싸움은 하지 않는다. 경계 확인이 끝나면 각자 사냥하러 나간다.

조상인 회색이리가 필요한 때만 혼자 사냥한 것과 달리 에티오피아 늑대는 언제나 독자적으로 사냥한다. 이곳에는 무리를 지어 사냥할 만큼 큰 먹잇감이 없기 때문이다. 먹잇감의 덩치가 작은 대신 수로 벌충한다. 이 고원 지대에는 설치류가 많이 서식한다. 그래스 랫Grass Rat, 생쥐를 비롯해 늑대가 즐겨먹는 두더지쥐가 풍부하다. 일부 지역은 1㎢ 범위에 살고 있는 쥐의 개체수가 최대 2,900kg에 육박할 정도로 엄청나게 풍부하지만 잡기가 어렵다는 단점이 있다.

하지만 늑대들은 쥐 잡이에 능숙하다. 쥐가 굴 밖에 나와 있는 모습이 포착되면 늑대는 어깨를 세우고 배를 바닥에 붙이듯 납작하게 엎드려 목표로 삼은 쥐와의 간격을 좁히려고 애쓴다. 이때 먹잇감이나 다른 동물의 눈에 띄지 않으려고 주의한다. 쥐가 눈에 띌 때마다 토끼처럼 폴짝 뛰거나 움직

여 덤비기에 충분한 거리까지 접근한다. 늑대는 앞으로 다가가면서 쥐를 잡으려고 한다. 하지만 쥐도 동작이 민첩하기 때문에 사냥이 흐지부지 끝나버리는 경우가 많다. 늑대는 쥐를 잡으려 하고 쥐는 숨을 구멍을 찾으려고 애쓴다. 적당한 재주가 있고 운이 따라준다면 늑대는 쥐를 잡고 물어서 혹시 쥐가 뒤돌아 자신의 얼굴을 공격하지 않도록 한다. 만약 쥐가 굴속으로 들어가 버리면 늑대는 굴을 판다.

굴에 새끼가 있으면 늑대들은 낮에 일정한 간격을 두고 돌아와 잡은 쥐를 토해낸다. 막 젖을 뗀 새끼들은 서둘러 쥐를 먹고, 유모가 뒤에서 새끼들을 지킨다. 이렇게 해서 에티오피아 늑대들은 극한 환경에서도 확고한 위치를 유지할 수 있게 되었다.

하지만 늑대들은 음식을 찾고 새끼를 키우는 것보다 더 큰 문제에 직면하게 되었다. 세상 곳곳에서 일어나는 지구상의 인구 증가로 이곳도 위협을 받게 된 것이다. 사람들이 개를 데리고 이곳으로 오면서 개들이 질병을 옮겼다. 늑대는 지역의 개들과 밀접한 관련이 있어서 동일한 질병에 취약하며, 특히 사회적 무리를 이루는 에티오피아 늑대에게는 치명적이다. 2003년에 이 지역의 개들 사이에 광견병이 퍼졌는데 그 영향으로 늑대 한 종의 80%가 죽었다.

아직 아프리카 고원 지대에서 늑대들이 발견되고 있으나 이들의 생존을 위협하는 문제는 사라지지 않았다. 늑대가 아무리 놀라운 사냥 기술과 사회성을 갖추고 있다고 해도 이 문제를 해결할 수 없다. 따라서 이 멋진 사냥꾼이 계속해서 숲을 확보할 수 있게 하는 것은 우리 인간의 몫이다.

위 : 쥐를 잡는 늑대의 모습이다. 한 번의 돌진과 덤벼들기로 가장 좋아하는 먹잇감이자 빨리 움직이는 두더지쥐를 잡기에는 역부족이다. 그래서 늑대는 굴속에 숨은 쥐를 꺼내려고 하는 중이다.

왼쪽 : 늑대 일가가 아침 정찰을 나가기 전에 아침 햇살에 몸을 녹이고 있다.

진흙으로 숭어를 잡는 병코돌고래

위 : 병코돌고래가 해안을 등지고 서서 무리 지어 물 위로 튀어 오른 숭어를 잡아먹고 있다. 플로리다 바다에 사는 돌고래들은 종별로 물고기를 잡는 각기 다른 협동 사냥법을 습득했다.

플로리다 키스 제도Florida Keys는 다양한 맹그로브Mangrove, 열대 습지에 서식하는 삼림 식물 – 옮긴이와 작은 섬들로 이루어진 곳이다. 그 사이사이는 얕은 물이 흐르는 거대한 갯벌이다. 이곳의 상공을 비행하다 보면 호기심을 자극하는 표시가 보인다. 바람과 조류에 쓸려 조금씩 희미해진 미스터리 서클과 비슷한 형상이다. 이 원들은 특별한 감각과 협동심으로 환경을 이용할 줄 아는 동물이 사용한 가장 특이한 사냥법의 흔적이다.

돌고래는 두뇌가 비상한 동물로 잘 알려졌는데 플로리다에 사는 병코돌고래혹은 일부 무리는 먹이를 잡는 특이한 방법을 고안해 냈다. 이 돌고래들은 생존을 위해 해결해야 할 문제가 많다. 우선 먹이가 가장 풍부한 곳은 얕은 물가라서 그곳에 닿으려면 해협을 따라 헤엄쳐야 하고, 종종 조금 더 깊은 바깥쪽에서 옆으로 헤엄쳐야 한다.

갯벌에 다다르면 이제 먹잇감을 찾는 문제가 기다린다. 완만한 이곳의 물속에는 숭어 무리가 살고 있다. 모든 돌고래와 마찬가지로 병코돌고래도 먹이를 찾는 데 수중 음파 탐지를 활용한다. 연속으로 음파를 보내고 되돌아오는 메아리를 듣는 것이다. 숭어 무리를 발견하면 돌고래 한 마리가 큰 파도를 일으키며 물살을 헤치고 전속력으로 달려간다.

숭어 무리에 접근하면 돌고래는 주변으로 완벽한 원을 그리며 헤엄친다처음 시작한 곳에서 원이 끝난다. 이때 꼬리를 아래로 강하게 내리친다. 이 과격한 행동을 통해 해저의 진흙이 솟아올라 진흙탕 벽을 만들며 숭어를 가둔다.

돌고래가 원을 다 그리면 다른 동료가 참여하고, 이들은 벽 밖에 나란히 선다. 그와 동시에 진흙 벽이 붕괴되기 시작한다. 갇혀 있던 숭어들은 사방에서 들어오는 공격에 우왕좌왕하며 도망치려고 수면 위로 튀어 오르거나 원 밖으로 나가려 발버둥을 친다.

하지만 이것은 돌고래들이 노린 숭어의 예상 행동이다. 돌고래는 수면 위로 머리를 내밀고 있으면서 숭어 떼가 물 위로 뛰어오를 때 공중에서 낚아챈다.

크리켓 선수들이 몸을 날려 공을 붙잡는 것을 연습하듯 돌고래도 힘차게 뛰어올라 공중에서 물고기를 낚아챈다. 간혹 특별히 높게 뛰어오른 숭어를 잡기 위해 몸을 아치형으로 구부리기도 하고, 꼿꼿이 편 상태로 뛰어올라 물에 닿기 전에 잡기도 한다. 진흙 벽은 몇 초 안에 완전히 붕괴되고, 잡히지 않은 숭어들은 재빨리 도망간다.

돌고래는 더 많은 숭어 떼를 찾아 서둘러 이동한다. 이윽고 진흙 벽이 다시 지어지고, 높은 지능을 발휘해 환경을 이용할 줄 아는 이 사회적 포유류는 놀라운 팀워크를 발휘한다.

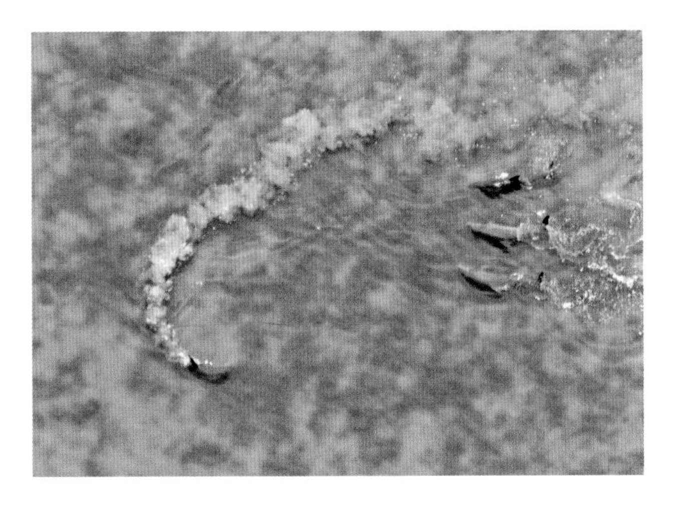

왼쪽 : 플로리다 키스 제도에 사는 병코 돌고래 무리가 진흙 벽을 쌓는 연습을 하고 있다. 원형의 진흙 벽은 얕은 물에 사는 숭어를 잡는 완벽한 방법이다. 돌고래 한 마리가 물고기 무리의 가장자리를 따라 돌면서 원을 그리며 꼬리로 물을 흐려 진흙 벽을 만든다. 진흙 벽이 완전히 만들어지면 갇힌 숭어들은 당황해서 수면 위로 튀어 오르기 시작한다. 그래서 높이 뛰고 힘이 좋은 돌고래의 입 속으로 직행한다.

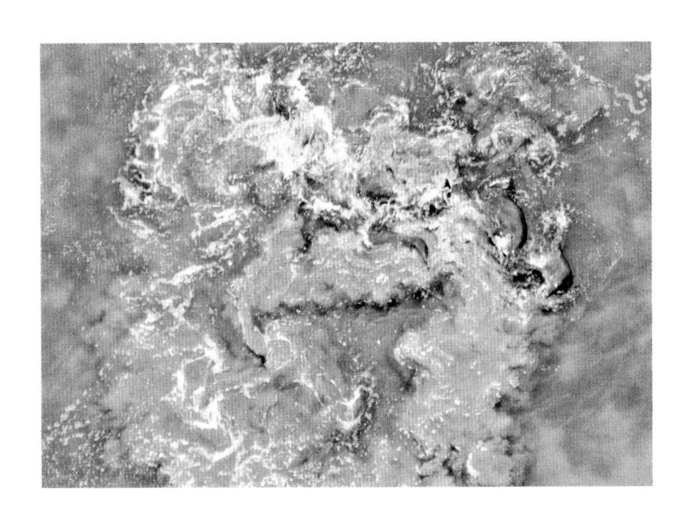

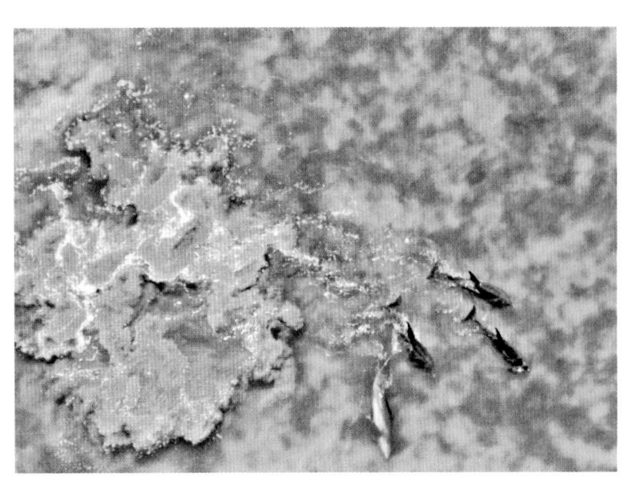

Chapter 9

지적인 영장류

아래 : 세상에서 가장 작은 영장류인 난쟁이쥐여우원숭이의 모습이다. 야행성으로 나무 위에서 생활하지만 뇌가 크고 앞을 보는 눈과 입체적인 시야, 마주 보는 엄지손가락 등 인간과 비슷한 특성이 많다.

오른쪽 : 갈기가 덜 자란 어린 검정짧은꼬리원숭이(Black Macaque)가 영장류의 특색인 호기심을 보이고 있다. 모든 영장류는 긴 어린 시절을 보내며 경험을 통해 배운다.

262~263쪽 : 겔라다개코원숭이가 풀을 뜯어먹으며 사회활동을 하는 모습이다. 대부분의 영장류는 열대우림이나 아열대 숲속에 살지만 이들은 에티오피아의 고원 지대에 서식한다.

마다가스카르에 사는 난쟁이쥐여우원숭이나 태국의 흰손긴팔원숭이 아종Acrobatic Lar Gibbon과 인간 사이에 큰 공통점을 발견할 수 없을지도 모르지만 모두 같은 영장류에 속한다. 영장류는 공룡 시대부터 조상이 같았으며, 오늘날 인류는 635종의 영장류와 그 아종이라는 매우 성공한 계보에 속해 있다.

영장류가 다른 동물과 구별되는 두드러진 특색이 있는 것은 아니며, 주로 나무에서 생활하는 습성에서 영향을 받았다. 앞을 보는 눈과 입체적인 시력은 정확한 거리 감각을 발달시키고 세상을 3차원으로 볼 수 있게 해주었다. 이 능력은 나무 위 생활에 꼭 필요하다. 손가락과 발가락이 각각 다섯 개이고, 나머지 네 손가락과 마주보는 엄지가 있어서 무엇을 잡거나 다루거나 도구를 사용할 때 정확성을 높여준다. 인간은 보행을 위해 엄지발가락의 모습이 바뀌었지만 침팬지는 아직 그 형태를 유지하고 있어서 발로도 사물을 조작할 수 있다. 모든 영장류는 또 날카로운 고리 모양의 발톱 대신 손톱과 발톱이 생겨 손과 발가락의 한 면을 보호하고 다른 한 면의 감각을 증대시켰다. 아마도 영장류의 가장 놀라운 진화는 비슷한 덩치의 다른 포유류보다 뇌가 크다는 것이다. 특히 신피질이 증가해 뇌 용량의 50~80%를 차지하며 의식, 이성과 같은 부분을 통제할 수 있게 되었다. 이렇게 진화한 데는 생태적, 사회적으로 복합적인 원인이 있다. 대부분 영장류의 뇌는 경험을 통해 많은 것을 배워야 하는 젖을 뗀 유아기에서 성년기 사이의 사회활동 기간에 확장된다.

영장류는 두 그룹아목으로 나뉜다. 먼저 곡비원Strepsirrhines에는 로리원숭이Lorises, 여우원숭이, 부시베이비Bushbabies, 인드리Indris, 여우원숭이의 일종 - 옮긴이, 마다가스카르 손가락원숭이가 속

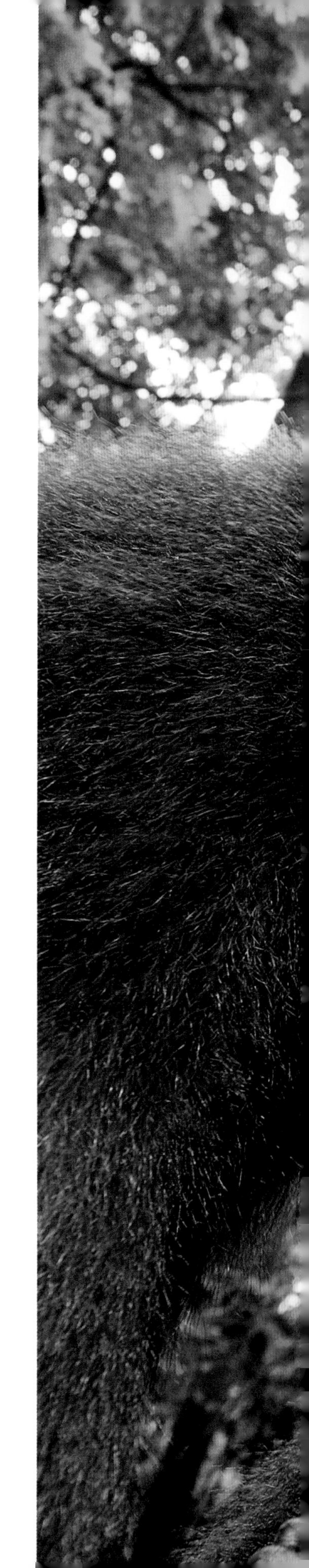

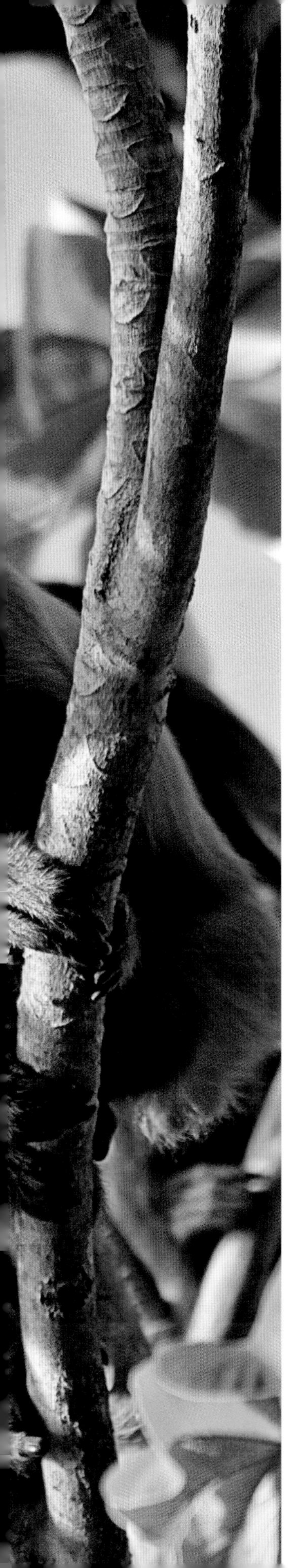

하며 직비원Haplorrhines에는 안경원숭이, 구 · 신대륙원숭이, 유인원이 속한다. 오늘날 영장류가 매혹적이고 다양한 사회 체계를 갖추게 된 원인은 서식처, 먹이, 경쟁자의 위협이나 포식자 등 여러 가지이다. 하지만 오랑우탄과 같은 일부 종은 고독한 생활을 유지하며 암컷이 최대 8~9년 동안 혼자 새끼를 돌본다. 반면에 흰손긴팔원숭이는 수컷과 암컷이 안정적인 파트너십을 구축해 두 부모가 함께 새끼를 돌본다. 서부저지대고릴라Western Lowland Gorilla는 수컷 리더인 실버백Silverback, 등에 은색 털이 나 있다이 통치하는 가족 단위를 형성하며, 일본 원숭이는 여러 마리의 수컷과 암컷이 무리를 이루어 복잡한 사회관계와 암컷 간의 서열을 구성한다. 인간을 제외하고 가장 광범위한 사회 체계를 유지하는 영장류는 망토원숭이다. 그들은 수컷 한 마리가 통치하는 작은 단위를 이루며 사는데 암컷과 새끼, 한 마리 이상의 '부하' 수컷으로 구성된다. 이 무리는 다른 수컷이 구성한 무리와 협력해 먹이를 채집하고 함께 잠을 자는 수백만 원숭이 집단을 형성한다.

비인간 영장류는 북쪽으로는 일본 혼슈 지방, 남쪽으로는 남아프리카의 케이프 지역까지 발견되지만 대부분은 열대 혹은 아열대 산림 지역에 서식하며, 1년 내내 먹이를 찾아 먹어야 한다. 영장류는 곤충, 개구리, 게를 비롯해 그 밖의 여러 포유류도 섭취하지만 나뭇잎, 뿌리, 과일눈으로 색을 구별한다이 주된 식량이다. 영장류는 음식을 섭취하며 건강을 유지할 뿐만 아니라 씨앗을 퍼뜨리고 토양을 비옥하게 하며 가지치기를 하고 해충을 제거하는 등 산림을 다양화하는 중요한 역할도 한다.

모든 영장류가 긴 어린 시절을 보내며 어미가 새끼들의 보온, 안전, 이동, 교육을 책임진다. 그들은 언제 어디서 음식을 찾아야 하는지, 누구를 믿어야 하는지를 비롯해 냄새, 소리, 촉감, 시야를 통해 다른 동물과 의사소통하는 방법과 무엇 혹은 누구를 경계해야 하는지를 습득한다. 이런 부모의 보살핌과 가르침이 일생의 절반을 차지하기도 하고, 사람의 경우와 마찬가지로 이 점이 영장류를 다른 동물과 차별화한다.

영장류는 또한 어미로부터 새끼에게 전달되는 독특한 지역적 특색을 띤다. 그중 가장 멋진 것은 도구를 활용하는 능력이다. 브라질의 세하도 사바나Cerrado Savannah 지역에 사는 꼬리감는원숭이는 야자열매를 깰 때 무거운 돌을 사용한다. 수마트라 섬에 사는 오랑우탄은 나뭇가지를 이용해 꿀과 벌레를 꺼내 먹는다. 기니의 보수Bossou에 사는 침팬지들은 기름야자 잎줄기를 도리깨처럼 사용해 즙이 많은 식물의 고갱이를 찧어 먹는다.

그들의 사회가 얼마나 진화했든, 환경에 잘 적응했든 간에 이들 영장류는 인간과 경쟁할 수 없다. 인간의 벌목, 농경, 정착의 결과 나타난 산림의 황폐화와 사냥, 질병의 전염이 전체 영장류의 50% 정도를 위협해 이들은 머지않아 멸종될 수도 있다.

위 : 호랑이꼬리여우원숭이가 알로에 꽃을 먹고 있다. 색을 구별하는 능력은 영장류로 하여금 낮 동안 꽃, 과일, 씨앗을 찾아 먹게 해준다. 또한 이들은 색을 이용해 사회적, 성적 신호를 보낼 수 있다.

왼쪽 : 날이 밝자 고함원숭이(howler monkey, 짖는원숭이라고도 함—옮긴이)가 나뭇가지 위에서 고함을 치고 있다. 원숭이는 감기 쉬운 꼬리가 있어 또 하나의 팔처럼 사용한다. 단체로 내지르는 소리는 아주 크고 1km 이상 퍼져나가 다른 무리나 개별 원숭이에게 자신들의 위치를 알리고 경고하는 용도로 이용한다.

달빛 사냥꾼

위 : 뛰어올라 먹이를 재빨리 낚아채는 것이 유령안경원숭이의 특기다.

269쪽 : 사냥하는 안경원숭이의 모습이다. 움직이는 큰 귀는 밤에 사냥하는 안경원숭이가 먹이의 소리를 감지할 수 있게 도와주고 커다란 눈은 어떤 빛이든 포착해서 근접 초점을 잡아준다. 다른 야행성 동물들과 달리 안경원숭이는 섬유성 반사판이 없지만 색을 감지할 수 있어서 마다가스카르 손가락원숭이, 여우원숭이가 아닌 구 · 신대륙원숭이와 유인원이 속한 부류와 더 밀접하다.

동공은 거의 두뇌 크기라 눈알을 굴리기도 힘들고, 머리가 거의 360도로 돌아갈 만큼 목이 아주 유연하며, 족근골이 늘어지게 진화해서 발목이 두 번 접히는 신기한 영장류가 있다. 바로 과학자들 사이에서 논쟁이 분분한 안경원숭이다.

안경원숭이는 원시 형태가 남아 있는 곡비원의 특징이 많이 나타나며 대부분 야행성이다. 하지만 안경원숭이는 이들 영장류의 기본적인 특색 일부를 갖추지 못했다. 특히 야행성 생활에 필요한 섬유성반사판Tapetum Lucidum, 동공 뒤쪽에서 빛을 반사하는 층 – 옮긴이과 냄새를 맡는 촉촉한 코가 없다. 또 색을 보는 시력이 신대륙원숭이와 비슷하다. 이런 차이점으로 안경원숭이는 구 · 신대륙원숭이와 유인원, 인간이 속한 분류에 포함되었다. 비록 안경원숭이가 곡비원의 일반적인 야행 특성 중 일부를 갖추지는 못했지만 그들은 야행성 동물이다.

이 원숭이는 브루나이, 인도네시아, 말레이시아, 필리핀과 같은 동남아시아 섬나라의 숲속에 살고 있으며 머리와 몸의 길이가 10~15cm밖에 되지 않는다뒷다리는 몸길이의 두 배다. 다른 영장류와 확연히 구별되는 안경원숭이의 특징은 풀을 전혀 먹지 않고 전적으로 사냥에 의존해 산다는 점이다.

인도네시아의 섬인 술라웨시의 탕코코 자연보호 구역Tangkoko Nature Reserve에는 유령안경원숭이Spectral Tarsier가 무리 지어 서식한다. 한 무리에 2~10마리가 속하며 수컷과 암컷, 새끼로 구성된다. 이들은 낮 시간 동안 공중으로 삐져나온 스트랭글러피그 나무의 높은 뿌리 위에서 잠을 자고, 어두워지면 활동을 시작한다. 다른 안경원숭이와 마찬가지로 유령안경원숭이도 거꾸로 매달리고 나무를 타는 데 선수다. 근육질의 긴 뒷다리를 이용해 몇 미터 떨어진 어린 나무 사이로도 정확하고 날렵하게 뛰어다닐 수 있다. 발이 제일 먼저 닿고 긴 손가락으로 나뭇가지를 붙잡아 착지한다. 또한 네 발로 나무를 오르거나 뛰고 걸을 수 있다. 밤에 나무 위를 잘 활보하려면 시력이 뛰어나야 하는데, 반사판이 없는 안경원숭이들은 큰 눈과 팽창된 동공으로 달빛이나 별빛을 통해 보이는 모든 광자光子를 수집한다.

유령안경원숭이는 돌아다니는 시간의 절반 이상을 채집에 쓰고, 덩치에 맞게 서식지 범위에서 먼 곳까지 먹이를 찾아 이동한다. 탕코코에서는 최대 4만 1,000㎡까지 활보한다. 그들은 목청을 높여 소리를 지르고 가는 곳마다 나뭇가지에 분비물을 묻혀 자신들의 영역임을 표시한다. 새끼는 어미와 함께 사냥을 나간다. 막 태어난 새끼는 어미가 입에 물고 데리고 다니며, 사냥하는 동안에는 안전한 곳에 놓아둔다. 이후 새끼는 스스로 어미의 털을 붙잡고 몸에 꼭 붙어서 생활하고, 생후 45일 정도 되면 스스로 먹이를 찾을 수 있다. 땅에서 1~2m 떨어진 높이에서 다니는 것이 안전하지만 건기에 식량을 찾기 어려울 때는 가끔 숲의 바닥에서 사냥하기도

한다. 덩치가 작아 왕도마뱀, 뱀, 말레이시아 사향고양이 같은 여러 포식자의 잠재적인 표적이 될 수 있으므로 끊임없는 주의가 필요하다. 위험을 감지하면 유령안경원숭이는 비상을 알리는 울음소리를 내고 무리 지어 포식자를 공격한다.

안경원숭이는 먹잇감을 보는 것뿐만 아니라 소리를 듣고 알아채기도 한다. 주로 딱정벌레, 매미, 나방, 애벌레, 귀뚜라미, 여치, 메뚜기, 바퀴벌레와 같은 곤충을 잡아먹으며, 회전하는 머리와 움직이는 예민한 귀를 이용해 거미, 흰개미, 개미도 잡아먹는다. 대부분 곤충을 잎사귀나 나뭇가지 위에서 잡지만 공중에서도 먹이를 낚아챌 수 있다.

안경원숭이의 진화 과정은 흥미롭다. 아마도 공룡 시대가 끝나갈 무렵 안경원숭이의 조상들도 원숭이나 유인원처럼 낮에 생활하게 되면서 반사판이 퇴화한 것 같다. 안경원숭이가 색을 구분하는 시력을 얻게 된 것은 이 가설을 뒷받침한다. 그러나 어둠 속에서 곤충이나 다른 동물을 잡아먹는 데 뛰어난 습성이 다시 안경원숭이를 야행성으로 생활하게 만들었고, 여기에는 밤에 먹잇감이 풍부하다는 점도 한몫했을 것이다. 그들은 반사판이 없는 대신 올빼미와 비슷한 전략을 이용해 크고 앞쪽을 보는 눈, 360도 회전하는 머리와 뛰어난 청력을 발달시켰다. 현재 약 7종 이상의 안경원숭이가 서식하고 있는 것으로 보아 이들의 전략이 매우 성공적임을 알 수 있다.

위 : 먹이를 찾아다니는 안경원숭이의 모습이다. 안경원숭이는 3m나 되는 나무 사이도 쉽게 건너다닐 수 있는 근육질의 긴 다리가 있다. 발이 먼저 착지하고 둥근 패드가 달린 긴 손가락 끝으로 나뭇가지를 붙잡는다.

왼쪽 : 무화과나무에 있는 보금자리에서 나오는 안경원숭이 무리의 모습이다.

고릴라의 가족생활과 과일의 상관관계

273쪽 : 콩고의 우림에 있는 어미 고릴라와 새끼의 모습이다. 새끼는 세 살이 될 때까지 어미 곁에 바짝 붙어서 떠나지 않는다.

현재 가장 심각하게 생존을 위협받고 있는 영장류인 고릴라는 1847년에 선교사들이 고릴라의 두개골을 가지고 귀국하면서 공식적으로 학계에 보고되었다. 서아프리카와 중앙아프리카에서 발견되는 서부저지대고릴라는 어둡고 조밀한 우림에서 서식한다. 이런 곳에서 고릴라와 마주치자 사람들은 두려워했고 이것은 고릴라도 마찬가지였다. 그래서 양쪽 다 도망을 가거나 방어를 위해 공격적인 태세를 갖추었다. 그러므로 서부저지대고릴라가 1990년대 초반까지 야생에서 관찰되지 않은 점은 크게 놀라운 사실이 아니다. 동물학자들은 고릴라가 나트륨이 풍부한 수생 식물을 먹으러 찾아오는 개방된 늪지를 발견했다. 이곳 식물은 수분 함량이 풍부하고 쉽게 뜯을 수 있어서 한두 시간이면 고릴라가 목을 축이고 숲으로 돌아갈 수 있다.

위 : 젊은 고릴라들이 싸움 놀이를 하고 있다. 놀이는 경험과 사회성을 익히게 해주어 영장류의 발달에 중요한 역할을 한다.

위 오른쪽 : 가슴을 두드리는 수컷 고릴라의 모습이다. 암컷을 유혹하거나 자신이 우두머리임을 선언하는 행동이다. 고릴라는 큰 덩치에 비해 놀라울 정도로 온순하며 사회성이 있어서 폭력적인 대응을 하지 않는다.

성인 수컷 고릴라 실버백이 가족의 우두머리이다. 실버백은 사람보다 크지 않지만 무게는 세 배 이상으로 평균 180kg에 이른다. 그리고 큰 송곳니가 있다. 이 수컷의 등에 난 은색 털은 성숙함의 상징으로, 열네 살 때부터 자라난다. 그전까지의 어린 수컷들은 온통 검은색 털이다. 암컷은 실버백의 절반 크기고 무게도 절반이다.

서부저지대고릴라는 실버백 한 마리와 암컷 서너 마리, 젊은 고릴라 네다섯 마리로 구성된 안정적인 가족을 형성한다. 낮에는 가족 구성원이 각자 멀리 나간다. 모일 때는 조용히 으르렁거리는 듯한 소리로 서로 신호한다. 밤이 되면 안전을 위해 함께 모여서 땅에서 잠을 잔다땅이 젖었을 때만 나무 위에서 잔다. 고릴라의 주요 먹이는 과일로, 계절과 생산량에 따라 고릴라 가족의 규모가 결정된다. 가족이 생활하는 지역에 과실수가 많으면 대가족을 이룰 수 있다. 실버백 한 마리와 암컷 아홉 마리로 구성된 무리가 발견된 적도 있다. 하지만 가족의 크기를 단지 과일 생산량만으로 단정할 수는 없다.

암컷들은 자신과 새끼를 표범이나 다른 실버백으로부터 보호해 줄 수 있는 실버백 곁에서 산다. 하지만 오늘날 고릴라를 위협하는 가장 큰 요인은 이들을 전리품으로 삼으려 하

는 밀렵꾼과 야생 동물의 고기를 먹는 사람들이 쏘는 총과 에볼라 바이러스이다.

암컷은 다 자라면 자신이 속할 새 가족을 찾는데, 때때로 혼자 다니는 외로운 수컷과 짝을 이룬다. 젊은 수컷은 가족을 이루기 어렵다. 충분히 자라서 강해지면 암컷을 유혹할 수 있을 것이다. 실버백이 가슴을 두드리는 소리는 숲속에 넓게 울려 퍼진다. 이 소리는 암컷을 유혹할 때 내기도 하고 문제가 생겼을 때도 활용한다. 고릴라들은 이웃을 배려하며 지내지만 외로운 실버백 한 마리가 가족 영역에 침범하면 싸움이 발생한다. 서로 간에 심각한 부상을 입는 것을 방지하기 위한 절차가 있는데, 처음에는 '우우' 하는 소리를 점점 크게 내다가 가슴을 두드리는 것으로 마무리한다. 마지막 대결은 땅을 내리치거나 나뭇가지를 부러뜨리는 것이다.

하지만 현재까지는 실버백 한 마리가 다른 가족을 빼앗지 못한다고 알려져 있다. 실버백이 죽으면 그의 암컷들은 근처에 있는 젊은 수컷을 선택한다. 하지만 그가 암컷들을 감동시키지 못하면 무리는 흩어져서 또 다른 가족으로 흡수된다. 암컷이 쉽게 이동하고 또 서로 이를 잡아주거나 하지 않는 것으로 보아 암컷들의 유대관계는 약한 것으로 보이지만 서열은 존재한다.

이와 대조적으로 새끼와 어미 사이의 유대관계는 몇 년 동안 매우 공고하다. 새끼는 적어도 3년 동안 어미의 젖을 먹으며 어미 근처에서 생활하고, 어미가 움직이면 등에 올라타서 먹이를 먹는 법과 위험을 피하는 법, 다른 고릴라들을 대하는 법을 배운다. 이 긴 학습 기간 때문에 암컷이 평생 낳을 수 있는 새끼의 수는 제한적이다. 하지만 어린 고릴라가 생존하는 데 필요한 모든 것을 배우는 과정은 반드시 필요하다. 젊은 고릴라들은 함께 장난치고 놀지만 장기간의 유대관계를 형성하지 않는 것은 성인이 되었을 때 무리를 떠나 자신만의 가족을 구성해야 하기 때문인 것으로 보인다.

왼쪽 : 암컷이 탁 트인 습지에서 나트륨이 풍부한 수생 식물을 먹고 있다. 어린 새끼는 어미가 먹는 것을 유심히 관찰하고 새로운 음식을 맛본다. 이곳은 서부저지대고릴라가 수풀 밖에서 발견되는 몇 안 되는 장소이다.

274쪽 : 어린 고릴라가 나무 타는 기술을 익히고 있다. 고릴라는 인간을 비롯한 다른 사회적 영장류와 마찬가지로 유년기가 길며 그 기간에 사회성과 다른 기술을 습득한다.

276~277쪽 : 우두머리이자 새끼들의 아빠인 실버백의 모습이다. 그의 붉은 머리가 성숙한 고릴라의 면모를 보인다.

교육받는 오랑우탄

위 : 무엇이 먹잇감으로 적합한지 학습하는 중이다. 새끼 오랑우탄은 8~9년 동안 어미에게서 숲에서 사는 법을 배운다. 이것은 인간을 제외하고 포유류 중에서 가장 긴 유년기다.

오른쪽 : 케탐베(Ketambe) 지역에서 한 암컷 오랑우탄이 기다란 팔 한쪽으로 안전한 나무를 잡고 다른 팔로 씨앗의 꼬투리를 따고 있다. 이런 활동은 붙잡는 손의 중요성을 보여준다.

인도네시아 수마트라 북쪽에 있는 구눙루제르 국립공원Gunung Leuser National Park의 아침은 매일 불협화음으로 시작된다. 코뿔새Rhinoceros Hornbills의 메아리가 계곡을 따라 울려 퍼지고, 흰손긴팔원숭이 한 쌍이 '와' 하는 울음소리를 낸다. 여기에 윙윙거리는 오색조五色鳥의 노래와 매미의 강렬한 울음소리도 가세한다. 마지막으로 세상에서 가장 큰 나무 위 거주 동물인 오랑우탄의 긴 울음소리가 숲을 흔든다.

오랑우탄은 '숲속의 사람'이라는 뜻의 말레이어로, 이 큰 아시아 유인원은 수마트라와 보르네오 섬에서만 발견된다. 몸무게가 90kg에 육박하지만 이들은 나무 타기 전문가이며, 손과 발을 활용해 능숙하게 나무에 오른다. 발로도 손처럼 단단하게 잡을 수 있고, 고관절이 있어 회전이 편리하다. 나무 위에서의 용맹함에 학습 능력까지 갖춘 오랑우탄은 가장 좋은 나무 길을 선택한다. 높은 나무 위에서 팔을 쭉 뻗어 이웃한 가지를 잡으면서 자유롭게 건너다닌다. 이때 덩굴이나 껍질이 있는 나무둥치를 최적의 디딤대로 활용한다. 새끼가 건너기에 간격이 너무 멀다고 느끼면 어미가 몸을 뉘어 다리를 만들어준다.

오랑우탄의 육중한 무게는 나뭇가지에서 떨어지는 요인이 된다. 두 다리로 꽉 붙잡지만 때때로 떨어져서 뼈가 부러지기도 한다. 그렇다면 나무에 올라가 과일을 먹고 평상시에는 땅에 내려와 지내는 고릴라나 침팬지와 달리 왜 오랑우탄은 이런 위험을 안은 채 계속 나무 위에 머무는 것일까? 그 이유는 수마트라에 사는 호랑이나 구름무늬표범의 공격이지만 위생 문제 때문이기도 하다. 땅에 살지 않으면 오염된 토양과 접촉해 단세포 동물이나 회충 같은 기생충에 감염될 위험이 적기 때문이다.

오랑우탄의 공중 묘기보다 더 놀라운 사실은 어미의 오랜 보호 기간이다. 암컷은 인간 소녀와 거의 같은 나이에 완전히 성숙하고 임신 기간은 8개월 반이다. 그 후 암컷은 다음

8~9년을 홀로 새끼를 키우며 숲에서 살아남는 법을 가르친다. 이것은 육상에 사는 동물인간 포함 중에서 가장 긴 출생 간격이고 인간을 제외하고는 가장 긴 유년기다.

수마트라의 열대우림에서는 배울 것이 아주 많다. 구눙루제르 국립공원의 케탐베 지역에서 35년 동안 조사를 실시한 결과, 어미 오랑우탄은 서식처인 4.5㎢ 범위에서 자신들이 가장 좋아하는 무화과를 비롯해 새끼에게 약 200종에 이르는 나무와 덩굴식물에 열리는 과일들에 대해 알려준다는 것이 밝혀졌다. 영양이 풍부하고 다양한 음식물을 얻기 위해 오랑우탄은 특정한 나뭇잎, 꽃, 고갱이, 균, 꿀, 흰개미를 찾는 법을 배우며, 기회가 있으면 작은 포유류인 늘보원숭이 Slow Loris를 사냥하는 법도 익힌다. 또한 새끼는 낮과 밤의 둥지, 햇빛을 막아주는 그늘과 비를 피하는 곳을 짓는 법을 비롯해 침엽수에서 먹이를 찾을 때 손이 찔리지 않는 장갑을 만드는 법을 배운다.

위 : 한 암컷 오랑우탄이 벌집과 흰개미 둥지를 찾고 있다. 다른 지역에 사는 오랑우탄은 꿀과 곤충을 먹기 위해 도구를 사용한다.

왼쪽 : 거의 다 자란 수컷 오랑우탄의 모습이다. 완전히 성숙하면 수컷의 볼 주머니(Cheek Pad)는 더 넓어지고 더 큰 목젖 주머니가 생긴다. 수컷은 열여덟 살이 되어야 완전히 성숙하며, 그들의 번식은 다른 성숙한 수컷과의 경쟁에서 승리하느냐에 달려 있다.

위 : 새끼 오랑우탄이 어미가 먹는 과일을 맛보고 있다. 새끼는 약 200종의 먹을 수 있는 과일을 구별하는 법을 배워야 하며, 그 외의 먹을 수 있는 식량에 대해서도 파악하고 어떻게 찾아내거나 잡는지 습득해야 한다.

283쪽 : 어미와 새끼의 모습이다. 사람과 마찬가지로 새끼를 키우는 데는 많은 노력이 필요하다. 8개월 반을 임신하고 8~9년의 유년기를 보내는데, 이것은 인간을 제외한 영장류 중에 가장 긴 양육 기간이다.

오랑우탄의 행동에는 문화적 차이가 있다. 구눙루제르의 스쿼드Squad 저지대 늪 수풀에서는 암컷들이 더 넓은 거주지 최대 8.5㎢에서 생활한다. 이곳 오랑우탄은 나뭇가지 숟가락을 이용해 나무의 홈에 떨어진 물을 떠 마시고, 나무 꼬챙이로 나무의 갈라진 틈에 사는 곤충이나 침이 없는 벌들의 꿀을 찾아먹는다. 또 벗긴 나뭇가지로 따가운 털로 덮인 니시아 Neesia 열매 씨를 뽑아먹는다. 늪 수풀에 사는 오랑우탄은 케탐베에 사는 종과 목소리도 달라서 집을 다 지으면 입술을 오므려 '휘휘' 하는 소리를 낸다.

모든 오랑우탄이 홀로 생활하지만 짝짓기나 먹이를 위해 한 번씩 뭉친다. 수가 가장 많은 수마트라오랑우탄이 모이는 시기는 무화과나무가 열매를 맺을 때와 많은 나무에 풍성하게 과일이 달리는 철이다. 이 모임은 매우 큰 사회활동으로, 함께 먹이를 먹고 새끼들은 함께 놀면서 밀접한 관계를 형성한다.

이런 모임을 통해 교육의 기회를 넓히며 이렇게 세대에서 세대로 이어지는 교육이 그들의 성공 비결이다. 오랑우탄은 평생에 걸쳐 먹이를 먹는 활동을 통해 씨앗을 살포함으로써 열대우림에서 생물학적으로 다양한 종을 형성하고 새롭게 하는 핵심 역할을 담당한다. 또한 그들의 서식지 의존성은 오랑우탄의 건강을 살필 수 있는 척도가 되기도 한다. 그러나 현재는 불법 벌목, 산불, 기름야자수의 빠른 번식과 밀렵의 위험이 지속되어 수마트라 섬에 서식하는 이 고도로 지능이 발달한 유인원의 수가 채 6,600마리도 남지 않은 실정이다.

일본원숭이가 추위를 피하는 방법

위 : 서열이 높은 어미 일본원숭이가 온천에서 몸을 데우며 새끼에게 젖을 먹이고 있다. 서열이 낮은 원숭이는 온탕에 들어가지 못한다.

왼쪽 : 서열이 높은 새끼가 온천에서 놀고 있다. 새끼는 어미의 서열을 계승하는데, 추운 환경에서는 서열이 높은 것이 아주 큰 장점이 된다.

짧은꼬리원숭이는 인간을 제외한 영장류 중에 가장 널리 퍼진 동물로, 20여 종 이상이 북아프리카에서 히말라야, 남부 인도와 동남아시아 지역의 열대 맹그로브 늪지대와 삼나무 숲속에 살고 있다. 가장 튼튼한 종이자 최북단에 사는 짧은꼬리원숭이는 일본원숭이로, 영하 20℃의 추운 겨울에도 살아남는 법을 터득했다.

일본원숭이는 일본에서 가장 큰 섬인 혼슈 산림 지역에 서식하며 눈원숭이라고도 불린다. 땅딸막한 몸에 두꺼운 털이 나 있으며 20~100마리가 무리 지어 산다. 암컷과 새끼의 수가 수컷과 3:1 정도의 비율로 많으며, 각 무리에 여러 모계 집단이 엄격한 서열에 따라 생활한다. 새끼는 어미의 서열을 계승한다. 혼슈의 겨울은 특히 혹독해서 기온이 영하로 떨어지고 폭설도 내린다. 이런 환경에서 살아남으려면 체온을 유지하고 먹잇감을 찾는 능력이 매우 중요하다.

그들은 1년의 대부분을 주로 과일을 먹으며 보내지만 겨울에는 유동적으로 대처해 상대적으로 열악한 음식인 나무껍질, 겨울 꽃봉오리, 식물의 뿌리, 대나무 잎 등과 단백질이 풍부한 곤충, 애벌레, 땅콩, 균류도 섭취한다. 서열이 높은 원숭이가 가장 좋은 먹이를 독식해 충분한 칼로리와 단백질을 얻을 기회가 많다. 먹이가 넉넉할 때 저장해 둔 체지방은 이렇게 빈약한 식사를 해야 하는 시기에 중요하게 작용한다. 두꺼운 털이 지방층을 덮고 있어 단열 효과가 있다. 또 원숭이들은 한데 모여서 체온을 유지하고 발톱을 오므려 동상을 예방한다.

나가노 북쪽 산맥의 지고쿠다니Jigokudani, 지옥 계곡이라는 뜻에 사는 일본원숭이는 또 다른 방법으로 체온을 유지한다. 일본은 환태평양 화산대에 자리하고 있어서 활화산이 매우 많다. 지고쿠다니에는 화산의 영향으로 온천이 많아서 원숭이뿐만 아니라 사람들도 자주 찾는데, 1964년에 이곳에 원숭이 공원이 세워지고 원숭이만을 위한 온천이 생기면서 원숭이들

위 : 햇볕을 쬐는 원숭이들의 모습이다. 두꺼운 모피와 지방층이 체온 유지를 돕지만 온천 밖에서는 서로 모여 있는 것이 추위를 피하는 가장 좋은 보온법이다.

이 더 이상 사람들이 이용하는 근처의 온천을 급습하지 않게 되었다. 시간이 지나면서 온천은 점차 서열이 높은 원숭이들이 휴식과 놀이를 즐기는 곳으로 인기를 끌었다.

일본원숭이의 체온은 약 38℃이며 그들이 선호하는 온탕의 온도는 약 41℃다. 서열이 높은 새끼 원숭이는 편안한 물속에서 어미젖을 빨거나 놀며, 다 자란 원숭이와 젊은 원숭이는 많은 시간을 서로 털을 빗어주고 이를 잡아주며 보낸다.

원숭이들은 당 분비가 거의 없고 보온성이 좋아서 온천에서 나왔을 때 사람처럼 빨리 체온을 빼앗기지 않는다. 일본원숭이들에게는 추위를 이기는 것이 삶과 죽음을 가르는 일이다.

왼쪽 : 새벽에 휴식을 취하는 원숭이들의 모습이다. 해가 뜨면 이들은 다시 꽃봉오리, 나무껍질을 비롯해 겨울 숲에서 손에 잡히는 것은 닥치는 대로 찾아 먹어야 한다. 혼슈 지역은 인간이 아닌 영장류가 살 수 있는 최북단 지역이다.

288쪽 : 어린 일본원숭이들이 놀다가 잠시 쉬고 있다. 겨울철에는 눈싸움과 눈 굴리기를 하며 논다.

289쪽 : 아침 햇살을 활용하는 원숭이의 모습이다. 발톱과 손가락을 오므려 동상을 예방한다.

하렘, 밴드 그리고 군단

위 : 암컷 망토원숭이가 새끼와 놀아주고 있는 수컷에게서 자신의 새끼를 데려오려고 한다. 암컷은 하렘의 리더에게 새끼를 돌려달라고 요청할 수 있다. 포식자와 다른 수컷으로부터 자신을 보호해 줄 수 있는 강한 리더 옆에 머무는 것이 암컷의 관심사이다.

아래 : 리더가 암컷의 털을 빗어주며 유대관계를 다지고 있다.

291쪽 : 망토원숭이 한 무리가 바위 위에서 밤을 보내고 100마리가 넘는 다른 원숭이들과 기지개를 켜고 있다. 그들은 표범이나 하이에나로부터 자신들을 보호하기 위해 많은 수가 모여서 지낸다.

인간을 제외한 영장류 중에 가장 복잡하고 다채로운 사회 체계를 형성한 동물은 망토원숭이다. 아프리카 최북단에 서식하는 원숭이 종인 망토원숭이는 예멘의 아라비아 반도 가장자리와 사우디아라비아 남서쪽에 있는 아프리카 혼Horn의 반사막 지대초목이 거의 자라지 않는 건조 지대 – 옮긴이에서 발견된다. 망토원숭이가 다른 원숭이 다섯 종과 매우 다른 사회 구조를 형성한 것은 아마도 그들의 척박한 환경과 때문으로 추정되며, 포식자의 위협으로부터 몸을 보호하기 위해 서식지에서 무리 지어 자게 된 것으로 보인다.

무리의 기본 단위는 하렘으로, 수컷 리더 한 마리와 암컷 무리, 새끼들이 속해 있으며 한 마리 이상의 부하 수컷이 포함되기도 한다. 낮 동안에는 하렘이 여러 개 모여 밴드를 형성하며, 그 속에 하렘을 형성하지 못한 다 자란 수컷과 미성숙한 수컷들도 포함된다. 밴드 간의 충돌은 종종 공격적이지만, 저녁이 되면 여러 밴드한 밴드당 최대 400마리가 속한다가 모여 거의 1,000마리 가까이 되는 대규모 군단을 형성해서 절벽이나 바위 위에서 함께 잔다.

에티오피아의 아와시 국립공원Awash National Park 북쪽에 있는 온천 지대 필로하Filoha 주변에서 망토원숭이에 대한 가장 종합적인 연구가 이루어졌다. 이곳의 밴드들은 중간의 불모 지역인 아카시아 가시수풀 속 보금자리에서 최소 30㎢ 떨어진 곳까지 이동한다. 먹이를 찾으러 잠자리인 절벽을 떠날 때 밴드들은 종종 한 군단으로 이동하고, 가끔은 이 행렬이 1km 이상 이어지기도 한다. 망토원숭이가 좋아하는 먹이는 이집트 종려나무 열매의 겉껍질, 아카시아의 잎과 꽃, 씨앗, 꼬투리를 비롯해 풀의 씨앗, 잎, 꽃 등이다. 기회가 된다면 아비시니아 산토끼를 쫓거나 메뚜기를 잡아채기도 한다.

리더는 이동할 때 자신의 하렘을 적극적으로 통제하면서 너무 멀리 나간 암컷들을 챙기고 외부 라이벌들과 맞선다. 주로 시각적으로 위협하지만 때로는 폭력적으로 물기도 하

위 : 낮잠을 즐기고 있는 하렘의 모습이다. 리더가 자신의 암컷들에게 둘러싸여 있다.

293쪽 : 리더가 송곳니를 드러내 자신의 힘을 과시한다. 그는 통제를 위해 암컷을 물기도 하지만 다른 수컷으로부터 보호해 주기도 한다.

는데, 주로 목이나 머리를 공격한다. 암컷은 정기적으로 리더의 털을 빗어주는데, 사회적 혼란이나 위험이 있을 때 털 빗어주기를 두고 암컷끼리 싸우기도 한다. 또 번식할 시기가 되면 수컷에게 더 많이 붙어 있으려 한다. 이렇게 함으로써 암컷과 생후 두 달 된 새끼는 리더의 보호를 받는다. 이런 결속은 리더가 무리의 젊은 후계자에게 자리를 내줄 때까지 몇 년 동안 지속된다. 간혹 리더와 잘 지내거나 친척인 원숭이에게 평화적으로 승계되는 경우도 있다.

일반적으로 리더는 다른 하렘의 리더를 존중하며, 의식화된 얼굴 표정으로 의사소통한다. 하지만 언제나 하렘을 노리는 다른 리더의 공격이 발생하고 침입을 받은 리더가 심각한 부상을 입거나 간혹 새끼가 죽기도 한다. 새끼를 잃은 어미는 보통 2주 만에 다시 번식이 가능해져 새 리더와 짝짓기를 한다. 리더가 아닌 수컷들은 어미로부터 새끼를 빼앗기도 하는데 이는 주로 놀아주려는 행동이다. 이렇게 새끼를 빼앗긴 어미는 보통은 리더의 도움이 없으면 새끼를 돌려받지 못한다. 이렇게 지내면서 리더는 라이벌 원숭이나 포식자로부터 위협을 느끼면 가족을 보호하고, 궁극적으로는 암컷의 번식을 성공시키는 아주 중요한 역할을 맡는다.

실제로 암컷 망토원숭이의 번식 상대는 거친 생존 환경 속에서 포식자를 비롯해 먹이를 두고 경쟁하는 다른 원숭이들로부터 자신과 새끼를 보호해 줄 수 있는 리더에게 집중된다.

열매를 깨뜨려 먹는 대머리원숭이

오른쪽 : 통치자인 수컷 대머리원숭이가 거친 털을 세우고 위협적으로 나뭇가지에 매달려(이렇게 하면 몸집이 한층 더 커 보인다) 어린 수컷들에게 자신의 권위를 과시하고 있다. 근육질의 붉은색 얼굴은 암컷에게 자신의 왕성한 번식력을 알리고 먹이인 열매를 깰 수 있는 단단한 턱이 있다는 것을 증명한다.

페루의 북동쪽 야바리Yavari 하천 유역은 난쟁이 피그미 비단털원숭이Miniature Pigmy Marmoset에서부터 늘씬한 검은거미원숭이에 이르기까지 다채로운 원숭이 13종의 서식처이다. 이 중 생김새가 가장 특이한 종은 페루대머리원숭이로, 아마존 지역에서 발견되는 네 종 중 하나다.

대머리원숭이는 아마존 열대우림 지역에서도 가장 습하고 접근하기가 어려운 늪지와 계절에 따라 침식되는 숲에 산다. 이 원숭이들은 최대 200마리가 한 무리로 모여 복잡한 사회 시스템을 형성하며, 규모가 작은 채집 무리가 계속해서 생겨나고 재조직된다. 이들은 웃음소리와 같은 킥킥거림을 통해 신호한다. 핵심 그룹은 리더 수컷 한 마리와 암컷, 새끼들로 구성되며 종종 어린 수컷과 덜 성숙한 수컷들도 포함된다. 리더와 젊은 수컷 사이에는 빈번하게 충돌이 발생하는데 이때 리더는 더 높은 나뭇가지 위에 올라가거나 나무에 매달려 몸 크기를 두 배로 늘리면서 자신의 권위를 과시한다.

대머리원숭이는 지방 함유량이 풍부한 씨앗을 좋아한다. 5월부터 9월까지 이들은 지방이 많은 노란색 과육의 아구아제Aguaje 야자열매를 즐겨 먹는다. 이 열매가 고갈되면 나무 꼭대기에 있는 씨가 큰 과일을 찾아 숲을 돌아다닌다. 1월에서 4월 사이에 숲에 홍수가 나면 원숭이들은 에슈웨일레라Eschweilera 나무 열매가 익어서 물 위로 떨어지기 전에 찾아 먹는다. 문제는 이런 과일 대부분이 아주 단단한 껍데기로 잘 익은 씨앗을 보호한다는 것이다. 그래서 대머리원숭이는 큰 송곳니와 관자놀이 근육을 확장, 발달시켜 문제를 해결했다주로 수컷들이 두드러진다. 강한 턱을 이용해 세상에서 가장 딱딱한 껍데기를 쪼갤 수 있게 된 것이다. 이들의 긴 앞니는 씨앗을 꺼내려고 껍데기를 벗길 때 유용하게 사용된다.

대부분의 원숭이는 익지 않은 과일을 쪼개지 못하므로 대머리원숭이의 이 기술은 큰 장점으로 작용한다. 그런데 이러한 먹이는 숲속 전역에 퍼져 있다. 그래서 대머리원숭이 무

위 : 어미 대머리원숭이가 나무 위에서 새끼의 털을 다듬어주고 있다. 수컷과 마찬가지로 암컷도 강한 턱과 앞니가 있어 딱딱한 껍데기를 깨고 내용물을 먹을 수 있다.

297쪽 : 늪지대에 사는 수컷 대머리원숭이가 아구아제 야자열매의 과육을 꺼내고 있다. 이들은 야자열매를 주식으로 삼는다.

리는 질 좋은 씨앗을 찾아 날마다 먼 거리를 여행한다.

대머리원숭이가 선택한 숲의 저지대 기슭은 홍수에 범람할 뿐 아니라 가시가 난 나무들이 많고 아나콘다가 돌아다녀서 원숭이들은 대부분 시간을 숲의 고지대에서 보낸다. 그곳이 안전하긴 하지만 대머리원숭이들은 짧고 뭉툭한 꼬리 때문에 균형을 잡는 데 어려움을 겪는다. 그래서 대머리원숭이는 탄성을 이용한 숙련된 도약에 의존한다. 나무 꼭대기의 간격이 최대 6m인 곳까지 도약할 수 있다.

밝은 붉은색 얼굴은 잠재적인 짝짓기 상대에게 자신의 건강함, 적합성, 질병에 대한 저항성을 입증하는 것으로, 혈관 기생충이 있는지 알 수 있다.

대머리원숭이는 종종 거미원숭이, 다람쥐원숭이, 특히 양털원숭이 같은 다른 원숭이들과 연합해 부채머리수리, 오셀롯Ocelot, 표범과 비슷한 시라소니 – 옮긴이, 타이라Tayra, 족제비과의 동물 – 옮긴이 같은 포식자로부터 보호하기 위한 감시망을 형성한다. 이런 다양한 원숭이들이 공존할 수 있는 것은 각기 서로 다른 시기에 다른 먹이를 먹기 때문인 것으로 보인다.

깨기 어려운 열매

성장은 언제나 힘들다. 브라질 중부 숲에 서식하는 어린 꼬리감는원숭이는 더욱 그렇다. 새끼들은 가장 안정적인 먹이를 먹는 일련의 복잡한 방법을 익혀야 하기 때문이다.

보아비스타Boa Vista 계곡의 뾰족탑처럼 솟아 있는 사암 절벽 아래 산림 지역에는 윗부분이 둥글게 깎인 탁자 크기의 바위들이 널려 있다. 표면은 평평하지 않지만 작고 얕은 홈이 나 있는 것이 마치 손으로 부드럽게 다듬은 것 같다. 이 거대한 사암 바위는 모루무언가를 올려놓고 두들기는 받침대 – 옮긴이다. 그리고 이 모루 위에는 각기 재질이 다른 크고 반들거리는 돌들이 놓여 있다. 이 돌들은 꼬리감는원숭이가 가져다 놓은 돌망치다.

푸른 나무 계곡에 있는 절벽은 원숭이들에게 안전한 저녁 보금자리를 제공한다. 이곳에도 먹이가 있지만, 가장 풍부한 자원은 절벽에서 몇 킬로미터 떨어진 곳에 있는 야자열매다. 야자열매는 영양이 풍부하지만 이것을 꺼내 먹으려면 특별한 계획과 협력, 노력이 필요하다.

우선 야자열매를 따야 한다. 열매는 그리 높지 않은 곳에 달리지만 천천히 익는다. 물론 성인 꼬리감는원숭이는 어떻게 해야 하는지 알고 있다. 열매를 손가락으로 두들겨서 익은 정도를 살핀 후 가장 잘 익은 것만 골라 나무에서 떼어낸다. 그리고 안전한 나무 위로 올라가 섬유질인 야자열매의 겉껍데기를 이빨로 벗긴다. 그런 다음, 놀랍게도 꼬리감는원숭이는 야자열매를 버린다. 원숭이는 야자열매가 아직 덜 익었기 때문에 먹기 전에 햇빛에 며칠 동안 놔두어야 한다는 사실을 알고 있다.

바닥에 흩어져 있는 것은 지난번에 따서 내버려둔 야자열매들이다. 이제 원숭이는 그중 가장 오래된 열매를 집어 들고 두들겨보고 땅에 떨어뜨리며 익은 정도를 살핀다. 그러고 나서 제일 잘 익은 열매를 한 손에 쥐고 절벽 아래에 있는 모루로 돌아온다. 매번 열매를 따놓고 익을 때까지 내버려두고 오기 때문에 수확지를 찾을 때마다 꾸준히 먹을거리를 가져오고, 실패하지 않게 된다.

다음 단계는 열매를 두드려서 껍데기를 깨는 것이다. 돌망치에 관해서는 아직 명확하게 설명되지 않고 있다. 이 돌은 상대적으로 부드러운 사암 모루에 있던 것이 아니다. 사암이라면 계속적인 사용으로 부서져 없어졌을 것이기 때문이다. 아마 다른 지층에서 이곳 협곡으로 떨어진 것을 원숭이들이 주워온 것 같다. 일부는 변성된 사암이고 가장 단단한 것은 규암이다. 돌망치는 크고 무게는 보통 다 자란 꼬리감는원숭이 무게의 1/3에서 1/2 정도 나간다.

원숭이는 야자열매를 모루의 움푹한 곳에 놓는다. 잘못된 장소에 놓으면 열매가 튕겨나가 수풀 아래로 떨어진다. 올바

왼쪽 : 돌망치, 모루, 열매, 그리고 꼬리감는원숭이의 모습이다. 돌망치는 원숭이 무게의 최소 1/3 이상 되기 때문에 신중히 선택해야 하며, 모루에 놓고 찧을 열매와도 맞아야 한다. 원숭이의 꼬리는 망치를 사용할 때 중심을 잡는 역할을 한다.

298쪽 : 열매의 익은 정도를 시험하고 모루로 가져갈 열매를 챙기는 모습이다.

위 : 열매를 깨고 얻은 수확이다. 꼬리감는원숭이가 핵에서 나오는 야자수를 마시고 있다.

오른쪽 : 열매 깨기 수업이 한창이다. 미숙한 꼬리감는원숭이들이 숙련된 원숭이로부터 야자열매를 깨는 가장 좋은 방법을 배우고 있다.

른 위치를 잡으면 무사히 핵을 얻을 수 있다. 하지만 경험 많은 원숭이도 이 단단한 야자열매를 한 번에 깨는 경우는 드물다. 한 번 내리치고 관찰한 다음 뒤집어서 다시 내리치는 과정을 반복하며, 야자열매의 위치와 돌망치를 잡는 자세도 바꾼다. 내리치는 횟수는 원숭이의 크기와 힘에 따라 차이가 있다. 간혹 팔과 어깨를 사용해 돌을 들어올리기만 해도 충분한 경우가 있다. 하지만 보통은 더 많은 노력이 필요하며 원숭이는 똑바로 서서 돌망치를 머리 위로 쳐들었다가 힘껏 내리친다. 돌망치의 무게가 더해지기 때문에 이 과정에는 많은 힘이 필요하다. 열매가 깨지는 소리는 멀리까지 퍼지기 때문에 포식자가 오는 것을 경계할 때도 활용한다. 모루에서 부서져 나온 돌조각이 항상 나무 아래에서 발견되는 것은 당연하다. 위험이 닥치면 원숭이들은 항상 위기를 모면하는 가장 쉬운 수단인 돌멩이를 찾기 때문이다.

어린 꼬리감는원숭이는 배울 것이 많다. 그들은 다 자란 원숭이를 쫓아다니며 모든 움직임을 관찰한다. 야자열매를 고르는 법부터 겉껍데기를 벗기는 방법, 익은 열매를 구별하는 법, 마지막으로 돌망치를 사용하는 법을 배운다. 그런 다음 스스로 해보는데, 완전히 익히는 데 몇 달 이상 걸리기도 한다. 새끼들의 이런 노력은 종종 우스꽝스럽다. 어린 꼬리감는원숭이들은 어린아이가 장난감을 부딪치듯 간혹 열매끼리 부딪쳐보기도 하고, 열매를 모루에 조심스럽게 올려놓고 또 다른 열매로 깨보려는 헛된 노력을 한다. 하지만 점차 다 자란 원숭이의 도움으로젊은 원숭이가 연습하도록 반쯤 깨진 열매를 준다 기술을 가다듬고 도구를 정확하게 사용하게 된다.

이 놀라운 도구 사용 기술은 수백 년 동안 세대를 거치며 이어져 왔다. 도구를 사용하는 모든 영장류와 함께 꼬리감는원숭이도 우리의 진화를 이해하는 데 또 다른 단서를 제공한다.

침팬지의 문화, 재주, 도구

인간을 제외하고 도구를 가장 잘 사용하는 동물은 침팬지다. 각 침팬지 집단은 그들만의 도구 사용 문화가 있어서 용도에 따라 각기 다른 도구를 사용한다. 기니 동남부의 보수Bossou에 사는 침팬지들은 내려치기, 속 파기, 꺼내기, 전시하기의 용도로 지금까지 24가지 도구를 사용하는 것으로 알려졌다. 절구 치기와 규조류 뜨기는 이 침팬지 사회에서만 볼 수 있는 행동으로 알려졌다.

마농Manon 토착민들은 보수의 침팬지들을 마을이 내려다보이는 성스러운 숲인 몽 그반Mont Gban에 살던 조상이 환생한 것으로 믿고 존경한다. 현재 살고 있는 침팬지 13마리는 일부 경작지와 버려진 들판, 강가와 수풀이 경계를 이루는 반경 6㎢의 2차림원시림이 사람 또는 자연의 작용으로 황폐해졌으나 다시 자연적으로 조성된 곳 – 옮긴이에서 주로 사냥을 한다. 그들은 최대 200종의 식물을 섭취하고먹을 수 있는 식물의 30% 열매를 즐겨 먹지만 잎사귀, 고갱이, 씨앗, 꽃, 뿌리, 고무, 껍질도 먹는다. 이 밖에 곤충, 새, 알, 꿀, 때로는 포유류를 잡아먹어서 주식을 보충한다. 자연의 먹이가 떨어지면 침팬지들은 과수원과 들판에서 오렌지, 망고, 카사바Cassava, 열대 식물 – 옮긴이, 옥수수, 파파야, 바나나, 기름야자를 약탈해서 종종 나누어 먹기도 한다. 이것은 다른 침팬지 사회에서는 볼 수 없는 모습이다.

이런 풍부한 먹이 자원 덕분에 도구 사용이 다양해졌고, 특히 야생 과일이 드물어지자 도구가 더욱 발달하게 되었다. 1970년대 중반부터 보수에 사는 침팬지를 관찰한 결과가장 정교하고 잘 알려진 연구이다, 침팬지들은 돌망치와 모루를 사용해 기름야자열매의 껍데기를 깨고 에너지, 단백질, 칼슘, 인, 지방산, 비타민 A가 풍부한 핵을 먹는다고 한다. 이렇게 하려면

위와 302쪽 : 침팬지가 가장 흔하게 사용되는 도구 활용법을 연습하는 중이다. 바로 돌망치와 모루를 사용해서 야자열매를 깨는 것이다. 이렇게 열매를 깨는 작업에는 뛰어난 두뇌와 손과 눈의 협동작용이 필요하다.

위 : 나뭇가지를 들고 있는 침팬지의 모습이다. 나뭇가지는 유용한 도구이자 무기가 된다.

아래 : 네 살배기 침팬지가 어미로부터 돌망치와 모루를 사용하는 방법을 배우는 중이다. 기술을 익히는 것은 일곱 살 이전에 시작해야 한다.

뛰어난 두뇌, 눈과 손의 협동작용이 필요하다. 움직이는 물체인 열매, 돌망치, 모루의 위치 선정을 세밀하게 해야 하며, 간혹 모루 아래에 균형이 안정적이도록 돌을 받쳐야 한다. 숙련된 성숙한 침팬지는 1분 동안 야자열매 서너 개를 깨뜨릴 수 있다. 어린 침팬지는 연습이 많이 필요하다. 하지만 연습한다고 해서 모두 열매를 깰 수 있는 것은 아니다. 이 과정을 학습할 수 있는 시기가 정해져 있는데, 일곱 살 전에 연습을 시작하지 않은 침팬지는 이 기술을 습득할 수 없다.

보수 침팬지가 먹는 것은 기름야자열매만이 아니다. 그 줄기나 꽃을 비롯해 야자씨도 먹는다. 씨앗을 꺼내려면 도구가 필요하고, 그 모습은 보수에서만 볼 수 있다. 침팬지는 기름야자 나무 꼭대기까지 올라가서 힘으로 잎사귀를 제치고, 자라나는 잎을 뜯어내며 열매 중심부로 다가간다. 그 다음 가지 하나를 방망이처럼 휘둘러 꼭대기에 내리치고, 부드럽고 물이 많으며 비타민 A가 풍부한 야자씨를 꺼낸다. 이 작업은 우기에 행해지며, 또 다른 특이한 도구 사용법인 규조류 뜨기도 이때 볼 수 있다. 가지 하나를 골라 잎을 제거한 후 마치 낚싯대처럼 웅덩이에 던져서 조류를 건지는 것이다.

나뭇가지는 개미를 꺼낼 때도 사용한다. 탄성이 좋은 줄기나 나뭇가지를 집게손가락과 가운데손가락 사이에 끼우고 부드럽게 옆으로 움직여 개미들이 움직이게 한다. 가지 위로 개미들이 타고 올라오면 입 속으로 넣는다. 혹은 가지 위로 나온 개미를 손에 털어 입에 넣기도 한다. 나뭇가지는 죽은 나무에서 벌을 꺼낼 때도 요긴하다. 나뭇가지 외에도 잎사귀를 접어서 컵처럼 활용해 물을 마시기도 한다. 그리고 낮잠을 잘 때나 땅이 축축해지거나 하면 침팬지들은 나뭇잎을 깔아 편안한 매트를 만든다. 이런 발명은 세대를 거듭하며 전해져 보수에 사는 침팬지만의 문화가 되었다. 이들에게 새로운 과제가 생기면 인간 사회와 마찬가지로 새로운 도구가 사용될 것이다.

위 : 나뭇가지로 그네를 만들어 타고 있는 모습이다.

왼쪽 : 야자 잎줄기를 방망이처럼 사용해 야자씨를 두드려서 부드럽게 하고 있다. 줄기는 힘 있게 아래로 내리치며 씨앗을 파낼 때 사용한다. 숲속 자원을 도구로 활용하는 기술은 세대를 이어오며 전해져 이 침팬지 사회의 문화로 자리 잡았다.

더 왼쪽 : 특별히 선택한 나뭇가지로 규조류를 낚아 먹는 모습이다.

감사의 말

TV 다큐멘터리 〈라이프Life〉와 이 책은 떼려야 뗄 수 없는 관계이다. 이 책을 저술한 작가들이 바로 TV 프로듀서들이기 때문이다. 우리는 이 중대한 프로젝트에 관여한 모든 분께 감사의 인사를 전한다. 이 책과 프로그램을 만드는 데 거의 5년이 걸렸고 여기에 수많은 분들의 도움, 열정, 시간과 에너지가 담겼다. 일일이 감사의 인사를 건넬 분들이 수도 없이 많지만 지면을 빌어 모든 분께 감사의 말을 전한다. 그 중 다큐멘터리 시리즈에 직접적으로 관여해 주신 고마운 분들의 이름을 올린다.

3년 동안 전 세계에서 〈라이프Life〉 제작팀이 활동했다. 우리는 모든 대륙을 돌며 150회 이상 촬영 여행을 감행했다. 매번 여행에서 과학자 혹은 전문가의 자문을 얻고 프로덕션 팀이 여행 기획을 담당했으며 카메라 팀이 때로는 열악한 환경에서, 때로는 상대적으로 편안한 환경에서 촬영했다.

〈라이프Life〉의 성공 요인은 각 지역 주민들의 적극적인 도움 덕분이다. 일부 지역민은 많은 시간을 내서 우리를 도와주었고 다른 분들도 기꺼이 자신들의 자원을 공유해 주었다. 코모도왕도마뱀이 사냥하는 모습과 싸우는 모습을 촬영할 수 있었던 것은 순전히 푸트리 나가 코모도Pt. Putri Naga Komodo에 근무하는 마커스 매튜-소여Marcus Matthew-Sawyer와 그의 팀 덕분이었다. 통가에서 암컷을 두고 혹등고래끼리 싸우는 장면의 촬영은 알 콜드릭Al Coldrick의 도움 없이는 불가능했다. 링컨 브로워Lincoln Brower는 모나크 나비에 대한 그의 수십 년간의 연구를 제공해 주었으며 우리가 성공적으로 촬영할 수 있게 도와주었다. 남극에서는 영국 해군과 HMS 인듀어런스Endurance 호 선원들이 헬리콥터를 지원해 주어 부빙 위 범고래의 사냥을 공중에서 촬영할 수 있었다. 국립과학재단National Science Foundation은 얼음 아래 세상을 들여다볼 수 있도록 남극 대륙에서의 촬영을 지원해 주었다. 제롬 폰셋Jerome Poncet은 육지와 해저 다이빙 팀이 반도를 따라 탐험할 수 있게 이끌어주었다. 이렇게 전 세계에서 많은 분이 도움을 주셨고 일일이 열거하려면 끝도 없다. 우리는 이 모든 분께 큰 고마움을 전한다.

그리고 이 책을 만들어주신 분들께도 감사드린다. 셜리 패튼Shirley Patton은 직무를 잘 수행해 주었고 무나 레열Muna Reyal도 프로젝트를 잘 감독해 주었다. 로라 바윅Laura Barwick은 놀라운 사진을 많이 찾아주었고 바비 버찰Babby Birchall이 책 디자인을 맡아주었다. 로즈 키드먼 콕스Roz Kidman Cox는 인내와 열정으로 이 책이 아름답고 간결하게 나올 수 있도록 해주었다. 이 모든 분께 고마움을 전한다.

Credits

Production Team
Bridget Appleby
Rupert Barrington
Simon Blakeney
Jesse Bliss
Adam Chapman
Tom Clarke
Bobbie Fletcher
Mike Gunton
Justine Hatcher
Martha Holmes
Chadden Hunter
Tara Knowles
Neil Lucas
Stephen Lyle
Vivienne Mackay-Hope
Patrick Morris
Emma Napper
Ted Oakes
Lisanne O' Keefe
Victoria Ribeck
Kate Roberts
Elly Salisbury
Adam Scott
Lisa Sibbald
Jonathan Smith
Ian Syder
Rosie Thomas
Nikki Waldron
Barbara Wetheridge
Robert Wilcox
Paul Williams
Emily Winks

Camera Team
John Aitchison
James Aldred
Doug Allan
Doug Anderson
David Baillie
Ralph Bower
Jim Brandenburg
Barrie Britton
John Brown
Keith Brust
Gordon Buchanan
John Chambers
Chris Chanda
Rod Clarke
Dany Cleyet-Marrel
Martyn Colbeck
Bob Cranston
Bruce Davidson
Stephen de Vere
Rudi Diesel
Jason Ellson
Justine Evans
Tom Fitz
Kevin Flay
Richard Gannicliffi
Ted Giffords
Ian Goldsbrough
Nick Guy
Charlie Hamilton James
Mike Holding
Adam Huddlestone
Richard Jones
Simon King
Richard Kirby
Peter Kragh
Mark Lamble
Yves Lefevre
Alastair MacEwen
Dave MacKay
Jamie McPherson
Justin Maguire
Michael Male
Dave Manton
Richard Matthews
Charles Maxwell
Hugh Maynard
Hugh Miller
Shane Moore
Roger Munns
Peter Nearhos
Mark Payne-Gill
Andrew Penniket
Steve Phillipps
Mike Pitts
Steven Romano
Rick Rosenthal
Peter Scoones
Tim Shepherd
Andy Shillabeer
Warwick Sloss
Mark Smith
Sinclair Stammers
Ian Thomas
Gavin Thurston
Simon Werry
Peter West
David Wright
Norbert Wu
Mark Yates
Kazutaka Yokoyama

Field Assistants
Graham Abbott
Dave Boguski
Anthony Bramley
Paul Brehem
Chris Browne
Jim and Stephanie Carpenter
Wirong Chanthorn
Al Coldrick
Bryan Curran
Alicia Decina
Ben Dilley
Georgette Douwma
Rob Dover
Stephen Dunleavy
Will Engleby
Ethiopian Wolf Conservation Programme
Edmund & Kim Farmer
Tim and Pam Fogg
Richard & Carol Foster
Camila Galheigo Coelho
Angel Garcia-Rojo
Mulualem Gelaye
Berhanu Geremew
Daniel Gomez
Lance Goodwin
Vinita Gowda
Annie & Ian Gray
Rob Harvey
Simyra Hlebechuk
Bruce Inglangasak
Jason Isley
David Jones
David Karanja
John Keeling
Komodo National Park rangers
Duncan Mackay
Julio Madriz
Gil Malamud
Marie Louise
Umaporn Matmeen
Joseph Mfune
Andrew Miners
Robert Morrison
Sammy Munene
Cameron Newall
Lasse Østervold
Tuomas Palojärvi
Patrick Plantard
Jerome Poncet
Gilbert Rakotoarisoa
Bertrand Razafimahatratra
David Rootes
Norbert Rottcher
Alan Rowley
Jo Ruxton
Hiroo Saso
Jenny Sharman
Digpal Singh
Maguerite Smits Van Oyen
Peter Snyman
Lisa Solberg
Matthew Swarbrick
Mark Thurlow
William Trim
Richard Uren
Chris White
Emilio White
Like Wijaya
Ben Winger
Chanpen Wongsripheuk
Stephen Yiasoi

Scientific Consultants
Richard Bodmer
Mark Bowler
Warren Brockelman
Lincoln Brower
Kevin Campbell
Pompilio Campos Chinchilla
Victoria Cartledge
Ken Catania
James Cosgrove
Sam Cotton
Marta de Ponte Machado
Louis du Preez
Marion East
Laura Engleby
Libby Eyre
Chris Fallows
Lisa Filippi
Rachel Graham
Randy Griebel
Michael Guinea
Karina Hall
Dagmar Hilfert-Rüppell
Ben Hirsch
Kimberely Hockings
Elizabeth Hofer
Tatyana Humle
Atsushi Ishimatsu
Shiguyuki Izumiyama
Jack James
Kevin Kalasz
Jonathan Kingdon
John Kress
Darryl Kuamo' o
Eileen Larney
Matthew Lewis
Stanislav Lhota
John Louth
Sue Mansfield
Robert Mason
Tetsuro Matsuzawa
Iwein Mauro
Clayton May
Bruce Means
David Mitchell
Santos Montenegro
Brian Morland
Robert Nishimoto
Lance Nishiura
Shintaro Nomakuchi
Harri Norberg
Justin O' Riain
Don Owings
Gail Patricelli
Mat Pines
Pang Quong
Gilbert Rakotoarisoa
Galen Rathbun
Barry Rice
Heidi Richter
Flavio Roces
Lynn Rogers
Dagmar and Georg Rüxppell
Myron Shekelle
Wade Sherbrooke
Michael Sheriff
Leigh Simmons
Stephen Simpson
Gabriel Skuk
Jennifer Small
Dee Snijman
Takayo Soma
Emma Stokes
Larissa Swedell
Ethen Temeles
Angelique Todd
Sumio Tojo
Ray Townsend
Alfredo Ugarte-Peña
Sri Suci Utami Atmoko
Elisabetta Visalberghi
Caroline Yetman

Post-production
Bridget Blythe
Linda Castillo
Janne Harrowing
Ruth Peacey
Sarah Wade
Georgina Way

Music
George Fenton

Film Editors
Nigel Buck
Andrew Chastney
Martin Elsbury
Darren Flaxstone
Andy Mort
Andy Netley
Jo Payne
Dave Pearce

Sound Editors
Kate Hopkins
Tim Owens

Dubbing Mixers
Chris Domaille
Graham Wild

Colourist
Luke Rainey

Graphics
Burrell Durrant Hifle (BDH)
Mick Connaire

Picture Online
Tim Bolt
Fred Tay

Discovery Channel
John Cavanagh
Susan Winslow

The Open University
Sally Ashwell
Catherine McCarthy
David Robinson
Janet Sumner

Picture credits

1 Stefano Unterthiner; **2-3** Alexander Safonov; **4 top left** www.jimbrandenburg.com; **4 top right** Mark Carwardine/naturepl.com; **4 middle left** Neil Lucas; **4 middle right** Daniel J. Gomez; **4 bottom left** Steven Kazlowski/lefteyepro.com; **4 bottom right** www.brandoncole.com; **5 top left** Gary Bell/oceanwideimages.com; **5 top right** www.brandoncole.com; **5 middle left** Doug Perrine/naturepl.com; **5 middle right** www.benhallphotography.com; **5 bottom left** Chadden Hunter; **5 bottom right** Ingo Arndt/naturepl.com; **6-7** www.jimbrandenburg.com; **8-9** Maria Stenzel/National Geographic Image Collection; **10-11** Piotr Naskrecki; **12-13** Yukihiro Fukuda/naturepl.com; **14-15** WorldSat International/sciencephoto.com

특이한 바다생물들

16-17 Gary Bell/oceanwideimages.com; **18** Gary Bell/oceanwideimages.com; **19** www.brandoncole.com; **20** www.brandoncole.com; **21** www.brandoncole.com; **22** Brian Skerry/National Geographic Image Collection; **23** Peter Kragh; **24** David B. Fleetham/SeaPics.com; 25 Fred Bavendam/Minden Pictures/FLPA; **26** www.brandoncole.com; **27** www.brandoncole.com; **28** www.brandoncole.com; **29** www.brandoncole.com; **30** BBC; **31** all BBC; **32-3** Neil Lucas; 34 Norbert Wu/Minden Pictures/FLPA; **34-5** Norbert Wu/Minden Pictures/FLPA; **36** all BBC; **37** all BBC; **38** Neil Lucas; **39** Norbert Wu/Minden Pictures/FLPA; **40** Jeff Rotman/naturepl.com; **40-1** www.brandoncole.com; **42** Birgitte Wilms/Minden Pictures/FLPA; **43** www.brandoncole.com; **44-5** Gary Bell/oceanwideimages.com; **45** both Gary Bell/oceanwideimages.com

신비한 어류

46-7 www.brandoncole.com; **48** www.brandoncole.com; **49** www.brandoncole.com; **50** Doug Perrine/SeaPics.com; **51** Doug Perrine/SeaPics.com; **52** Doug Perrine/SeaPics.com; **53** Doug Perrine/SeaPics.com; **54** Raymond Mendez/Photolibrary.com; **55** Raymond Mendez/Photolibrary.com; **56** Warwick Sloss; **57** Warwick Sloss; **58-9** Gary Bell/oceanwideimages.com; **60 top** BBC; **60 bottom** Simon Blakeney; **61** Simon Blakeney; **62** all BBC; **63** Jonathan Smith; **64** both Georgette Douwma; **65** David Hall/Seaphotos.com

왕성하게 번식하는 식물들

66-7 Neil Lucas; **68** Ch'ien C. Lee/wildborneo.com.my; **68-9** Neil Lucas; **70-1** Neil Lucas; **72** Neil Lucas; **73** Neil Lucas; **74** Neil Lucas; **75** Neil Lucas; **76-7** Neil Lucas; **78** Neil Lucas; **79** Ch'ien C. Lee/wildborneo.com.my; **80** Neil Lucas; **81** Ch'ien C. Lee/wildborneo.com.my; **82-3** Neil Lucas; **84** Neil Lucas; **85** Neil Lucas; **86** David M. Dennis/Photolibrary.com; **87** all BBC; **88-9** Chris Mattison/Photolibrary.com

곤충들의 창의력

90-1 Daniel J. Gomez; **92-3** Piotr Naskrecki; **94-5** Piotr Naskrecki; **95** Piotr Naskrecki; **96-7** Piotr Naskrecki; **98** Georg Rüppell/splendens-verlag.de **99** Georg Rüppell/splendens-verlag.de **100** Hilfert-Rüppell/splendensverlag.de; **101** Emma Napper; **102** both BBC; **103 top** M. & P. Fogden/fogdenphotos.com; **103 bottom** both BBC; **104** Nature Productions/naturepl.com; **105** all BBC; **106** Stewart Ford; **107** Simone McMonigal; **108** Stewart Ford; **109** Adam Scott; **110** Stewart Ford; **111** Stewart Ford; **112** Professor Flavio Roces **113** Mark Moffett/FLPA; **114** Ingo Arndt/naturepl.com; **115** Ingo Arndt/naturepl.com; **116** Ingo Arndt; **117** Ingo Arndt/naturepl.com; **118-9** Ingo Arndt/naturepl.com; **120** Sam Cotton; **121** Sam Cotton; **122 left** Nick Garbutt/naturepl.com; **122 right** Rupert Barrington; **123** Rupert Barrington; **124** Daniel J. Gomez; **125** Daniel J. Gomez

파충류와 양서류

126-7 Doug Perrine/naturepl.com; **128** Piotr Naskrecki; **129** Ch'ien C. Lee/wildborneo.com.my; **130** Michael D. Kern/naturepl.com; **131** Ch'ien C. Lee/wildborneo.com.my; **132-3** Kevin Flay; **134-5** all Kevin Flay; **136-7** Kevin Flay; **138** all BBC; **139** Stephen Dalton/NHPA; **140** D. Bruce Means; **141** D. Bruce Means; **142** all BBC; **143** D. Bruce Means; **144** all BBC; **145 top** Pete Oxford/naturepl.com; **145 bottom** all BBC; **146** all BBC; **147** John Cancalosi/naturepl.com; **148** Solvin Zankl/naturepl.com; **148-9** Rupert Barrington; **150** Rupert Barrington; **151** Rupert Barrington; **152** all BBC; **153** Colin Gans/Underwaterdisplay.net; **154-5** Colin Gans/Underwaterdisplay.net

놀라운 조류

156-7 www.benhallphotography.com; **158** Andy Rouse; **159** Edwin Giesbers/naturepl.com; **160** Peter Blackwell/naturepl.com; **160-1** Barrie Britton; **162-3** Barrie Britton; **163** Barrie Britton; **164** Patrick Morris; **165** Barrie Britton; **166** Barrie Britton; **167** Barrie Britton; **168** Anup Shah/naturepl.com; **169** Frans Lanting/FLPA; **170 top** Mark Payne-Gill; **170 bottom** BBC; **171** www.michaelforsberg.com; **172** Justin Maguire; **172-3** Justin Maguire; **174** Ben Dilley; **174-5** Ingo Arndt/naturepl.com; **176** Tui De Roy/FLPA; **177** T. Jacobsen/Arcticphoto.com; **178** Jan Vermeer/FLPA; **178-9** Yva Momatiuk & John Eastcott/FLPA; **180 top** Paul Nicklen/National Geographic Image Collection; **180 bottom** both BBC; **181** both BBC; **182** all BBC; **183** Luis A. Mazariegos; **185** Tim Laman/National Geographic Image Collection; **186-7** Tim Laman/National Geographic Image Collection; **188-9** Barrie Britton

승리자 포유류

190-1 Steven Kazlowski/lefteyepro.com; **192-3** www.nickgarbutt.com; **194** Suzi Eszterhas/naturepl.com; **195** Andy Rouse/Corbis; **196-7** Steven Kazlowski/lefteyepro.com; **198** Steven Kazlowski/lefteyepro.com; **199** Steven Kazlowski/lefteyepro.com; **200** Steven Kazlowski/lefteyepro.com; **201** Steven Kazlowski/lefteyepro.com; **202** Barrie Britton/naturepl.com; **203** www.nickgarbutt.com; **204** Norbert Rottcher; **205** Norbert Rottcher; **207** Kieran Dodds; **208** Malcolm Schuyl/FLPA; **209** Kieran Dodds; **210-1** Oli Dreike; **212** BBC; **212-3** Masa Ushioda/coolwaterphoto.com; **214** www.scottportelli.com; **215** Masa Ushioda/coolwaterphoto.com; **216-7** Masa Ushioda/coolwaterphoto.com; **218** Mitsuaki Iwago/FLPA; **219** Charlie Hamilton-James; **220-1** Charlie Hamilton-James; **222** both Anup Shah/naturepl.com; **223 top** Frans Lanting/National Geographic Image Collection; **223 bottom** both Anup Shah/naturepl.com; **224-5** Beverly Joubert/National Geographic Image Collection

사냥꾼 포유류

226-7 www.brandoncole.com; **228-9** www.brianhampton

photography.com; **230** Adam Chapman; **230-1** Adam Chapman; **232** all BBC; **233 top** all BBC; **233** bottom Adam Chapman; **234-5** Adam Chapman; **236** Michael S. Quinton/National Geographic Image Collection; **237** Tim Fitzharris/FLPA; **238-9** Dembinsky Photo Ass./ FLPA; **240** Christian Ziegler; **241** Christian Ziegler; **242-3** Christian Ziegler; **243** Christian Ziegler; **244-5** Adam Chapman; **246** Adam Chapman; **247** Michael Pitts; **248** Pete Oxford/naturepl.com; **249** Tom Clarke; **250** Bill Curtsinger/National Geographic Image Collection; **250-1** Steven Kazlowski/ SeaPics.com; **252-3** Paul Nicklen/ National Geographic Image Collection; **254 top** Rick Price/ Photolibrary.com; **254 bottom** both Ingrid Visser/SeaPics.com; **255 bottom** both Ingrid Visser/SeaPics.com; **256** www.francisomarquez.com; **257** Anup Shah/ www.shahimages.com; **258-9** Anup Shah/naturepl.com; **259** Anup Shah/ www.shahimages.com; **260** Todd Pusser; **261** all BBC

지적인 영장류

262-3 Chadden Hunter; **264** Mark Carwardine/ naturepl.com; **264-5** Stefano Unterthiner; **266-7** Piotr Naskrecki; **267** Cyril Ruoso/FLPA; **268** Solvin Zankl/naturepl.com; **269** Ch'ien C. Lee/ wildborneo.com.my; **270-1** David Slater/NHPA/Photoshot; 271 David Slater/NHPA/ Photoshot; **272** both Ian Nichols/ National Geographic Image Collection; **273** James Aldred; **274** James Aldred; **275** Bruce Davidson/naturepl.com; **276-7** James Aldred; **278** Thomas Marent; **278-9** Joram Berlowitz; **280-1** Anup Shah/naturepl.com; **281** Joram Berlowitz; **282** Joram Berlowitz; **283** Thomas Marent; **284-5** Yukihiro Fukuda/ naturepl.com; **285** Yukihiro Fukuda/naturepl.com; **286** Yukihiro Fukuda/ naturepl.com; **287** Yukihiro Fukuda/naturepl.com; **288-9** Yukihiro Fukuda/ naturepl.com; **289** Yukihiro Fukuda/naturepl.com; **290 top** Mat Pines; **290 bottom** Barrie Britton; **291** Chadden Hunter; **292** Chadden Hunter; **293** Chadden Hunter; **294-5** Chadden Hunter; **296** www.markbowler.com; **297** www.markbowler.com; **298** www.peteoxford.com; **299** all Pete Oxford/Minden Pictures/FLPA; **300** www.peteoxford.com; **300-1** www.peteoxford.com; **302** Justine Evans; **303** Justine Evans; **304 top** Etsuko Nogami; **304 bottom** both Boniface Zogbila; **305 top** Pascal Goumy; **305 bottom** left Tatyana Humle; **305 bottom** right Kathelijne Koops

310-1 Kennan Ward/Corbis
endpapers Ingo Arndt

찾아보기

ㄱ
가리비 37
가시거미불가사리 20
갈대실고기 56
갈라파고스 군도 142
강털소나무 70
개구리 128
갯민숭달팽이 37
거대 문어 21, 25
거미불가사리 39
거미원숭이 296
검은거미원숭이 294
검정짧은꼬리원숭이 264
게잡이물범 250
겔라다개코원숭이 264
고래상어 53
고르고니언 산호 39
고비 사막 222
곡비원 264, 268
곤충 93, 98, 158
골디극락조 184
교미기 100
구눙루제르 국립공원 278
구름무늬표범 278
구아노 172
군생 개화 72
굴올빼미 170
규조류 36
그레이트 배리어 리프 45
극락조 158, 184
극피동물 42
글래든 스피트 50
기니 267
깃털 158
꼬리감는원숭이 267, 300
꼬마홍학 160

ㄴ
나마카멜레온 151
나뭇잎카멜레온 148
나미브 사막 148
나비 동면 장소 114
나사 128
나트론 163
난쟁이 피그미 비단털원숭이 294
난쟁이쥐여우원숭이 264
날치 62
남극 성게 36
남아프리카타조 169
냉혈동물 128
노란(레몬) 갯민숭달팽이 20
노르만비 제도 184
노린재 104
누 208
눈덧신토끼 229, 236
눈원숭이 285
뉴기니 184
늑대 256
늘보원숭이 281
니우에 섬 152

ㄷ
다람쥐원숭이 296
다모류 34
다센 172
다윈 딱정벌레 122
단각류 36
담쟁이덩굴 78
대나무 72
대머리원숭이 294
대벌레 102
대지구대 160
덩굴식물 78
델라웨어 만 166
도그 스내퍼 50
도둑갈매기 176
도롱뇽 128
도마뱀 144, 151
도손벌 106, 108
독화살개구리 131
돼지코뱀 144
두꺼비 128
디셉션 섬 176
딱따구리 170
땅돼지 204

ㄹ
라플레시아 68
레오퍼드바다표범 176, 178, 181
레와 다운스 229, 230
렌즈 얼음 32
로노미아 102
로라이마 140
로리원숭이 264
로스 해 32
로젠탈 군도 178

ㅁ
마그카디카디 163
마농 303
마다가스카르 144, 146, 148, 264
마다가스카르 바구미 122
마다가스카르 손가락원숭이 194, 202, 264
마사이타조 169
마지드 30
말가스 섬 174
말뚝망둥이 60
말미잘 34, 36
망둥이 54
망토원숭이 267, 290
맥머도 만 32
맹그로브 260
머튼 스내퍼 50
멍게 18
메뚜기생쥐 102
멕시코 미초아칸 주 114
멕시코큰귀박쥐 208
모나크 나비 114
모리타니 206
목무늬이구아나 144, 146
몽 그반 303
몽구스 218
물개 250
물개 섬 172
물까치라켓벌새 182
물맴이 93
미러 윙 플라잉 피시 62
밍크고래 250

ㅂ
바다독사 152
바다뱀 152
바다사자 섬 244
바다악어 128
바실리스크 도마뱀 138
바우어새 188
바위너구리 204
바크전갈 102
박 80
방울뱀 146
백상어 48
밴드 290
범고래 229, 245, 247, 250
베일리 헤드 176
베트남 살모사 131
베트남 이끼개구리 131
벨리즈 50, 229, 240
벨리즈 배리어 리프 50
벼룩파리 113
병코돌고래 260
보겔코프 바우어새 188
보고리아 호수 160
보수 267, 303
보아비스타 299
보츠와나 163
보퍼트 해 198
부비새 172, 174
부빙 250
부시베이비 264
부채머리수리 296
북극 21
북극곰 194, 196
북극제비갈매기 158
북극해 21
북방물개 250
북아프리카타조 169
분홍사다새 172
불가사리 32
불곰 196
불도그박쥐 229, 240
불성게 42
붉은 불가사리 36, 37
붉은가슴도요새 166
붉은코끼리땃쥐 204
브래큰 동굴 208
브랜칭 컵 코랄 42
브런스비기아 82
브리건딘 114
브리티시컬럼비아 22
블랙포인트 28
비단뱀 146
빅노즈 유니콘피시 48
빙호 34
뾰족뿔거미불가사리 18

ㅅ
사다새 172
사마귀 93
사막 장미 74
사막털전갈 102
사슴벌레 93
사우스샌드위치 제도 178
사우스셰틀랜드 제도 176
사하라 사막 169
사향고양이 218
산호 40
산호초 18
산호초 갑각류 42
서부저지대고릴라 267, 272
섬유성반사판 268
세하도 사바나 267
소말리아타조 169
소코트라 섬 74
손가락원숭이 202
쇠똥 미끼 전략 170
수마트라 섬 267
술라웨시 268
숭어 260
스크롤 코랄 45

스트랭글러 피그 78
스피루리나 160
시계풀 78
시라소니 236
신대륙원숭이 268
신천옹 158
실버백 272
실잠자리 98

ㅇ

아구아제 294
아루 제도 184
아르팍 188
아마존 294
아타 개미 112
아프리카 148, 256
아프리카물수리 160
안경원숭이 267, 268
알래스카 196
알래스카 알류산 열도 25
애드미럴티 제도 196
앵커 아이스 33
야바리 294
양서류 128
양털원숭이 296
어류 48
얼룩말 230
얼룩무늬물범 250
얼룩무늬코뱀 146
얼룩점박이하이에나 194, 218
에슈웨일레라 294
에티오피아 늑대 256
여왕개미 112
여우원숭이 202, 264
연산호 37
연필성게 39
영장류 264, 267
오랑우탄 267, 278
오릭스 232
오색조 278
오셀롯 296
오소리 236
오푸 망둥이 54
온혈동물 128, 194
올리브개코원숭이 160
와편모조류 20, 40
완다맨 188
왕극락조 184
왕대 72
왕뿔도마뱀 146
용혈수 74
우트쿠밤바 계곡 182
원숭이 267
웨들해물범 250
웨스턴 케이프 172
웨스트 파푸아 184, 188
웹 코랄 45
유공충류 39
유령안경원숭이 268
유인원 267
유콘 준주 236
육식 도마뱀 132
이스턴 시에라 70
이집트독수리 170
익스플로러즈 코브 37
인도네시아 184
인동덩굴 78
인드리 264
일개미 112
일런드 232
일본원숭이 285

ㅈ

자갈두꺼비 140, 142
자루눈파리 120
자바도브스키 178
작은박쥐아목 206
전갈 102
젠투펭귄 244
조류 158
주름얼굴대머리수리 164
지고쿠다니 285
직비원 267
짧은꼬리원숭이 285

ㅊ

참게 166
채찍뱀 146
청새치 48
청소새우 42
총빙 178
치타 229, 230
칠레 사슴벌레 122
침팬지 267, 303

ㅋ

카데노리드 114
카루 82
카멜레온 131, 148
카산카 206
칼레도니아까마귀 170
캐리어 크랩 42
캘리포니아 25
컨빅트 피시 64
케냐 160
케네디 레인지 106
케이프 206
케탐베 281
켄틀링 169
코끼리땃쥐 194, 204
코끼리바다표범 245, 247
코나타 분지 170
코르딜레라스 산맥 182
코르테스 해 22
코모도왕도마뱀 128, 132
코뿔새 278
콜먼새우 42
쿠베라 스내퍼 50
쿠케난 140, 142
쿠퍼 실잠자리 98
크릴새우 176
큰머리개미 94
큰박쥐 194, 206
큰박쥐아목 206
큰흰벌 106
키틴질 93

ㅌ

타이라 296
타조 158, 169, 232
탄자니아 163
탐라우 188
탕코코 자연보호 구역 268
태국 264
태즈메이니아 30
턱끈펭귄 158, 176, 178
테푸이 140
텐렉 204
토러스 해협 제도 184
통돔 50
티에라 델 푸에고 166

ㅍ

파리지옥 87
파충류 128, 132
파푸아뉴기니 184
패류 42
페로몬 93, 112
페루 182
페루대머리원숭이 294
페르드랑스 142
페어리 크랩 42
포유류 193, 229
포유류의 시대 193
포클랜드 제도 244
폭탄먼지벌레 102
폴스 만 172
풀살모사 142
풀을 잘라먹는 개미 112
프레리도그 170
플로리다 키스 제도 260
필로하 290

ㅎ

하렘 290
하와이 열도 54
해면동물 32
해바라기 68
향유고래 22
협동 사냥 222
호랑이 278
호주 마지드 거미게 30
호주큰갑오징어 26
혹등고래 194, 212
혼슈 산림 지역 285
화이앨라 28
황제펭귄 158
회색이리 256
훔볼트 오징어 21, 22
흰뺨오리 158
흰손긴팔원숭이 264, 267, 278
흰올빼미 158
히드로충 42